国家林业和草原局普通高等教育“十三五”规划教材

热带作物系列教材

咖啡栽培学

李学俊 主编

中国林业出版社

内容简介

《咖啡栽培学》为国家林业和草原局普通高等教育“十三五”规划教材。本书为满足咖啡产业快速发展的需要，结合了我国生产实际，并参考国内外最新科研成果，编写而成的。教材的主要内容包括绪况、咖啡栽培发展简史与咖啡产区概论、咖啡树栽培的生物学基础、咖啡树栽培的生态学基础、咖啡树种质资源与良种选育、咖啡树的繁殖、咖啡园的建立、咖啡园的管理、咖啡病虫鼠害防治技术、小粒种咖啡的产量和品质、咖啡的采收与初加工技术、咖啡树栽培与可持续发展。

本书不仅是高等院校林学、农学、园艺、生态等专业本科生、研究生、函授生的必修课教材，还可供农、林、牧等相关专业的科技工作者参考。

图书在版编目(CIP)数据

咖啡栽培学／李学俊主编. —北京：中国林业出版社，2021.6
国家林业和草原局普通高等教育“十三五”规划教材
ISBN 978-7-5219-1236-4

Ⅰ.①咖… Ⅱ.①李… Ⅲ.①咖啡-栽培技术-高等学校-教材 Ⅳ.①S571.2

中国版本图书馆 CIP 数据核字(2021)第 122087 号

中国林业出版社·教育分社

策　划：高红岩　肖基浒　　责任编辑：肖基浒　段植林
电　话：(010)83143555　　传　真：(010)83143516
E-mail：jiaocaipublic@163.com

出版发行：中国林业出版社(100009　北京市西城区刘海胡同 7 号)
电话：(010)83143500
http：//www.forestry.gov.cn/lycb.html
印　刷：三河市祥达印刷包装有限公司
版　次：2021 年 6 月第 1 版
印　次：2021 年 6 月第 1 次印刷
开　本：787mm×1092mm　1/16
印　张：12.5
字　数：312 千字
定　价：40.00 元

热带作物系列教材编委会

《咖啡栽培学》编写人员

主　　编　李学俊
副 主 编　韩永庄　张传利　白学慧　闫　林
编写人员　（按姓氏笔画排序）
丁丽芬（云南农业大学）
马　晓（云南农业大学）
白学慧（云南省德宏热带农业科学研究所）
闫　林（中国热带农业科学院香料饮料研究所）
杜华波（云南农业大学）
李学俊（云南农业大学）
肖　兵（云南省德宏热带农业科学研究所）
张传利（云南农业大学热带作物学院）
陈红梅（云南农业大学热带作物学院）
陈治华（云南农业大学热带作物学院）
林兴军（中国热带农业科学院香料饮料研究所）
周艳飞（云南农业大学）
赵维峰（云南农业大学）
施忠海（云南农业大学）
柴正群（云南农业大学）
郭铁英（云南省德宏热带农业科学研究所）
韩永庄（云南农业大学）
程金换（云南省农业科学院热带亚热带经济作物研究所）
黎丹妮（云南农业大学）

序

热带作物是大自然赐予人类的宝贵资源之一。充分保护和利用热带作物是人类生存和发展的重要基础，对践行“绿水青山就是金山银山”有着极其重要的意义。

在我国热区面积不大，约 $48\times10^4 km^2$，仅占我国国土面积的4.6%(约占世界热区面积的1%左右)，然而却蕴藏着极其丰富的自然资源。中华人民共和国成立以来，已形成了以天然橡胶为核心，热带粮糖油、园艺、纤维、香辛饮料作物以及南药、热带牧草、热带棕榈植物等多元发展的热带作物产业格局，优势产业带初步形成，产业体系不断完善。热带作物产业是我国重要的特色产业，在国家战略物资保障、国民经济建设、脱贫攻坚和“一带一路”建设中发挥着不可替代的作用。小作物做成了大产业，取得了令人瞩目的成就。

热带作物产业的发展，离不开相关学科专业人才的培养。20世纪中后期，当我国的热带作物产业处于创业和建设发展时，以中国热带农业科学院(原华南热带作物科学研究院)和原华南热带农业大学为主的老一辈专家、学者曾为急需专门人才的培养编写了热带作物系列教材，为我国热带作物科技人才培养和产业建设与发展做出了重大贡献。新时代热带作物产业的发展，专门人才是关键，人才培养所需教材也急需融入学科发展的新进展、新内容、新方法和新技术。

云南农业大学有一支潜心研究热带作物和热心服务热带作物人才培养的教师团队，他们主动作为，多年来在技术创新和人才培养方面发挥了积极的作用。为满足人才培养和广大专业工作者的需求，服务好热带作物产业发展，在广泛调研基础上，他们联合海南大学、中国热带农业科学院等单位的一批专家、学者重新编写了热带作物系列教材。对培养新时代的热带作物学科专业人才，促进热带作物产业发展，推进国家乡村振兴战略和“一带一路”建设等具有重要作用。

是以乐于为序。

朱有勇

2020年10月28日

前言

咖啡原产于非洲中北部热带雨林。咖啡与茶叶、可可并称为世界三大饮料，是当今世界上消费量最大的非酒精类饮料。全世界有 1/3 的人喝咖啡。咖啡消费量为可可的 2 倍，为茶叶的 3 倍。世界咖啡种植面积达 $1000×10^4$ hm^2，总产量逾 $900×10^4$ t，巴西、越南、哥伦比亚等为咖啡主产国。咖啡种植业从业人员达 2500 万人，全球 2.5 亿人以此为生。全球年平均消费咖啡增长率达 2.5%，其中发展中国家消费增长率高达 10%以上。咖啡产业在世界热带农业经济、国际贸易以及人类生活中具有极其重要的地位和作用。我国自台湾地区于 1884 年率先引进咖啡后，云南、海南、广西、福建、广东等省(自治区)也先后引进种植。经过 100 多年的发展，咖啡已成为我国热区的特色经济作物，目前主要分布在云南、海南、四川和台湾等地，其中云南是我国咖啡种植规模最大、产量最多的省份，种植面积、产量均占全国的 98%以上。咖啡产业也是云南省重要的特色优势产业之一，咖啡种植主要分布于云南的西南边疆少数民族地区，咖啡产业对边疆乡村振兴具有重要作用。

60 多年来，咖啡生产技术不断创新，已发生了巨大的变化。但由于多种原因，目前还没有系统地进行总结和编写适于高等教育的相关教材。为满足咖啡产业快速发展及人才培养的需要，在云南农业大学的支持下，决定组织编撰《咖啡栽培学》一书，以此满足教学及教技创新的需求。

《咖啡栽培学》由学校、科研单位及企业等相关科技人员共同编撰，编写分工如下：李学俊(绪论，第 2 章 2.1，第 4 章 4.1，第 5 章，第 6 章，第 7 章 7.4、7.5，第 10 章 10.1~10.3)任主编，韩永庄(第 3 章)、张传利(第 9 章)、白学慧(第 8 章 8.1、8.3)、闫林(第 4 章 4.6)任副主编，黎丹妮(第 1 章)、马晓(第 2 章 2.2)、林兴军(第 2 章 2.3、2.4)、郭铁英(第 4 章 4.2~4.5)、赵维峰(第 7 章 7.1)、杜华波(第 7 章 7.2)、周艳飞(第 7 章 7.3)、陈红梅(第 8 章 8.6~8.8)、丁丽芬(第 8 章 8.2、8.4、8.9)、柴正群(第 8 章 8.5)、陈治华(第 10 章 10.4)、施忠海(第 10 章 10.5)、肖兵(第 11 章 11.2)、程金换(第 11 章 11.1)参加了编写。

由于时间仓促，作者水平有限，书中难免存在错误之处，恳请广大读者批评指正。

编　者

2020 年 8 月

目录

序
前　言

绪　论　1

0.1　发展咖啡生产的意义　1
0.2　咖啡的经济价值　2
0.3　当前我国咖啡种植业的问题和展望　5
0.4　学习咖啡栽培学的要求　7

第1章　咖啡栽培发展简史与咖啡产区概况　8

1.1　咖啡栽培发展简史　8
1.2　咖啡产区分布及咖啡生产概况　11
1.3　咖啡产销概况　19

第2章　咖啡树栽培的生物学基础　24

2.1　咖啡树的植物学分类　24
2.2　咖啡树的植物学特征　30
2.3　咖啡树的生长习性　35
2.4　咖啡树的生长发育规律　38

第3章　咖啡树栽培的生态学基础　41

3.1　环境条件与咖啡树生长发育　41
3.2　咖啡生态适宜区划分　43
3.3　咖啡园生态系统　47

第4章　咖啡树种质资源与良种选育　51

4.1　咖啡树种质资源的收集和保存　51
4.2　咖啡树种质资源的评价及鉴定　53

4.3 我国主要保存的咖啡种质资源 …… 55
4.4 咖啡树良种选育 …… 56
4.5 主要栽培的小粒种咖啡品种 …… 59
4.6 主要栽培的中粒种咖啡品种及良种选育 …… 69

第5章 咖啡树的繁殖 71

5.1 咖啡树品种的选用 …… 71
5.2 咖啡树有性繁殖 …… 75
5.3 咖啡树无性繁殖 …… 82

第6章 咖啡园的建立 86

6.1 生态型咖啡园的基本概念 …… 86
6.2 咖啡种植园的选择与规划 …… 87
6.3 咖啡种植园的开垦 …… 91
6.4 咖啡苗木定植技术 …… 93
6.5 咖啡园植被的建立与管理 …… 94

第7章 咖啡园的管理 98

7.1 咖啡园耕作 …… 98
7.2 咖啡园水分管理 …… 102
7.3 咖啡园施肥 …… 103
7.4 咖啡整形与修剪技术 …… 116
7.5 咖啡树寒害及处理措施 …… 122

第8章 咖啡病虫鼠害防治技术 125

8.1 危害咖啡树枝叶的病害 …… 125
8.2 危害咖啡树根颈的病害 …… 136
8.3 危害咖啡果的病害 …… 140
8.4 根结线虫病 …… 142
8.5 蛀枝、茎害虫 …… 143
8.6 食果、叶、芽害虫 …… 149
8.7 食根及根茎害虫 …… 154
8.8 仓储害虫 …… 156
8.9 鼠害的防治 …… 159

第 9 章　小粒种咖啡的产量和品质 162

9.1 小粒种咖啡的产量 …… 162
9.2 小粒种咖啡的品质及咖啡质量控制 …… 164

第 10 章　咖啡采收与初加工技术 168

10.1 咖啡加工方法 …… 168
10.2 咖啡采收 …… 170
10.3 咖啡豆湿法加工技术 …… 171
10.4 脱壳与分拣 …… 175
10.5 咖啡豆贮藏技术 …… 177

第 11 章　咖啡树栽培与可持续发展 179

11.1 咖啡栽培可持续发展的基本概念 …… 179
11.2 高海拔地区咖啡种植技术研究及应用 …… 180

参考文献 …… 184

绪 论

【本章提要】

本章从咖啡生产的意义引入，从咖啡的内含物质、功能因子、健康饮用等方面介绍了咖啡的主要成分及功能，围绕咖啡种植的特性分析了我国咖啡栽培的优势、问题及对策，为咖啡栽培学课程学习提供指导。

咖啡、可可、茶并称世界三大饮料，咖啡的产量、消费量和经济价值均居三大饮料之首。全球共有80余个国家种植咖啡作物，遍布亚洲、非洲、美洲的热带和亚热带地区。咖啡产业是热带种植业中的一大产业，在世界热带农业经济、国际贸易和人类生活中具有十分重要的地位和作用。

0.1 发展咖啡生产的意义

我国咖啡生产性种植历史不长，20世纪50年代中后期才开始生产性种植，发展比较缓慢，20世纪90年代末出现快速发展，种植面积不断扩大，单产水平显著提高，产量迅速增长。目前我国咖啡种植主要分布在云南、海南、四川等热区，是我国少有的处于贸易顺差的热带农产品，在热区经济建设中发挥重要作用。发展咖啡生产对区域的经济、社会、生态等方面都有重要意义。

0.1.1 咖啡产业对边疆的繁荣稳定具有重要作用

我国咖啡种植九成以上集中在云南。云南咖啡产业主要分布在文山、红河、西双版纳、普洱、临沧、德宏、保山、怒江等滇南地区，与越南、老挝、缅甸接壤，边境线长达4060 km，咖啡种植区涉及9个州(市)34个县(市、区)；全省25个边疆县(市、区)中，有咖啡种植和加工的县(市、区)23个，咖啡种植从业人员30多万户100多万人；咖啡产业对繁荣边疆少数民族地区经济、推进边疆精准脱贫、稳定边疆社会秩序、巩固国防和境外罂粟毒品替代种植等具有重要作用。

0.1.2 咖啡种植具有较高的经济收益及生态效益

咖啡是一种适应性较强的热带作物，栽培投资小、收益快、效益长，产值及附加值高。春植咖啡第2年即有少量开花结果，第3年可正式投产，投资回收期短。咖啡豆通过深加工成焙炒豆、焙炒粉、速溶粉等加工产品后，其价值可提高5~6倍，深加工成其他产品则增值空间更大。世界上种植咖啡的国家和地区几乎都是发展中国家，其中一部分是最贫穷的国家和地区，咖啡生产成为了这些国家和地区农村的主要经济来源之一。

咖啡为多年生常绿灌木或小乔木，具有生长快、成林早、郁闭快、光合作用能力强等方面的优势，经济寿命长达20~30年。大规模发展种植咖啡对绿化荒山荒坡和改善当地生态环境能够起到很好的作用，是我国热带亚热带地区实施退耕还林，发展热带农业经济，再造秀美山川的理想选择。

0.2 咖啡的经济价值

咖啡是世界三大植物饮料之一，也是世界上最大宗的热带食品原料之一。由于咖啡含有淀粉、脂类、蛋白质、糖类、咖啡碱、芳香物质和天然解毒物质等多种化学成分，因而在饮料工业、食品工业和医药工业上均具有广泛的用途。

0.2.1 饮用价值

咖啡营养价值高，富含多种营养成分(表0-1)。咖啡主要作为饮料之用，与茶叶、可可一起被誉为“世界三大饮料作物”，其产量、产值和消费量均居三大饮料作物之冠。全世界超过15亿人饮用咖啡，其中西欧和北美是世界咖啡消费量最大的地区；全世界咖啡消耗量约为可可的3倍，为茶叶的4倍。咖啡豆经焙炒、研磨、冲煮、过滤等工序后，可制作成不同风味的饮料，具有提神醒脑和解除疲劳等功效，已成为发达国家日常必需消费品。

表0-1 小粒种咖啡的主要成分

成 分	生豆(%)	焙炒豆(%)
灰分	3.62	3.10
总氮量	2.55	2.22
蛋白质	15.94	13.88
粗纤维	13.77	17.94
葡萄糖	0.23	0.17
粗脂肪	18.24	11.97
蔗糖	7.83	1.87
淀粉	5.80	6.76
咖啡碱	1.27	1.31

注：小粒种咖啡营养成分测试结果。

0.2.2 食用价值

在食品工业方面，咖啡具有广泛的用途，主要用作食品、饮品的添加剂，可制作咖啡糖果、咖啡糕点、咖啡饼干、咖啡果脯、咖啡冰淇淋、咖啡果冻、咖啡可乐、咖啡巧克力等。咖啡食品因花色品种丰富多样，携带方便，且富有营养而深受消费者的青睐。

0.2.3 药用价值

咖啡传入我国的历史不长，咖啡豆却因其神奇的作用，被载入诸多本草。《中华本草》中记载，咖啡的药性：微苦、涩、平；功效：醒神、利尿、健胃；主治：精神倦怠、食欲不振；咖啡作为提神药、利尿药和健胃药而应用，这些功效与其化学成分的活性是密切相关的。咖啡中含有包括咖啡碱、茶碱、可可碱、腺碱等多种生物碱，其中以咖啡碱的含量最高，咖啡碱在医药上可做麻醉剂、兴奋剂和强心剂。咖啡因能刺激交感神经系统，从而产生提神和解除疲劳的效用。咖啡因还能使通往心脏的动脉扩张增加血液流量，从而帮助头部的动脉收缩有助于缓解偏头痛。咖啡含有多种药用化学成分，因此饮用和食用咖啡可产生多种药理功效，对促进人体健康具有重要作用。

0.2.4 咖啡的主要成分及作用

0.2.4.1 生物碱类

(1)咖啡因(咖啡碱)

咖啡因具有很强的中枢兴奋作用，摄入咖啡因可以睡意消失，疲劳减轻，思维敏捷。Gregory(2013)等发现咖啡因可以阻止因高脂食物导致的体重增加和记忆障碍认知损伤；Yi-Fang(2012)等研究表明，粗咖啡因可能含有预防老年痴呆(AD)，阻止细胞死亡和记忆障碍的成分；冉莉等(2016)发现饮用含咖啡因的维生素功能饮料可以适当提高人体运动行为能力；咖啡因在医药上做麻醉剂、兴奋剂和强心剂。总结其主要功能有：提神醒脑、减肥、增强运动能力、利尿、解酒、抑制动脉硬化等多方面的作用。咖啡因、茶碱等甲基黄嘌呤类化合物对循环系统有明显的作用，过量则会引起心律失常，对脑血管有收缩作用，造成脑血管阻力上升，使脑血流量和脑氧张力下降。

(2)葫芦巴碱

葫芦巴碱在咖啡豆中的含量约为1%，具有温肾、祛寒、止痛等功能。Kimberly(2009)等发现葫芦巴碱对雌激素依赖的乳腺癌MCF-7细胞株具有明显的生长促进作用。一系列的实验证实：葫芦巴碱是咖啡中一个神奇的植物雌激素。

0.2.4.2 绿原酸

在咖啡中，绿原酸随着果实的成熟在种子中积累，不仅有利于果实抵抗生物和机械胁迫，而且能够提高咖啡品质。然而，过高的绿原酸含量会使咖啡的焙品质量变差。绿原酸在咖啡中含量较高，咖啡生豆中绿原酸含量为5%~12%；在每个成熟小粒种咖啡果实中，绿原酸含量能够高达14 mg，中粒种则高达17 mg。绿原酸在咖啡烘焙过程中含量逐渐下降，但在咖啡液体中仍占有较大比例，是咖啡苦涩味的主要影响因子。绿原酸是一种重要的生理活性物质，具有抗菌、抗病毒、增高白血球、抗氧化、清除自由基、抑制突变、抗癌、保护心血管系统等作用，能够保肝利胆、抗白血病、免疫调节、兴奋神经中枢系统以及增强肠胃蠕动能力，促进胃液及胆汁分泌。美国哈佛大学研究发现：每天喝2~3杯咖啡的男性，患胆结石病的概率比不喝咖啡的人低40%。

0.2.4.3 咖啡多酚

咖啡多酚又称咖啡单宁，其药理学有别于单宁酸或商品单宁，不会引起胃肠不适。咖啡多酚还包括儿茶素、没食子儿茶素、黄烷醇等，在医药学上称为“维生素P族”。研究表明，咖啡多酚能改善微血管壁的通透性，增强血管的抵抗能力及在受损后的自我修复能力，增强毛细血管的弹性。咖啡多酚能与多种细菌的蛋白质结合，使蛋白质凝固而导致细菌死亡，因此常喝咖啡可增强人体抗感染的能力。

0.2.4.4 蛋白质与氨基酸类

咖啡中蛋白质的含量可达干物质质量的15%，但溶于水中的只有2%左右，而溶于水的氨基酸近20余种。氨基酸对促进人体生长发育，调节脂肪代谢，促进人体健康具有积极作用。

0.2.4.5 矿物质类

咖啡的矿物质含量，因咖啡的生长区域不同而有较大差异。除磷、钾、镁、铜、铁、锌等外，咖啡还能从土壤中吸取锰、氟、硒等微量元素。适量的氟可以防止龋齿和老年性骨质疏松；硒具有抗辐射、抗癌变等功效。

0.2.4.6 芳香化合物

咖啡中含有罗兰酮等芳香物质，这些挥发性的物质占咖啡干重的比例微小，但其溶于咖啡中不断挥发出来，使人神清气爽。咖啡所含的呋喃类可抑制口臭，清除大蒜的味道，但咖啡中若加了奶类，呋喃类就会与奶结合而失去了除臭作用。

0.2.5 咖啡饮用与健康

0.2.5.1 适量饮用咖啡

一杯好咖啡对人体健康是有益的，但因其含有咖啡因，摄入量过高会引起心律失常，对脑血管有收缩作用，造成脑血管阻力上升，使脑血流量和脑氧张力下降，症状表现为失眠、头晕、心悸等。研究表明：咖啡因致命量约10 g，一般人体摄入300 mg以下的咖啡因对健康是有益的。所以，适量饮用咖啡对健康是有益的，每天饮用咖啡的量以2~3杯为宜，过量则会增加身体的负担。

0.2.5.2 适时饮用咖啡

咖啡因既被作为饮品，也被作为药品，其作用都是提神及解除疲劳。每个人所需要的能够产生效果的咖啡因精确剂量并不相同，主要取决于体型和咖啡因耐受度。咖啡饮用后45 min左右将被人体吸收，在体内的代谢时间为4~6 h。一天中适宜饮用咖啡的时间是早晨、中午和下午，晚上则不适宜，否则会对睡眠质量造成较大的影响。

咖啡因对食欲有抑制作用，因此在餐前喝咖啡会降低食欲。另外，由于胃部受到刺激而胃液分泌增加，对胃壁刺激加强，对胃溃疡患者不利。但咖啡在餐后饮用，则会因为胃液分泌增加而对消化有所帮助。咖啡因有利尿、解酒的功效，但如果饮酒过多，则不适宜用咖啡来解酒，可能会引起身体不适。

0.2.5.3 适法饮用咖啡

咖啡是一种健康的饮料，其浓香馥郁、让人回味无穷，但不好的咖啡则可能对健康产生不利影响。咖啡要喝出健康，关键在其制作方法。适宜的咖啡制作方法，主要体现在选择优质咖啡豆、适宜的烘焙方法、烘焙度和恰当的冲煮方式等。目前国内咖啡消费的产品类型主要是速溶咖啡、现煮咖啡、灌装咖啡，其中以现煮咖啡最能体现咖啡的风味。

0.3 当前我国咖啡种植业的问题和展望

0.3.1 主要问题及对策分析

0.3.1.1 种植品种单一，抗病性逐渐退化，尚无主栽品种

目前生产上大规模种植的咖啡品种仍然是20世纪80年底引进的‘Catimor’系列品种（占种植面积的90%），其特征是抗病丰产，该系列品种抗性逐渐退化、品质降低，在“超凡一杯”（Cup of Excellence）和美国“咖啡杯测大赛”（Roasters Guild Cupping Pavilion Competiaion）等国际大赛上至今还没有获奖报道，因此急需优质抗病良种。

针对此问题应建立咖啡资源评价指标体系。收集国内不同生态区的咖啡种质资源，对收集到的种质资源开展分类评价工作，建立咖啡种质资源的评价体系。开展选育种工作，在不同生态类型的主产区进行区域性试验，综合品质、产量、抗性等性状，筛选出目标品种，进行品种审定后开展推广。通过 F_1 代种子及无性繁殖技术的应用，加快优良品种选育进程及应用。F_1 代种子的利用：筛选出遗传差异大的优良亲本，进行杂交育种，获得的 F_1 代种子，直接用于生产。无性繁殖技术的应用：针对筛选出的优良单株，采用组织培养、扦插、嫁接等无性繁殖技术，直接用于生产。

0.3.1.2 缺乏生态种植技术

云南省咖啡以单一作物种植为主，综合效益不高，比较优势日趋下降，而且存在抵抗自然灾害和市场风险能力弱等问题，因此生产上急需高效生态栽培技术。

针对此问题应开展生态种植技术研究，建立“三层种植模式”咖啡园复合生态种植体系。运用生态学、生态经济学的原理和系统科学的方法，按照“整体、协调、循环、再生”的原则，将现代科学技术成就与传统农业技术有机结合，建立使咖啡种植与农村经济发展、生态环境治理与保护、资源培育与高效利用融为一体，经济、生态和社会三大效益协同提高的综合咖啡农业体系。

0.3.1.3 病虫害日趋严重

目前，咖啡锈病、灭字脊虎天牛和旋皮天牛等病虫害日趋严重，因此急需有效快速的病虫防控技术。在推广环节，缺乏配套技术集成应用。目前，云南省咖啡以单项技术研发为主，缺乏围绕“从种子到杯子”“从田间到餐桌”完整的科技支撑体系，总体经济效益不显著。

针对咖啡种植过程中咖啡锈病、咖啡天牛危害日趋严重等问题，开展潜在的暴发、流行性病虫害发生规律与控制技术集成；研究耕作制度改变下主要和新发病虫害的发生规律；监测重要病害病原菌发生扩散动态、主要虫害的消长动态和推广品种的抗性变化；对咖啡锈病、灭字脊虎天牛等重大有害生物的风险防控技术；研究有机咖啡精准定产保健栽培技术；建立咖啡病虫监测点、制定咖啡病虫测报调查规范，培养专业化测报、防治队伍，引导群众转变种植理念；延伸植保服务领域，推动专业化服务组织由植保单项服务向统一耕作育苗、统一配方施肥、统一病虫害防治；建立适用于咖啡不同生态区的咖啡病虫草鼠害绿色防控技术体系。

0.3.1.4 初加工质量不稳定，缺乏精深加工技术及设备

在初加工环节，存在采摘不及时、采摘质量差、加工不及时和质量不稳定等问题；在

精深加工环节，存在以原料销售为主，产品附加值低等问题；咖啡果皮、豆壳、咖啡渣等副产物利用不充分，综合效益不显著，因此急需加工新技术。

针对此问题应开展咖啡豆加工技术研究，分析影响咖啡质量的各加工环节(鲜果→脱皮→发酵脱胶→清洗→浸泡→晾晒干燥)，开展咖啡鲜果清洗除杂、青熟果分离、脱皮脱胶、机械热风干燥咖啡豆技术等研究，构建完整的咖啡初加工工艺和科学稳定的工艺参数，应用咖啡初加工新技术，形成技术操作规程和标准化生产的企业(或行业)标准，使咖啡初绿色加工得到整体提升，实现咖啡初加工的工厂化、标准化，全面提高咖啡豆品质，提高加工效率。从咖啡生豆分级、烘焙、研磨、萃取、浓缩、干燥(喷雾和冷冻)、提香等加工工艺直至进一步生产各种产品，进行精品咖啡生产的质量提升，实现咖啡精深加工的标准化、多样化，全面提高咖啡产品的品质，提高加工效率。开展咖啡花果茶、咖啡果醋果酒、咖啡壳清洁能源、食用菌基质、有机肥等综合利用研究，开发新产品，提升咖啡的附加值。

0.3.1.5 咖啡质量控制体系构建及生产应用

在我国目前尚无一套行之有效的对咖啡质量管理的体系及促进咖啡生产可持续发展的措施，导致咖啡质量虽好，但地位低下，价格受期货交易价格的限制，制约我国咖啡产业的健康快速发展。

咖啡生产的特点在于咖啡鲜果不是最终产品，需要经过加工，塑造品质，才能进入市场，每个生产环节都与品质密切相关。优质的咖啡可以得到较好的经济收益，“好咖啡好价格、次咖啡次价格”在咖啡交易过程中体现得越来越明显，咖啡品质的优劣及稳定性在咖啡生产中尤为重要。咖啡质量控制技术对咖啡生产起着指导和促进作用，对科学研究起到客观评定作用，是咖啡生产的中枢。研究影响咖啡质量各个环节，包括种植环境、品种、栽培措施、加工、仓储等各环节，发现并控制影响咖啡豆品质的各环节，建立咖啡质量可追溯体系，提升咖啡品质的稳定性，构建咖啡质量控制体系，并运用于生产；培训咖啡生产技术骨干，稳定提升云南咖啡的品质，提高我国咖啡的国际地位，促进咖啡产业的可持续发展。

0.3.2 展望

0.3.2.1 中国具有发展小粒咖啡的优质自然资源

中国拥有热区面积 48×10^4 km^2，主要分布在云南、海南、广东、广西、福建、四川、贵州、西藏等省(自治区)，其中咖啡产区主要分布在云南、海南、四川，其他省(自治区)仅有少量栽培。咖啡种植区位于北回归线附近，具有光照充足、昼夜温差大等优越的自然条件，咖啡品质好，因此中国咖啡产业具有广阔的发展前景。

小粒咖啡是对自然条件要求较高的园艺性经济作物，其品质与种植条件直接相关，最适宜生长在年平均气温 19~21 ℃，年降水量在 700~1800 mm，土壤 pH5.5~6.5 的地区，即低纬度、高海拔、昼夜温差大地区。我国西南地区具有这些得天独厚的自然条件优势，特别适合小粒咖啡的生长，使其具有优于其他品种的“香气浓郁持久、略带果酸味”的独特品质特征，是我国产出高品质咖啡的最适宜区域。

0.3.2.2 区位优势突出，产业前景广阔

中国咖啡产区多数分布在老少边穷地区。以云南省为例，2016 年全省 34 个咖啡种植

县中边境县有 19 个，咖啡面积 $5.86\times10^4hm^2$，占全省面积的 50.13%；咖啡产量 7.71×10^4t，占全省产量的 48.67%；咖啡产值 12.60 亿元，占全省产值的 48.67%。可见，咖啡产业对促进边疆经济社会发展具有重要作用。云南省咖啡产区与越南、老挝、缅甸 3 国接壤，边境线长达 4060 km，由于历史、地理、文化等原因，地处偏远，经济社会发展相对落后。在改革开放新时代，边境地区已由“国防屏障”和“经济社会发展末梢”向对外开放“前沿阵地”转变，因此边境地区经济社会发展水平不仅代表国家形象，而且是国家综合实力的重要标识。在国家“一带一路”倡议背景下，云南与周边国家在政策沟通、设施联通、贸易畅通方面迅速提升，给咖啡产业发展提供了重要契机，咖啡产业也将成为构建南亚、东南亚辐射中心的重要载体。

0.4 学习咖啡栽培学的要求

咖啡栽培学是研究咖啡树的生长发育规律、生态条件以及高产优质高效栽培技术的科学。咖啡栽培学的基本理论包括：咖啡树的生物学、咖啡树与外界条件的关系、外界条件综合影响的作用、咖啡鲜果处理原理等。

咖啡栽培学是一门综合性强、技术性突出的专业课，是建立在所有专业课基础上的课程。咖啡生产的成败与咖啡品种、自然环境条件、抚育管理及鲜果处理等方面密切相关，要生产出优质咖啡豆必须是良种栽植于适宜的环境，合理的措施和恰当的初加工等多方面因素的有机结合。学习《咖啡栽培学》与相关课程紧密结合，才能既迅速又准确地指导生产，因而必须学好《植物生理学》《土壤肥料学》《热带作物栽培学》等专业基础课等方面的内容。

咖啡栽培学又是一门实践性很强的课程，要紧密结合生产实践，要注意积累经验，并记录形成经验型的理论。“实践出真知”，多观察、多进行实践操作，多参加专业生产，才能为从事咖啡生产打下良好基础。

（李学俊）

1. 试分析我国咖啡产业的地位。
2. 试分析云南咖啡种植过程中的主要问题及成因。

第1章　咖啡栽培发展简史与咖啡产区概况

【本章提要】

本章介绍了咖啡树栽培发展简史及咖啡产区的基本情况，从咖啡树的起源、发展传播历史、咖啡主产区的分布及消费特色等方面进行论述，最后提出了咖啡栽培发展、分布及消费的特色及意义。

咖啡是世界三大植物饮料之一，其种植面积、产量、消费量、所涉及的咖啡种植者和整个产业链相关的从业人员规模都位居三大植物饮料榜首。咖啡树起源于非洲，现已遍及世界各地热带地区，美洲和亚洲已俨然成为世界上重要咖啡产区。咖啡的栽培发展传播，与世界经济、政治及宗教息息相关。了解和学习咖啡栽培发展简史，有助于更好地理解咖啡产业发展的特点，对于咖啡栽培学的学习具有重要作用。

1.1　咖啡栽培发展简史

1.1.1　咖啡树的发现与利用

1.1.1.1　咖啡树的发现与利用

咖啡树和咖啡食用的起源地公认在非洲，其具体地区说法不一，但多数人认为在东非的文明古国埃塞俄比亚；小粒种咖啡树的原产地在植物学家和业界公认的说法是——埃塞俄比亚(Ethiopia)的咖法(Kaffa)地区。关于咖啡树栽培和利用的时间则有多种说法。咖啡的食用、采摘渐渐跨过非常狭窄的红海传入阿拉伯半岛。新版《美国百科全书》和《中国农业百科全书·农作物卷》等的“咖啡”词条认为公元前6世纪阿拉伯人开始栽种咀嚼食用(咀嚼)咖啡。有的学者还把栽培利用咖啡的时代地点精确到公元575年在也门开始栽种，公元5~6世纪东非盖拉族开始嚼食咖啡果，其后他们将磨碎的咖啡豆与动物的脂肪混合，制成能量棒，当作成长途旅行的体力补充剂。

据说，一开始人们很可能把咖啡树[即古人所称的“邦恩”(bunn)]所结果实里的种子和咖啡叶嚼碎后直接食用，但是很快埃塞俄比亚人就发明了各种更加先进的办法来获取咖啡因。他们把咖啡叶和咖啡果放在开水里煮，然后把煮好的水当作淡茶饮用。他们还把咖啡豆捣碎，然后裹上动物脂肪，做成能快速补充能量的能量棒。他们还把咖啡果肉发酵后用来酿酒。他们还会把红色的咖啡果子摘下晒干，将果肉内的咖啡豆丢弃不用，然后将文火浅烘焙过的咖啡果肉用热水泡煮，做成一种名叫“咖许”(qishr)的香甜饮料。如今这种饮料依旧盛行，名叫 kisher。

公元 10 世纪，波斯医生拉茨(Rhazes，865—925 年)第一次以书面形式记载咖啡。在这之前，人工种植咖啡树的历史可能已经有几百年了。拉茨医生在一本现已遗失的医学论文中提到"邦恩"树和一种叫做"邦琼"(buncham)的饮料。公元 11 世纪前后，另一位阿拉伯医学家阿维森纳(Avicenna)也记载了"邦琼"饮料，他认为"邦琼"是用"邦恩"树根熬煮而成的。他写道："邦琼可以增强体力、清洁肌肤，具有利尿祛湿之功效，还能让人全身飘香。"尽管拉茨和阿维森纳都或多或少提到了咖啡，但是他们都没有提过煮咖啡。大约到了 15 世纪，人们才开始烘焙、研磨、煮泡咖啡，我们今天熟知的咖啡才真正出现。

1.1.1.2　关于咖啡树发现的传说

(1)牧羊人传说

传说公元 6 世纪，在埃塞俄比亚有位年轻的牧羊人卡尔迪(Kaldi)，卡尔迪(Kaldi)是一位牧羊人，他天生就是个诗人，羊群上山寻找食物，走出一条条蜿蜒小路，卡尔迪就喜欢跟在羊群后面徜徉在山路间。对卡尔迪来说，放羊根本就不费什么力气，他可以自由自在地编歌曲吹笛子。傍晚时分，他用笛子吹起好听的旋律，羊群便停止吃草，从树林里跑出来跟他一起回家。一天傍晚，羊群没有像往常一样听到笛声就跑出树林，于是卡尔迪又使劲吹了一阵笛子，但羊群还是没有跑回来。这时候，卡尔迪糊涂了，羊群到底跑哪儿去了呢？于是他便爬到高处，仔细倾听，最后他终于听到远处有羊群咩咩的叫声。卡尔迪拐过一条狭窄的小路，终于看到了自己的羊群。茂盛的森林形成了天然华盖，阳光穿过树丛洒下点点光斑，羊群跳着舞嬉戏其中，还兴奋地咩咩叫个不停。卡尔迪看到这一切，不禁目瞪口呆。他在想，这些羊一定是中了邪。他仔细观察后发现，羊儿们一只接一只地咬食他从来没见过的树上生长的光滑绿叶和红色浆果。于是他猜想一定是这棵树让他的羊群中了邪。这树有毒吗？羊儿们会死掉吗？要真是这样的话，爸爸一定会气得想杀了他。几个小时以后，羊群才跟着卡尔迪回家，但是一只羊也没有死。第二天，羊群直接跑回这片小树林，像前一天一样吃绿叶和红果，快乐地跳舞。这下，卡尔迪相信这种植物是无毒的，于是也加入羊群。一开始，他尝了几片叶子，有点苦。然而当他仔细咀嚼这些叶片的时候，他感到从舌头到肠胃慢慢地都有点兴奋，这种兴奋感最后蔓延到全身。接着，他又尝了尝红浆果，这小果子汁多味甜，果肉里还有两粒种子。最后，他连种子一并吞下，然后又吃了一颗浆果。据说，不久卡尔迪就和他的羊群一起快乐地跳起舞来，还情不自禁地吟诗唱歌。卡尔迪感觉精神百倍，再也不会感到疲倦和难过了。卡尔迪把这棵树的神奇故事告诉了他的父亲。后来一传十，十传百，不久咖啡便成了埃塞俄比亚饮食文化的一部分。

(2)僧侣传说

据 16 世纪的一份阿拉伯文献《咖啡的来历》记载，13 世纪中叶有一位穆斯林雪克·奥玛尔(Sheikh Omar)被判罪，从也门摩卡(Mocha)流放到欧撒巴。途中，他看到一只鸟在快活地啄食着路旁树上的红果子，便也试着摘了一些煮水喝。小果子有一种奇妙的味道，喝了后困倦、疲劳顿时消除。奥玛尔于是收集了很多果实，见到精神不好的病人就熬汁给他们喝，帮助他们恢复体力。奥玛尔后来放逐期满返回摩卡后便把咖啡果和饮用法传播开来。奥玛尔发现咖啡的传说在阿拉伯地区非常流行，奥玛尔可能是独立重新发现食用野生咖啡的人士之一，也可能发现了不同的野生种(栽培种)。

1.1.2 世界咖啡的栽培史

1.1.2.1 传入也门，进入阿拉伯

公元6世纪，埃塞俄比亚人入侵并统治也门长达50年，很可能是在那时候埃塞俄比亚人把咖啡带到了也门，并开垦了咖啡种植园。于是阿拉伯人也开始饮用这种提神饮料。也门的阿拉伯人便开始在附近的山上种植咖啡树，并在山区建立水利设施引水灌溉。当时，阿拉伯人把咖啡称作“咖瓦”(qahwa)，这本是一种阿拉伯美酒的意思，今日咖啡一词也是从这个词衍化而来的。另外一些人认为咖啡一词的来历如下：第一，来源于埃塞俄比亚地名卡法(Kaffa)；第二，来源于阿拉伯语表示能量的词quwwa；第三，来源于一种名叫“咖特”(khat)的草做成的“咖弗塔”(kafta)饮料。

苏菲派(什叶派、逊尼派和苏菲派是伊斯兰教的三大教派)信徒为了在晚上的祈祷仪式上保持清醒而开始饮用咖啡。到15世纪末，穆斯林已经把咖啡带到了整个伊斯兰世界，包括波斯(现伊朗)、埃及、土耳其等中东和北非地区，使咖啡逐渐成为了一种赚钱的商品。

1.1.2.2 咖啡通过走私进入西方世界

1536年，奥斯曼土耳其帝国攻占也门，在此之后没多久，咖啡豆就成为整个土耳其帝国赚取出口暴利的重要商品。咖啡豆基本上都是从也门的摩卡港运送出口，摩卡咖啡便因此得名。

1600年，一个名叫巴巴·布丹(Baba Budan)的穆斯林把7颗咖啡种子贴在肚子上走私出土耳其，并成功地在印度南部的迈索尔山上试种成功。

1616年，统治世界海上运输贸易的荷兰人顺利地把一颗咖啡树从也门南部港口城市亚丁运到荷兰。

1658年，荷兰人又用这棵树的种子在锡兰(今斯里兰卡)种植咖啡树。

1699年，另一个荷兰人把咖啡树从印度南部的马拉巴尔海岸运到印度尼西亚爪哇岛、苏门答腊岛、西里伯斯岛、巴厘岛，马来西亚帝汶岛以及东印度群岛的其他地方，并在这些地方成功种植，于是几年以后，东印度的咖啡产量大到直接决定了世界市场上的咖啡价格。

1.1.2.3 咖啡传入拉丁美洲

1714年，阿姆斯特丹市长将一株咖啡树苗送给了法国国王路易十四；9年后，对咖啡非常着迷的法国海军军官加布里埃尔·马蒂厄·德·克利通过和皇室的一番激烈斗争，从巴黎的咖啡种植暖房里拿到了一颗咖啡幼苗，并冒险横渡大西洋，把咖啡的种植技术带到了法国殖民地马提尼克。

1727年，一场小闹剧隆重地把咖啡引入巴西。当时，法属圭亚那和荷属圭亚那发生了边界纠纷，于是双方总督让中立的葡萄牙属地的一名巴西官员出面调停，该官员叫弗朗西斯科·德·梅洛·帕赫塔(Francisco de Melo Palheta)。帕赫塔欣然同意，因为任何政府都禁止出口咖啡种子，于是他希望自己通过此事能够以某种方式运出一些咖啡种子。这位调停者通过协商，不仅顺利达成了边境和解方案，还与法国总督的妻子暗生情愫。当帕赫塔准备离开的时候，法国总督的妻子为他献上了一束鲜花——花里面藏着新鲜饱满的咖啡种子。帕赫塔带着这些咖啡种子回国，种在了巴西北部的巴拉，很快又从这里传播到巴西

南部，最终将巴西变成了如今全球最大的咖啡生产国。

1.1.3 中国咖啡的引种和栽培

咖啡自 1884 年开始率先传入台湾后，云南、海南、广西等地也先后通过不同的渠道从周边国家引种种植咖啡。

1.1.3.1 台湾咖啡引种和栽培

1884 年，英国茶商自菲律宾马尼拉引种到台湾咖啡树苗木 100 多株，翌年又输入种子在台湾省台北的三峡地区开始种植。至此，咖啡首度落户台湾，以后集中在台中和高雄两市栽培。

1.1.3.2 云南咖啡引种和栽培

(1)咖啡通过景颇族边民引入瑞丽

瑞丽位于云南省西部，隶属于德宏傣族景颇族自治州，西北、西南、东南三面与缅甸山水相连，村寨相望。景颇族是瑞丽的主要世居民族之一，主要分布在从东到西的一带山区。景颇族是跨境而居的民族，西起于与缅甸隔河相望的等嘎，虽然分居在不同的国度，但是相互间探亲访友、通婚互市从不间断，关系十分密切。据陈德新的《中国咖啡史》书中描述，“1837 年英国在缅甸木巴坝的首任大主教景极为方便自己饮用而引种咖啡”，而缅甸木巴坝距瑞丽仅十余千米，随后中缅边境的景颇族人逐渐开始种植咖啡。

在《瑞丽市志》(1996)中记载：早在 1914 年，景颇族已将咖啡从缅甸引入弄贤乡种植。黄俊雄等(1994)《云南咖啡的发展与回顾》一文中记载：1914 年，景颇族边民将咖啡从缅甸引入到瑞丽弄贤寨作为庭院观赏植物种植。陈德新(2017)的《中国咖啡史》一书中记载：瑞丽弄贤寨咖啡引种年代为 1908 年，瑞丽景颇咖啡引种年代为 1893 年。景颇族引入咖啡后零星种植在房前屋后。1952 年，云南省农业科学院热带亚热带经济作物研究所科技人员在德宏傣族景颇族自治州边民庭院中发现小粒种咖啡资源，并将咖啡种子带回到潞江坝种植，这批种子为云南省咖啡生产提供首批咖啡种苗来源，为铁皮卡(Typica)和波邦(Bourbon)的混种群体，由于该品种对锈病的高度敏感及天牛的危害，生产上逐渐被其他品种替代。

(2)咖啡通过传教士引入宾川

云南大理宾川为云南早期引种种植地之一，据考证 1904 年由法国天主教传教士“田德能”经由当时法属殖民地的越南引入现大理白族自治州宾川县朱古拉村，由当地村民发展种植了 2 hm^2 的咖啡。据村民介绍是在 20 世纪 60 年代初开始种植，种源为原有的 24 株咖啡老树，据考证该品种的结构为 69%波邦和 31%铁皮卡的混合群体，该种源在 1969 年前后扩散到河口、开远、双柏和大姚等县。大姚县 1969 年前后曾发展种植过逾 20 hm^2，现仅有零星植株保留，品种来源于宾川朱古拉。

1.1.3.3 通过华侨引入海南

1908 年，最初由华侨从马来西亚带回大、中粒种咖啡栽植于海南岛那大附近；随后又有华侨陆续从马来西亚、印度尼西亚引进种植于海南那大、文昌、澄迈等地。

1.2 咖啡产区分布及咖啡生产概况

咖啡由原产地向世界热区各地扩散，到 18 世纪后，咖啡已广泛分布于亚洲、非洲、拉丁美洲、大洋洲等热带、亚热带地区，从世界咖啡产区来看，全球共有 80 余个国家种植咖啡，主要分布在南、北回归线之间，少数可延伸到南北纬度 26°的亚热带地区。

1.2.1 非洲咖啡产区

非洲咖啡种植主要分布于非洲的中部和东部，肯尼亚、埃塞俄比亚、布隆迪、马拉维、卢旺达、坦桑尼亚及赞比亚是非洲咖啡的主产区。

1.2.1.1 埃塞俄比亚

埃塞俄比亚(Ethiopia)地处非洲东部，是公认的咖啡起源地之一，是位于非洲东北的一个国家。东与吉布提、索马里毗邻，西同苏丹、南苏丹交界，南与肯尼亚接壤，北接厄立特里亚。高原占全国面积的 2/3，平均海拔近 3000 m，素有“非洲屋脊”之称。其出产的咖啡是东非精品咖啡(specialty coffee)的代表，有着很特别、不寻常的柑橘果香及花香，使得耶加雪啡成为世界上最有特色的咖啡之一，比较少见且昂贵。

(1)地理分布

埃塞俄比亚高原的自然条件有明显的垂直分带现象：海拔 1800 m 以下的低地及河谷中气候湿热，为热带草原气候，局部湿地有热带森林分布，各月气温皆在 20~26 ℃间，一般种植椰子、香蕉、甘蔗、咖啡等热带作物；1800~2400 m 的高原部分，气候暖和、凉爽宜人，月平均气温在 14~19 ℃(冬季晚上可在 5~10 ℃之间)，气温变幅小，四季如春，适宜农耕，全国 2/3 的耕地和居民都集中坐落于此，埃塞俄比亚的首都亚的斯亚贝巴即坐落于此；2400 m 以上的高山，气温较低，夏季月平均气温 15 ℃左右，降水量丰富，高山草地广布，为林牧业地区。

埃塞俄比亚位于北纬 3°~14°之间，咖啡树覆盖面积近 60×10^4 hm^2，适宜生长的海拔为 550~2750 m。西部和南部的土壤为火山岩、富含矿物质的酸性土壤，年平均气温 15~25 ℃，是小粒种咖啡的适宜生长区。

(2)生产方式

主要生产方式有：森林咖啡、庭院咖啡、大型农场咖啡。

①森林咖啡　近野生咖啡，占该国咖啡产量的 10%。这类型咖啡树多生产长在埃塞俄比亚的西南部，是小粒种咖啡的发源地，品种资源丰富，被誉为世界咖啡基因库。在这里，上层有高大乔木提供荫蔽条件，咖啡农直接到林地采收成熟的咖啡果，因几乎不进行人工管理，产量低下。现在，也有农户在森林种植咖啡，通过人工修剪过于茂密的枝叶，平衡荫蔽度，以提高咖啡产量，约占该国咖啡产量的 35%。

②庭院咖啡　这类咖啡通常种植在人畜居住的周围，天然荫蔽物较少，是目前该国咖啡生产的主要方式，约占该国咖啡的 50%。

③大型农场咖啡　这类咖啡多为国家农场，采用标准化种植管理技术，并选育优良品种，约占该国咖啡产量的 5%。

(3)咖啡等级

埃塞俄比亚咖啡豆一般分五个等级，标注为 Grade1~5；其中 Grade1 和 Grade2 一般为湿法加工的咖啡豆(水洗豆)，Grade3、Grade4、Grade5 为干法加工的咖啡豆(日晒豆)，咖啡口感多样，由柑橘(如佛手柑)、花香到热带水果气息都有。最佳的水洗咖啡可能表现出优雅、复杂而美味的气息，而最佳的日晒处理咖啡则会呈现出奔放的果香和不寻常的迷人气息。

(4)生产地

主产区为：西达莫、耶加雪菲、莉姆、哈拉尔、吉玛等地。

①西达莫(Sidamo)　海拔 1400~2200 m，咖啡多是经混合水洗与日晒加工的，具有丰富香气和果味，是该国出产的高海拔咖啡。

②耶加雪菲(Yirgacheffe)　海拔 1750~2200 m，本区咖啡风味独特，带有浓郁的香气、丰富的柑橘与花香气息，口感清淡优雅。

③莉姆(Limu)　海拔 1400~2200 m，本区咖啡整体风味不如耶加雪菲(Yirgacheffe)及西达莫(Sidamo)丰富，但也有精品咖啡。

④哈拉尔(Harrar)　海拔 1500~2100 m，本区是为该国最悠久的产区之一，本区出产的咖啡口感可能让人感觉不够纯净，带着木头味般的土壤气息和蓝莓果香，口感独特。

⑤吉玛(Jima)　海拔 1400~2000 m，本区为该国最大的咖啡产区，以大宗咖啡豆为主，品种繁多，咖啡质量和风味多变。

⑥拉卡姆蒂(Ghimbi/Lekempti)　海拔 1500~2100 m，本区以干法加工的咖啡为主，风味接近哈拉尔。

1.2.1.2　肯尼亚

肯尼亚(Kenya)位于非洲东部，赤道横贯中部，东非大裂谷纵贯南北。东邻索马里，南接坦桑尼亚，西连乌干达，北与埃塞俄比亚、南苏丹交界，东南濒临印度洋，海岸线长 536 km。肯尼亚虽是埃塞俄比亚的邻国，但咖啡产业起步较晚，1893 年法国传教士自留尼汪岛(波邦岛)引入咖啡树进行种植，1905 年在英国殖民统治下开始大规模种植咖啡，收获的咖啡豆运送到伦敦销售。

赤道从横贯穿肯尼亚中部，位于南北纬 10°之间热带季风区，大部分地区属热带草原气候，沿海地区湿热，高原气候温和；3~6 月、10~12 月为雨季，其余为旱季；年降水量自西南向东北由 1500 mm 递减到 200 mm。咖啡主要栽种于肯尼亚山区周边海拔 1600~2100 m 的火山地带，这些地方土壤肥沃、气候适宜，是咖啡的优质种植区。

肯尼亚咖啡 60%以上是由小农户生产，再卖给当地咖啡合作社，由合作社统筹销售。肯尼亚咖啡无论是否具有产销履历，都使用相同的分级制度，分级以咖啡豆粒径大小与质量作为指标，咖啡豆的粒径大小一定程度上也被视为与质量优劣有直接关系。

肯尼亚在 1963 年独立后，在咖啡研究与种植方面得到了快速发展，现今已能生产出各式不同种类、品质极高的咖啡。许多农民都具有较高的咖啡生产专业知识和技能。肯尼亚种植的主要品种为‘SL28’、‘SL34’、‘K7’、‘Ruiru11’，其中‘SL28’、‘SL34’、‘Ruiru11’是由肯尼亚斯科特实验室(Scott Laboratories)培育出来的。咖啡风味特点为：鲜明而复杂的莓果和水果味，同时带着甜美和密实的酸度。

1.2.1.3　布隆迪

布隆迪(Burundi)位于非洲中东部、赤道南侧。北与卢旺达接壤，东、南与坦桑尼亚交界，西与刚果(金)为邻，西南濒坦噶尼喀湖。境内多高原和山地，大部由东非大裂谷东侧高原构成，全国平均海拔 1600 m，有“山国”之称。咖啡于 20 世纪 20 年代比利时殖民统治时期来到该国，1933 年起规定每名农民必须种植管理至少 50 株咖啡树，1962 年独立时咖啡的生产开始转为私营，到了 1972 年则随着政局转变又转成国有，1991 年起又逐渐回到私人手中。

布隆迪属亚热带及热带气候。坦噶尼喀湖低地、西部河谷及东部均为热带草原气候；中西部属热带山地气候。布隆迪国土狭小，并没有明确的产区范围。只要环境条件适合，都可以进行咖啡种植，咖啡种植分布于海拔 1300～1800 m 的地段。主要品种为波邦种及 SL 系列品种。咖啡风味特点为：带着复杂的莓果及鲜美如果汁般的口感。

1.2.1.4 坦桑尼亚

坦桑尼亚(Tanzania)是古人类发源地之一，位于非洲东部、赤道以南，公元前即同阿拉伯、波斯和印度等地有贸易往来；北与肯尼亚和乌干达交界，南与赞比亚、马拉维、莫桑比克接壤，西与卢旺达、布隆迪和刚果(金)为邻，东临印度洋。咖啡在 16 世纪自埃塞俄比亚传入坦桑尼亚，哈亚人(Haya)将“哈亚咖啡”(Haya Coffee)或“amwani”(或许是中粒种)，带入坦桑尼亚后，咖啡便逐渐形成当地文化的一部分。这里的咖啡最早种植，是在德国殖民统治期间作为当地的主要经济作物(1911 年殖民政府开始种植小粒种咖啡树)。

坦桑尼亚东部沿海地区和内陆的部分低地属热带草原气候，西部内陆高原属热带山地气候，大部分地区平均气温 21～25 ℃。桑给巴尔的 20 多个岛屿属热带海洋性气候，终年湿热，年平均气温 26 ℃。咖啡种植分布于 1000～1800 m 海拔段。

坦桑尼亚咖啡 90%来自于小农户，10%来自于大型农场，采用肯尼亚的分级方式，主要为波邦、‘肯特’、Typica、‘N5’、‘N39’等变种和品种。咖啡风味特点为：口感复杂，酸度清新明亮，多带着莓果和水果气息。

1.2.1.5 其他产区

(1)马拉维

咖啡约在 19 世纪晚期引进马拉维。其中说法之一是一位名为约翰·布坎南(John Buchnan)的苏格兰传教士，于 1878 年自爱丁堡植物园带来一株咖啡树，在马拉维南部种植。咖啡种植以小粒种咖啡为主，主要为 Typica、‘Caturra’、‘Catimor’等变种和品种。咖啡风味特点为：甜美纯净，少有如东非咖啡产区具有爆发性的果香和复杂度。

(2)卢旺达

咖啡由德国传教士于 1904 年带入卢旺达，咖啡生产以咖啡合作社形式生产，主要为当地的‘Mibirizi’、‘Jackson’和‘波邦’品种和变种，咖啡风味带着新鲜果香、莓果味和花香。

(3)赞比亚

赞比亚咖啡在 20 世纪 50 年代由传教士自坦桑尼亚与肯尼亚引入，该国咖啡多来自大型农场，主要为‘波邦’及‘Catimor’等变种及品种。

1.2.2 美洲咖啡产区

美洲是全球咖啡豆最大的产区及供应区，咖啡豆量大且质量差异大，咖啡主要分布于中美洲及南美洲国家，巴西、哥伦比亚、哥斯达黎加、古巴、牙买加、多米尼亚、厄瓜多尔、危地马拉、洪都拉斯、夏威夷、墨西哥、玻利维亚等是该区的主要咖啡生产国。

1.2.2.1 巴西

巴西(Brazil)是南美洲最大的国家，咖啡自 1727 年传入后，巴西稳坐全球咖啡生产国龙头宝座已经超过 150 年。巴西种植有小粒种咖啡树及中粒种咖啡树。

巴西大部分地区处于热带，北部为热带雨林气候，中部为热带草原气候，南部部分地区为亚热带季风性湿润气候。亚马孙平原年平均气温 25~28 ℃，南部地区年平均气温 16~19 ℃。

巴西有 21 个州，17 个州出产咖啡，其中有 4 个州的产量最大，加起来占巴西全国总产量的 98%，它们是：巴拉那州(Parana)、圣保罗州(Sao Paulo)、米拉斯吉拉斯州(Minas Gerais)、圣埃斯皮里图州(Espirito Santo)，南部巴拉那州的产量最大，占总产量的 50%。

1.2.2.2　哥伦比亚

哥伦比亚(Colombia)地处南美洲西北部，历史悠久。从远古时代起，印第安人就在这块土地上繁衍生息。公元 1531 年沦为西班牙殖民地，1819 年获得独立。1886 年改称现名，以纪念美洲大陆的发现者哥伦布。哥伦比亚物产丰富，其中咖啡、鲜花、黄金和绿宝石被誉为“四宝”，是世界上最大的水洗咖啡豆出口国。

关于哥伦比亚咖啡种植的最早记录出现于西班牙传教士何塞·古米拉(Jose Gumilla)的 *The Illustrated Orinoca* 一书中。书中描写了他于 1730 年在 Meta 河两岸传教时的见闻，其中提到了当地的咖啡种植园。到了 1787 年的时候，其他的传教士已经把咖啡传播到了哥伦比亚境内的其他地方。

哥伦比亚咖啡经常被描述为具有丝一般柔滑的口感，在所有的咖啡中，它的均衡度最好，口感绵软、柔滑，可以随时饮用。它也因此获得了其他咖啡无法企及的赞誉：“绿色的金子”。

1.2.3　亚洲咖啡产区

亚洲咖啡的种植文化是由神话与历史塑造而成，传说中来自也门的朝圣者将中粒种咖啡偷运到印度；到 16 世纪，荷兰东印度公司开始将印度咖啡豆大量外销。亚洲现今在商业咖啡产业举足轻重。也门咖啡或许是个例外，外销量极少，但因其风格独特在全球需求量很大。

1.2.3.1　印度

1670 年，一位印度的回教修行者巴巴布丹(Baba Budan)前往阿拉伯麦加朝圣，他在前往也门摩卡(Mocha)的途中发现了一种叫做卡瓦(Qahwal)的黑色和甜味液体形式的咖啡。他发现这种饮料令人耳目一新，在长袍中藏了七颗咖啡种子走私回国。将这些种子种在了卡纳塔克邦奇克马加鲁尔(Chickmagalur)的隐居处的院子里。至今该区仍然是印度主要的咖啡产区。

印度咖啡种植主要位于南部山区，水湿条件好，海拔 800~2000 m。属于热带季风气候，夏季炎热，冬季凉爽。该国咖啡 60%是中粒种，小粒种咖啡占 40%。该国大约有 25 万咖啡种植者，其中 98%是小农。印度的咖啡加工有两种方法：日晒处理和水洗处理，现在蜜处理法也很流行。印度的季风处理法是印度独有的特色咖啡处理法。印度咖啡采摘是使用手工采摘。以自然日晒和烘干是常用干燥的方式。

印度的咖啡种植海拔分布在 600~2000 m，种植品种以中粒种及小粒种 S 系列品种为主。主要加工方法：季风处理法、水洗。咖啡风味特点：浓郁绵密、酸度低、平淡。

1.2.3.2　越南

越南属热带季风气候，地理位置十分有利于咖啡种植，南部适合种植中粒种咖啡，北部适合种植小粒种咖啡。自 1857 年咖啡树首次被引入种植以来，越南种植咖啡的历史已经有 160 年，以出售原料为主，是世界第二大咖啡生产国。近年来，越南的咖啡种植面积迅速扩大，产量大幅提高，带动了加工、销售和出口，形成了完整的产业链条，已成为越南经济的重要组成部分。2014 年，越南全国咖啡种植面积约 $65.3\times10^4 hm^2$，同比增加 2.7%，是 1961 年的 30 倍。1986—2012 年，是越南咖啡产量迅速增长时期，在世界中粒种咖啡品种领域与其他国家形成强劲竞争。2013—2014 年度越南咖啡产量 3000 万袋(每袋 60 kg)，约 170×10^4 t，主要是中粒种咖啡。越南商品咖啡的生产已形成专业化，为超过 56 万农户创造了就业，增加了收入，对促进西原地区、东南部地区和其他种植区的经济社会发展、农民脱贫致富作出了巨大贡献。西原地区省份咖啡产值占当地 GDP 的 30%。

越南咖啡种植大部分积集中在西原地区，以中粒种咖啡作为主要栽培品种。种植技术以高密度种植、大量灌溉、过度施肥、不种植遮阴树以获得最大产量，充分发挥中粒种咖啡的生产能力。越南咖啡种植 10%~15%属各国有企业和农场，85%~90%属各农户和庄园主。庄园规模不大，通常为 2~5 hm^2，大型庄园约 30~50 hm^2，但数量不多。越南每年约有 30 万农户从事咖啡种植，劳动力达 60 万人，在 3 个月的收获期中劳动力可达 70 万~80 万人，咖啡业因此吸收了越南全国劳动力总数的 1.83%，农业劳动力总数的 2.93%。

在越南的 Daklak、Gia Lai、Kontum、Dong Nai 地区的许多咖啡种植园单产达到 3~4 t/hm^2，有些种植园单产甚至高达 8~9 t/hm^2。2000 年越南咖啡单产 16 827 kg/hm^2，2014 年越南咖啡单产 23 877 kg/hm^2。

1.2.3.3 缅甸

缅甸地势北高南低，按地形大体可以分为 7 大块，即北部山区、西部山区、掸邦高原、中央平原、伊洛瓦底江三角洲、沿海地区和德林达依沿海地区。缅甸发展农业的自然条件优越，资源极其丰富，适宜多种热带作物种植。缅甸可耕土地约 1821×10^4 hm^2，净种植面积 1133×10^4 hm^2，水浇地占净种植总面积的 18.5%，尚有 $647.5\times10^4 hm^2$ 空地、闲地和荒地有待开发，咖啡种植发展潜力大。缅甸小粒种咖啡主要种植区在北部山区(掸邦、曼德勒地区、克钦邦、若开邦、孟邦等)，北纬 20°~24°，有肥沃的高原红壤土和其他适宜的土壤，海拔在 1000 m 以上，年降水量 1500~2500 mm，每年有一个对咖啡花芽分化必不可少的旱季，可出产大量高品质的小粒种咖啡。

缅甸小粒种咖啡最先是 1885 年由英国传教士引入种植的，早期在丹老(Mergui)和土瓦(Tavoy)建立了两个咖啡农场，同期在克伦邦(Kayin State)也建立了咖啡农场。1930 年，天主教传教士把小粒种咖啡引到掸邦和彬乌伦镇(眉苗)种植，今天这一区域仍然是主要的咖啡种植区。1930—1934 年，被称为“Chaungwe”、面积为 48.6 hm^2 的小粒种咖啡种植园在掸邦 Naung Cho 建成。2015—2016 年咖啡种植面积 19 915.79 hm^2，收获面积 11 752.23 hm^2，总产量 8431 t。作为国家推行私有化的一部分，缅甸联邦政府鼓励大小投资者投资咖啡种植，各邦负责人出台政策，计划扩大小粒种咖啡面积达 40 485.83 hm^2，曼德勒(眉苗一带)和掸邦北部适合种植咖啡的 20 242.9 hm^2 土地被纳入规划。除此之外，还有一些较大的私人公司计划在掸邦南部扩大种植咖啡 12 145.75 hm^2。

缅甸主要种植小粒种和中粒种咖啡，小粒种种植在高海拔地区，主要在掸邦的南北部、钦邦、克钦邦、克耶邦、实皆和曼德勒地区；中粒种种植在低海拔地区，主要在勃固、伊洛瓦底省和克伦邦。缅甸政府和私人企业都鼓励种植小粒种‘卡蒂姆’咖啡，因为该品种适应性广、高产抗锈。缅甸有许多‘卡蒂姆’(Cartimor)品种，有的已经出现锈病。目前首选的‘卡蒂姆’品种是‘T5175’、‘T8667’和红果的‘H528’。

1.2.3.4　印度尼西亚

印度尼西亚在世界咖啡的贸易中具有重要的战略地位。印度尼西亚是继巴西、越南之后，世界第三大咖啡生产商和出口商(2013 年)。印度尼西亚咖啡出口的主要目的国是美国、欧盟(主要是德国、意大利)及亚洲国家(主要是日本、马来西亚、新加坡)。印度尼西亚咖啡种植面积达到 130×10^4 hm^2，其中中粒种咖啡占总种植面积的 82%，小粒种咖啡占 18%。印度尼西亚的地理位置很适合经营咖啡种植园，加上印度尼西亚的气候非常适于咖啡的生长，有利于咖啡产业的发展。

印度尼西亚位于北纬 5°至南纬 10°之间，大多数印度尼西亚咖啡种植园在赤道至南纬 10°之间，如苏门答腊、爪哇，主要种植小粒种和中粒种这两大类咖啡。无论是小粒种咖啡还是中粒种咖啡都需要充足而定期的阳光。印度尼西亚地跨赤道，属于热带地区，没有四季之分。

印度尼西亚的高原地区，如托拉加山区、迦尤山区等，海拔在 800~1500 m 之间，年平均气温在 16~22 ℃，属于热带高原地区，符合小粒种咖啡的生长条件。

印度尼西亚咖啡种植园有家庭种植园和大型种植园两种经营方式。家庭种植园是小规模的农户或家庭农场；大型种植园是用于商业经营的，依据相关法律要求成立。大型种植园分为大型国有种植园和大型私营企业种植园。国有种植园由国家和地方政府所有，而大型私营企业种植园是大型的私人种植园。

1.2.4　中国咖啡产区

中国咖啡产区目前主要分布在云南、海南、四川、台湾等地。自 1996 年开始，云南就已发展成为我国咖啡种植规模最大、产量最多的省份，种植面积、产量均占全国 99%以上。

1.2.4.1　云南

云南省是中国咖啡的最主要产区，主要种植小粒种咖啡，其中‘卡蒂姆’系列品种抗病能力强、产量高、品质优，是云南地区目前种植最广泛的品种，其次少数地区也种植铁皮卡优良老品种。云南瑞丽和宾川拥有我国最早的咖啡古林地，目前已形成德宏、普洱、保山、临沧等咖啡主要种植区。2015 年云南咖啡种植面积已达 11.8×10^4 hm^2，占全国总面积的 99%。

普洱被称为“中国咖啡之都”，栽培咖啡始于 19 世纪末，1988 年开始产业化发展。2015 年咖啡种植面积已达 5×10^4 hm^2，投产 2.68×10^4 hm^2，产量 4.89×10^4 t，总产值 12 亿元。主要分布在宁洱、思茅、江城、孟连、澜沧、景谷、墨江、景东、镇沅、西盟等县(市)。普洱目前是全国种植面积最大、产量最高的咖啡主产区和重要的咖啡交易集散中心，咖啡产业已成为普洱高原特色农业的重要产业之一，是建设国家绿色经济试验示范区的重要支撑产业。

德宏有“中国咖啡之乡”的美称，具有典型的南亚热带雨林气候，冬无严寒，夏无酷暑，种植海拔均在 1000 m 以上，2015 年种植面积 1.8×10^4 hm^2，投产面积达到 0.93×10^4 hm^2，产量2.8×10^4 t，其中农业产值6.16亿元、工业产值8亿元，拥有咖啡行业唯一的国家级农业产业化龙头企业——德宏后谷咖啡有限公司，成功注册了“德宏咖啡”地理标志。主要分布在瑞丽、芒市、梁河、盈江和陇川等县(市)。

保山潞江坝居高黎贡山东麓，属于干热河谷地带，气候属于南亚热带高原季风气候，冬干夏湿，日照充足，热量丰富，雨量偏少，冬暖少雾，终年无霜，享有“天然温室”和“热区宝地”的美称。2010年12月，经国家质量监督检验检疫总局审核，决定实施“保山小粒种咖啡”国家地理标志产品保护。2015年咖啡种植面积1.3×10^4 hm^2，主要分布在隆阳、龙陵、昌宁和施甸等县(市)。

临沧的海拔、纬度与世界咖啡大国哥伦比亚基本相似，是中国第一个精品咖啡示范区。在2.4×10^4 km^2 区域中，有1/3海拔在1300 m以下，这些区域比较适合种咖啡。2015年咖啡种植面积3.6×10^4 hm^2，已经跃居成为全国第二大咖啡主产区。主要分布在临翔、耿马、沧源、凤庆、永德、云县、镇康、双江等县(市)。

云南其他咖啡产区：

西双版纳：现有6000 hm^2，主要分布在勐腊、勐海、景洪等县(市)。

文山州：现有1700 hm^2，主要分布在麻栗坡等县。

红河州：现有1100 hm^2，主要分布在河口、红河、元阳、绿春、屏边、金平等县。

大理州：现有200 hm^2，主要分布在宾川县。

其他地区：现有800 hm^2，主要分布在怒江泸水、楚雄元谋、丽江华坪等县。

1.2.4.2 海南

种植品种以中粒种咖啡为主，主要分布区域为澄迈县福山镇、万宁市兴隆镇、琼中黎族苗族自治县黎母山镇以及白沙黎族自治县等地。近年来，在政府部门的引导和支持下，儋州市、五指山市等地也有农户尝试种植。目前种植面积为600 hm^2，海南省的咖啡种植历史可以追溯到1898年，马来西亚华侨邝世连从马来亚带回种子，在文昌市原南阳镇石人坡村(现归文城镇管辖)栽种，从此开启海南咖啡种植的历史。

1.2.4.3 四川

四川攀枝花、凉山一带日照时间长，热量丰富，年平均气温≥17.5 ℃，全年无霜，年降水量≥700 mm，立体气候明显，昼夜温差大，有利于干物质积累，无台风危害，是小粒种咖啡生长的较好区域。目前种植面积1100 hm^2，主要分布在攀枝花市的米易、盐边、仁和东区和凉山彝族自治州的会东、会理等6个县(区)。

1.2.4.4 台湾

台湾地处亚热带，境内多山，又有明显的雨季，是不错的咖啡产地，也是我国最早引种咖啡的地区。早在1884年，英国人便从马尼拉引进小粒种咖啡在台北县进行试种。1941年台湾咖啡产量就已丰富，品质佳，达到全盛时期。随着战争的爆发，台湾咖啡逐渐没落，现仅台湾南投山区的惠荪林场、云林古坑荷包山有小规模种植，目前种植面积500 hm^2。所产咖啡豆味甘，香气浓郁芬芳，100多年的咖啡种植历史形成了独特的咖啡文化，与书坊结合的书香咖啡屋、庭院式咖啡屋、日式及欧洲风格的咖啡店等风格各异的咖啡连锁店风靡台湾。

1.3 咖啡产销概况

1.3.1 咖啡产量情况

1.3.1.1 全球咖啡产量概况

2010—2016 年全球咖啡产量为 837.59×10^4~912.78×10^4 t，平均增长率 2.53%，具有明显大小年现象；中国咖啡豆产量为 4.96×10^4~16.03×10^4 t，呈明显上升态势，平均增长率 30.94%，为全球的 12.23 倍。2016 年中国咖啡豆产量为 16.03×10^4 t(表 1-1)，占全球总产量(909.74×10^4 t)的 1.76%，居全球第 12 位、亚洲第 4 位，已成为世界咖啡主要生产国之一。

表 1-1 2016 年 全球主要咖啡生产国咖啡豆生产量表

国家	数量(×10^4t)	名次	国家	数量(×10^4t)	名次
巴西	330.00	1	洪都拉斯	35.60	6
越南	153.00	2	印度	32.00	7
哥伦比亚	87.00	3	秘鲁	22.80	8
印度尼西亚	60.00	4	乌干达	21.00	9
埃塞俄比亚	39.60	5	中国	16.03	12

1.3.1.2 全球咖啡出口概况

2010—2016 年全球咖啡豆出口量为 619.71×10^4~716.64×10^4 t，平均增长率 2.93%；中国咖啡豆及制品出口量为 5.15×10^4~14.86×10^4 t(出口金额 1.32 亿~9.45 亿美元)，其中咖啡豆出口量为 3.19×10^4~8.27×10^4 t，平均增长率为 17.28%，为全球的 5.89 倍。2016 年中国咖啡豆及制品出口量为 14.86×10^4t(出口金额 9.45 亿美元)(表 1-2)，其中咖啡豆出口量 8.27×10^4 t(出口金额 5.32 亿美元)，占出口总量的 67.88%，占全球咖啡豆出口量(690.20×10^4 t)的 1.19%，居全球第 14 位，仅次于越南、印度尼西亚、印度，居亚洲第 4 位，已成为世界咖啡主要出口国之一。

表 1-2 2016 年世界主要咖啡豆出口国情况表

国家	数量(×10^4t)	名次	国家	数量(×10^4t)	名次
巴西	221.49	1	洪都拉斯	30.84	6
越南	158.62	2	乌干达	19.89	7
哥伦比亚	73.81	3	埃塞俄比亚	18.55	8
印度尼西亚	47.91	4	秘鲁	18.37	9
印度	35.17	5	中国	8.27	14

1.3.2 世界咖啡消费概况

1.3.2.1 咖啡价格的变化

从图 1-1 可见，1991—2018 年全球咖啡国际综合价格(ICO Composite Prices)为 6.65~30.69 元/kg，价格波动很大，其中 1995 年有 1 个波峰 20.19 元/kg，此后价格下滑，到

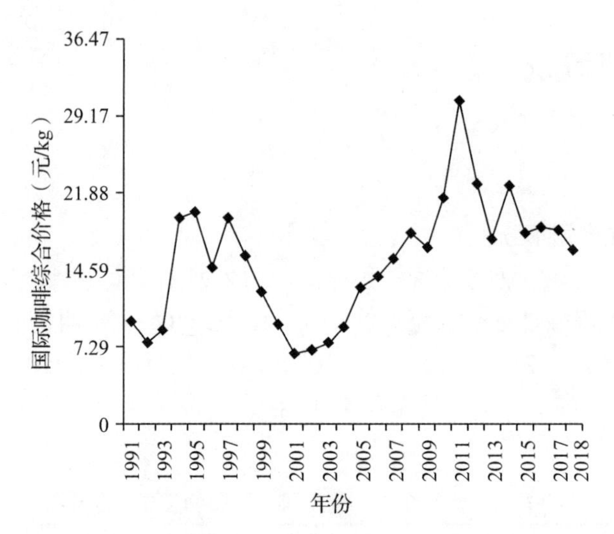

图 1-1 全球咖啡价格变化趋势(1991—2018 年)

2001 年跌至波谷 6.65 元/kg，此后价格又逐步回升，到 2011 年达到历史峰值 30.69 元/kg，此后价格又持续下滑，到 2018 年价格为 16.51 元/kg，而国内收购价为 12 元/kg 左右，已低于 15 元/kg 成本价格，为 2011 年以来的最低值，目前仅为 13.62 元/kg(2019 年 4 月 29 日)，价格波动周期 5~7 年不等。

1.3.2.2 全球咖啡进口概况

2010—2016 年全球咖啡豆进口量为 808.21×10^4~900.39×10^4 t，平均增长率 2.31%；中国咖啡豆及制品进口量为 3.52×10^4~13.18×10^4 t(进口金额 0.98~9.04 亿美元)，其中咖啡豆进口量 2.76×10^4~5.05×10^4 t，平均增长率 25.05%，为全球的 10.85 倍。2016 年中国咖啡豆及制品进口量 13.18×10^4 t(进口金额 9.04 亿美元)(表 1-3)，其中咖啡豆进口量为 5.05×10^4 t(进口金额 1.12 亿美元)，占进口总量的 67.72%，占全球咖啡豆进口量(898.75×10^4 t)的 0.56%，居全球第 28 位(含港澳台为 10.22×10^4 t，居全球第 18 位)，居亚洲第 7 位(含港澳台居第 4 位，仅次于日本、韩国、马来西亚)，已成为世界咖啡主要进口国之一。世界上年进口量最大的前七位国家依次为：美国、德国、意大利、日本、法国、比利时、西班牙。

1.3.2.3 全球咖啡消费概况

国际上咖啡消费量一般特指咖啡豆消费量，即咖啡生豆、原料豆或未经任何加工的咖啡豆(米)。中国咖啡消费量由公式“消费量=(产量+进口量)-出口量”计算而得。据统计，2010—2016 年全球咖啡消费量为 862.95×10^4~949.24×10^4 t，平均增长率 2.37%；中国咖啡消费量为 4.54×10^4~13.16×10^4 t，平均增长率 31.99%，为全球的 13.50 倍。2016 年中国咖啡豆消费量为 12.81×10^4 t(表 1-3)，占全球消费量(949.24×10^4 t)的 1.35%，居全球第 19 位(包括港澳台为 17.97×10^4t，居全球第 12 位)，仅次于日本、印度尼西亚、菲律宾、韩国、越南、印度，居亚洲第 7 位(包括港澳台，居第 4 位)，已成为世界主要咖啡消费国之一。

表 1-3　2016 年世界主要咖啡豆进口及消费量统计表

咖啡豆进口量($\times10^4$t)			咖啡豆消费量($\times10^4$t)		
国家	数量	名次	国家	数量	名次
美国	162.10	1	美国	140.50	1
德国	127.04	2	巴西	123.00	2
意大利	52.94	3	德国	56.27	3
日本	50.29	4	日本	44.61	4
法国	40.28	5	法国	34.24	5
比利时	33.01	6	意大利	33.80	6
西班牙	30.82	7	加拿大	29.89	7
加拿大	29.89	8	印度尼西亚	27.60	8
俄罗斯	26.46	9	埃塞俄比亚	22.20	9
中国*	5.05	28	中国*	12.81	19

注：* 不包括香港、澳门特别行政区及台湾省数据。

1.3.2.4　咖啡主要消费市场

咖啡是世界交易量最大的热带作物产品，也是世界上最受欢迎的非酒精类饮料，每年消费量大约 5500 亿杯咖啡(大约每天消费 15 亿杯)，主要消费市场集中在西欧和北美。随着社会的发展和咖啡文化的传播，一些新兴的咖啡消费市场正在稳步增长，如东欧、东南亚以及南美的咖啡生产国巴西等。目前咖啡年消费量约 900×10^4 t，全球咖啡消费量正以每年约 2.5%的速率稳步增长，这主要是因为人口增加、城市化、生活水准提高、消费方式转变等因素引起的。世界上人均年消费量最大的前六位国家依次为芬兰(11.8 kg/1710 杯)、挪威(9.6 kg/1440 杯)、丹麦(9 kg/1350 杯)、冰岛(9 kg/1350 杯)、瑞士(8.2 kg/1230 杯)、瑞典(7.8 kg/1170 杯)。

1.3.3　中国咖啡产销概况

1.3.3.1　生产前景分析

2010—2016 年中国咖啡种植面积平均增长率为 23.83%，产量平均增长率为 30.94%，产值平均增长率为 29.23%，具有强劲的增长势头。2016 年中国咖啡面积 11.88×10^4 hm^2，较 2015 年下降 0.71%(减少 853.33 hm^2)，比 2014 年下降 3.98%(减少 4913.33 hm^2)，连续 2 年呈负增长，这一形势应引起高度重视；咖啡产量 17.75×10^4 t，较 2015 年增长 14.08%；咖啡总产值 26.21 亿元，较 2015 年增长 24.34%；其中云南省咖啡面积、产量和产值分别占全国的 98.44%、98.80%、98.81%(表 1-4)。全国热区耕地资源丰富，咖啡品质好，具有广阔的发展空间和前景。

表 1-4　2016 年中国咖啡生产情况简表

产区	总面积($\times10^4hm^2$)	新植面积($\times10^4hm^2$)	收获面积($\times10^4hm^2$)	总产量($\times10^4$t)	单产(kg/hm^2)	总产值(万元)
云南	11.70	0.4	8.04	15.84	1969.95	258 994.00
四川	0.11	0	0.07	1.57	2250.00	2520.00
海南	0.07	0.01	0.02	0.34	1710.00	600.00
合计	11.88	0.41	8.13	17.75	1976.65	262 114.00

1.3.3.2 贸易前景分析

从出口前景分析，2010—2016 年中国咖啡豆及制品出口量平均增长率为 27.44%，其中咖啡豆增长率为 17.28%。2016 年出口量为 14.86×10^4t，出口金额 9.45 亿美元，分别较上年增长 153.15%和 352.15%，出口产品中咖啡生豆占 67.88%，焙炒咖啡占 5.07%，已清除咖啡因焙炒咖啡占 0.08%，咖啡浓缩汁占 0.52%，咖啡成品占 26.45%。目前，中国以咖啡生豆出口为主，但随着深加工技术的不断进步，咖啡豆出口将呈下降趋势，深加工产品出口将呈上升趋势。此外，由于咖啡豆价格下滑、成本上升和比较效益下降，中国咖啡面积呈萎缩之势，加之受国内咖啡消费高速增长强劲拉动，预计未来中国咖啡出口量将呈下降趋势。

从进口前景分析，2010—2016 年中国咖啡豆及制品进口量平均增长率为 34.64%，其中咖啡豆增长率为 25.05%，大于出口增幅。2016 年进口量为 13.18×10^4t，进口金额为 9.04 亿美元，分别较上年增长 196.85%和 419.54%，其中咖啡豆占 67.72%，已清除咖啡因咖啡豆占 0.09%，焙炒咖啡占 7.76%，已清除咖啡因焙炒咖啡占 1.2%，咖啡浓缩汁占 2.8%，咖啡成品占 20.43%。目前，进口产品中以中粒咖啡豆为主，用于加工速溶咖啡；受中国咖啡消费高速增长强劲拉动和咖啡面积萎缩等影响，预计未来中国咖啡进口量将呈持续增长态势。

1.3.3.3 中国咖啡消费概况

从咖啡豆消费量分析，2010—2016 年中国咖啡消费平均增长率为 31.99%，为全球的 13.50 倍，其中 2016 年中国咖啡消费量 12.81×10^4t，较上年增长 11.63%，继续保持强劲增长势头，咖啡消费市场前景十分广阔。从消费产品类型分析，2015 年全球现磨咖啡(焙炒咖啡)占消费量的 87%，而速溶咖啡仅占 13%；中国速溶咖啡占消费量的 84%，而现磨咖啡(焙炒咖啡)仅占 16%。随着中国咖啡消费水平的不断提高，现磨咖啡(焙炒咖啡)将呈增长态势，而速溶咖啡市场份额将呈下降趋势，但速溶咖啡仍将处于主导地位。

从国内咖啡消费产品品种的变迁分析，也体现了咖啡消费水平的不断提高，越来越多的国人开始接受并习惯饮用咖啡。1980 年以前速溶咖啡进入中国，速溶咖啡体现了西方文化和高档的品味，在当时成为时尚，咖啡产品当时作为馈赠的礼品及用在家中招待亲友。1980—2000 年，速溶咖啡渐渐成为日常的习惯饮品之一，饮用场合增多。即饮咖啡进入中国市场，引起部分消费者的好奇并尝试，但始终未形成消费热潮。2000 年以后，三合一咖啡市场迅猛发展，部分速溶咖啡消费者转为现磨现煮咖啡，更多人尝试即饮咖啡，并形成一定消费群，大部分因为口味不理想而放弃；咖啡风味的食品开始流行，更多人接受咖啡的风味；咖啡市场开始出现多元化。现在，速溶、现煮咖啡以不同的卖点吸引各自消费群体，即饮咖啡作为非主流的产品满足不同的需求，目前市场上的即饮咖啡对消费者缺乏足够吸引力，市场呼吁新的即饮品牌和产品出现。预计未来中国咖啡消费市场将得到较快的发展，以烧煮咖啡、速溶咖啡及即饮咖啡产品为主。即饮咖啡时尚、快捷、休闲，将得到快速发展。

（黎丹妮）

思考题

1. 简述中国咖啡的发展传播历史。
2. 分析世界各咖啡产区的咖啡生产特点及其异同。

推荐阅读书目

1. 中国咖啡史．陈德新．科学出版社，2017.
2. 左手咖啡，右手世界 一部咖啡的商业史．[美]马克·彭德格拉斯特．机械工业出版社，2016.
3. 咖啡飘香 100 年．田口护，黄薇嫔．积木文化，2013.
4. 从深山走向世界的云南咖啡 云南咖啡种植、加工及经营．刘光华，张星灿．云南人民出版社，2011.
5. 中国咖啡产业经济问题研究．李荣福，王海燕，陈明文等．经济科学出版社，2019.

第 2 章　咖啡树栽培的生物学基础

【本章提要】

本章介绍了咖啡植物学分类的地位、主要咖啡种群的特点，并对咖啡树的生长习性及生长发育规律进行论述，总结了咖啡树栽培的生物学基础。

咖啡，原产于非洲，经过多年的引种栽培，目前已经广泛分布于世界热带作物产区，栽培的咖啡种群主要是小粒种和中粒种，小粒种咖啡对气温的要求较中粒种低，主要分布于高海拔、高纬度地区，两者在生长习性及生长发育规律上有相似的地方，也存在着较大的差异性。

2.1　咖啡树的植物学分类

咖啡，茜草科（Rubiaceae）仙丹花亚科（Ixoroideae）咖啡族（Coffeeae DC）咖啡属（*Coffea*），多年生常绿灌木或小乔木。生产中通常所指的咖啡为真咖啡（*Eucoffea*）组中的小粒种（*Coffea arabica*）、中粒种（即甘弗拉种 *C. canephora*，也称罗布斯塔 *C. robusta*）、大粒种（*C. liberica*）的类型，其中商业性栽培的主要为小粒种和中粒种，小粒种约占栽培面积的60%，中粒种占40%，大粒种在马来西亚有少量生产性种植，其他几个种主要作为种质资源保存和育种材料，没有规模化栽培种植。咖啡属的染色体基数为 $n=11$，除小粒种咖啡（*Coffea arabica* L.）为 $2n=44$ 属于异源四倍体外，其余都是 $2n=22$。

2.1.1　咖啡树在植物分类学上的地位

咖啡原产于非洲埃塞俄比亚、刚果热带雨林区及中非与西非的热带雨林地带，在长期的自然选择和人工驯化过程中形成了丰富的种质资源。拉丁语中这样描述咖啡："阿拉伯的茉莉，带有如月桂树类型的叶子，豆子我们称之为咖啡"。1930—1950 年，法国植物学家 Auguste Chevalier（1873—1956）在非洲研究咖啡分类学，于 1947 年完成咖啡物种分类系统，称为沙瓦利埃分类系统，目前这个分类系统具有较大的权威性。

2.1.1.1　咖啡植物学分类系统

咖啡分属于 4 个组（亚属，*Coffea* subgenus），66 个种。即真咖啡（*Eucoffea*）组，24 个种；马达加斯加咖啡（*Mascarocoffea*）组，18 个种；巴拉咖啡（*Paracoffea*）组，13 个种；白咖啡（*Argocoffea*）组，11 个种（详见表 2-1）。

表 2-1　咖啡植物学分类系统(Chevalier，1947)

属	组	亚组	种
咖啡属 4 个组 (亚属，*Coffea* subgenus)	真咖啡组 (Eucoffea)24 个种	红(果)咖啡亚组 (*Erythrocoffea*)4 个种	阿拉比卡咖啡(*C. arabica*)
			刚果河咖啡(*C. congensis*)
			甘弗拉种咖啡(*C. canephora*)
			丁香咖啡(*C. eugenioides*)
		大(厚皮)咖啡亚组 (*Pachcoffea*)5 个种	利比里卡咖啡(*C. liberica*)
			卡来尼咖啡(*C. klaini*)
			奥易门咖啡(*C. oyemensis*)
			阿比库它咖啡(*C. abeokutae*)
			迪威瑞咖啡(*C. dewevei*)
		小咖啡亚组 (*Nanocoffea*)5 个种	
		黑(果)咖啡亚组 (*Malanocoffea*)3 个种	
		莫桑比克咖啡亚组 (*Mozambicoffea*)7 个种	
	马达加斯加咖啡组 (*Mascarocoffea*)18 个种	包括 *C. kianjavatensis*，*C. lancifolia*，*C. manuritiana*，*C. macrocarpa* 及 *C. myrtifolia*。几乎不含咖啡因，苦味重	
	巴拉咖啡组 (*Paracoffea*)13 个种	分布在印度、斯里兰卡的干燥贫瘠地区，风味差，无商业价值	
	白咖啡组 (*Argocoffea*)11 个种	分布在西非，已经绝迹了	

(1)真咖啡(*Eucoffea*)组

根据差异明显的形态特征(株高、叶厚、果色)和地理分布，其中在真咖啡组中分成了 5 个亚组(sectoins)，包括红(果)咖啡亚组(*Erythrocoffea*)4 个种，大(厚皮)咖啡亚组(*Pachcoffea*)5 个种，小咖啡亚组(*Nanocoffea*)5 个种，黑(果)咖啡亚组(*Malanocoffea*)3 个种，以及莫桑比克咖啡亚组(*Mozambicoffea*)7 个种。共计 24 个种。

红(果)咖啡亚组(*Erythrocoffea*)：包括 4 个种：阿拉比卡咖啡(*C. arabica*)，即小粒种咖啡；刚果河咖啡(*C. congensis*)；甘弗拉种咖啡(*C. canephora*，*C. robusta*)，即中粒种咖啡；丁香咖啡(*C. eugenioides*)。它们形态不同但果实成熟后会变红(变异者为黄色)。

大(厚皮)咖啡亚组(*Pachcoffea*)：包括 5 个种：利比里卡咖啡(*C. liberica*)，即大粒种咖啡；卡来尼咖啡(*C. klaini*)；奥易门咖啡(*C. oyemensis*)；阿比欧库塔咖啡(*C. abeokutae*)；迪威瑞咖啡(*C. dewevei*)。本亚组咖啡果皮厚，树高 4~20 m。

小咖啡亚组(*Nanocoffea*)：包括 5 个种，以园艺为用途，以 *Coffea humilis* 及 *Coffea togoensis* 为代表。

黑(果)咖啡亚组(*Malanocoffea*)：包括 3 个种，咖啡果实黑色，以西非的 *Coffea stenophylla* 为代表，抵抗叶锈病，植株需要 9 年才结果。

莫桑比克咖啡亚组(*Mozambicoffea*)包括 7 个种，原产中非、东非和马达加斯加岛，咖啡果子较小，树身矮，咖啡因含量低，包括总状花咖啡(*Racemosa*)等。

(2)马达加斯加咖啡(*Mascarocoffea*)组

本组 18 个种，几乎不含咖啡因，苦味重，包括 *C. kianjavatensis*、*C. lancifolia*、*C. manuritiana*、*C. macrocarpa* 及 *C. myrtifolia* 等。

(3)巴拉咖啡(*Paracoffea*)组

本组 13 个种，分布在印度、斯里兰卡的干燥贫瘠地区，风味差，无商业价值。

(4)白咖啡(*Argocoffea*)组

本组 11 个种，分布在西非，可能已经绝迹了。

2.1.1.2 咖啡分类进展

1985 年，植物学家 J. Berthaud 和 A. Charrier 根据 1947 年的分类，在非洲进行了一次调查，估计共有 66 个咖啡种，其中真咖啡亚属有 24 个。

2006 年，美国植物学家 Aaron Davis 最新的研究发现有 103 个咖啡种，其中 41 个在西非、中非及东非，归入真咖啡亚属；51 个在马达加斯加岛，还有 3 个在 Mascarene 群岛，被归入马达加斯加咖啡(*Mascarocoffea*)组；8 个种在印度发现，归入巴拉咖啡(*Paracoffea*)组；白咖啡(*Argocoffea*)组分布在西非，可能已经绝迹了。

根据 Leroy 在 1967 年的观点，因为白咖啡(*Argocoffea*)组的种子不像咖啡豆，不应该在咖啡属内；同时，巴拉咖啡(*Paracoffea*)组应该划为 *Psilanthus* 属的一个亚属。1980 年 Leroy 修订了沙瓦利埃的分类系统，分为几个系(series)：①*Verae* Chev.；②*Multiflorae* Chev.；③*Sclerophllae* Chev.；④*Brachysiphon* Dudard；⑤*Terminales* Chev.；⑥*Garcinioides* Chev.；⑦*Mauritianae* Chev.；⑧*Humblotianae* Ler.。

2.1.1.3 咖啡种质资源发现与分类

一些咖啡野生种，在 18 世纪非洲热带地区和东印度的航线上进行的科学调查中被发现。最初这些调查在岛上(波邦和桑给巴尔)和更容易接近的海岸地区(金海岸和莫桑比克)完成，后来因为探险的发展，它们扩展到非洲更中心的地带。

C. mauriana 在波邦岛上被发现，1783 年由 Lamarck 描述；*C. racemosa* 在莫桑比克被发现，由 Loureiro 在 1790 年描述；*C. liberica* 在 1792 年发现于 Sierrab Leone，1841 年发现于 Liberia；1840 年在几内亚发现了 Rio Nunez 咖啡类型的 *C. stenophylla* 和 *C. liberica*；Robusta 咖啡类型和 Congensis 种，1880 年和 1900 年发现于刚果河盆地。

欧洲人在非洲殖民地时期收集的新咖啡种的植物学描述完成后，由英国植物园——邱园出版的专著中第一个热带植物群包含了 10 个咖啡种，由 Hiern 在 1877 年进行描述。Froehner 在 1898 年的专著中描述了关于咖啡及相关的种。1938 年及 1947 年，Chevalier 在世界上发表咖啡分类词汇表。1941 年，Lebrun 发表了来自比属刚果(刚果人民共和国)的咖啡类型。

咖啡种的分类是基于专门的形态学描述为基础，通过不同的标本来进行分类。过去开展的差异性的分类是不完整的，有时是混乱的，部分是过时的，这进一步解释了咖啡种分类的困难。对位于巴黎的国家历史博物馆内的标本进行重新分类，包括来自马达加斯加和 Mauritius 的材料。他们描述了邱园中来自东非的 20 个新的种群。刚果地区的新群类也被描述。收集者发现新的起源种群，像 *C. pseudozanguebariae* 和 *C.* sp. *moloundou*。以前收集的 4 个种群来自肯尼亚和坦桑尼亚边境。其中 *C. pseudozanguebariae* 的形态学特征表现出廋叶，短的托叶，大的 domatia，6~7 个裂花冠，长果梗，紫黑果的颜色。

马达加斯加种的主要独特性在于在绿咖啡豆中咖啡因的缺乏。实际上，来自东非内陆的无咖啡因咖啡种，也和来自马达加斯加的带有咖啡因的 3 个种一样，在近期发现。第二个收集的类群来自西南喀麦隆与北刚果之间的边界地区。*C.* sp. *moloundou* 咖啡树是灌木，其特征表现带有小的叶子，红色的浆果，它的花像 *C. eugenioides*，带有绿咖啡豆相同的生物化学组成(0.62%DMB 的咖啡因和 4.65%DMB 的绿原酸)。这个新类群最显著的特征是其二倍体种是自花相容的。通过自花授粉能够生产种子，它也被怀疑成是一个名叫 *C.* sp. *X* 的单独个体，近期鉴定为 *C. heterocalyx*，形态同质性和低遗传变异性导致 *C.* sp. *moloundou* 的自花授粉的生殖模式。

总之，在过去的 2 个世纪，已清楚的咖啡属的数量在逐步地增加。现存标本的生物学描述和最近咖啡调查期间收集的材料仍是完整的。植物学家根据不同的标准提出不同的咖啡种的组群。例如，地理起源(*Mozambicoffea*，*Mascarocoffea*)，结构(*Terminalae*，*Pachycoffea*，*Nanocoffea*)，形态学特征(*Erythrocoffea*，*Melanocoffea*)。

2.1.1.4　咖啡的遗传因子与分类

铁皮卡是分类学家林奈(Linnaeus)用来描述阿拉伯咖啡的典型特征，它最早来自于埃塞俄比亚的野生品种，最早被引进至欧洲的植物园和美洲大陆，是巴西康平纳斯农艺研究所(IAC)在咖啡分类学、解剖学和遗传学方面研究的标准。阿拉比卡咖啡(小粒种咖啡)是一个比较稳定的种，有 30 多个突变种，这些突变种是一些独立的遗传因子或相互作用的结果。

(1)影响苗木特征的因子

'纳纳'突变种，植株矮小，叶子小，主干及侧枝节间极短，如'Murta'种、波邦种；剑叶突变种'Augustifolia'，植株叶子狭而长；粗脉突变种，所有的叶子小而厚，有显著的叶脉，主干节间短，长势弱；'Crispa'突变种，初生叶极小，波纹状，节间短，花小弱，果实及种子小。

(2)影响分枝的因子

直生型突变种('Erecta')，侧生果枝直生状，整个植株变形；多直生型突变种('Polyorthotropica')，主干生长不正常，有过量的直生分支，整个植株畸形；半直立突变种，幼嫩侧枝直立，老侧枝呈水平状。

(3)影响生长的因子

'Maragogype'突变种，子叶大，叶片大，节间长，花、果、种子大于铁皮卡；'Caturra'突变种，叶大，深绿，节间短，植株小，产量高；'Sao Bernarde'突变种，叶似铁皮卡，椭圆形，节间短；'San Ramon'突变种，叶阔，呈椭圆形，深绿色，节间极短，植株紧密，比铁皮卡矮。

(4)影响叶子的因子

'Verde'突变种，植株的幼芽通常为淡棕色；紫叶突变种'Purpurascens'，子叶绿色，幼芽深绿色，节间托叶深紫色，节间短植株矮，花为粉红色，外果皮紫色条纹成熟时自行消失；'Viirdis'突变种，幼叶与定性叶均成绿色，叶片顶端膨大型突变种；畸形叶突变种

'Anormala'；次生叶畸形突变种'Anormalis'；卷叶突变种'Volutifolia'。

(5)其他影响因子

包括影响花特征的因子、影响果实特征的因子、影响种子特征的因子。

2.1.2 咖啡主要栽培种群

咖啡是许多热带地区的主要作物，但对其遗传学及变异性研究得很少，其文献也很少。巴西康平纳斯农艺研究所以阿拉比卡咖啡为材料进行了相关遗传学研究。目前栽培的只有阿拉比卡咖啡(*C. arabica*)即小粒种咖啡、甘弗拉种咖啡(*C. canephora*)即中粒种咖啡、利比里卡咖啡(*C. liberica*)即大粒种咖啡。小粒种咖啡在自然群体中为小乔木或灌木，高10 m，在栽培条件下植物树高3 m左右，鲜果与种子之比约(4.5~5)：1；中粒种咖啡自然高5 m，灌木，叶缘波纹状，鲜果与干豆之比为(3.5~5.0)：1；大粒种咖啡，小乔木或大灌木，高6~12 m，叶子大而厚，果实成熟较晚，风味差，鲜果与干豆之比为10：1。

2.1.2.1 小粒种咖啡

原产于埃塞俄比亚，株形矮(4~5 m)，叶小，较耐寒和耐旱，气味香醇，品质较好，但易感咖啡叶锈病，易受天牛危害。多分布于高海拔(1300~1900 m)地区，染色体基数$n=11$，染色体为异源四倍体($4n=44$)，自花授粉，实生后代遗传性状变异性小，但约有5%的自然变异率，有紫叶型、柳叶型、厚叶型、高杆型等多种类型。

2.1.2.2 中粒种咖啡

原产于刚果热带雨林地区，株高中等(5~8 m)，叶大小中等，不耐强光，不耐干旱，味浓香，但刺激性强，品质中等，抗咖啡叶锈病，不易受天牛危害。多分布于低海拔(低于900 m)的地区，染色体基数$n=11$，染色体为二倍体($2n=22$)，异花授粉，实生后代遗传性状变异性大。

2.1.2.3 大粒种咖啡

原产于利比里亚热带雨林地区，株形高大(大于10 m)，叶大，耐强光和耐干旱，抗寒中等，味浓烈，刺激性强，品质最差，易感咖啡叶锈病，多分布于中低海拔地区，染色体基数$n=11$，染色体为二倍体($2n=22$)。异花授粉，实生后代遗传性状变异性大。

2.1.2.4 小粒种咖啡种群

(1)铁皮卡(Typica)种群

铁皮卡(Typica)，学名：*Coffee arabica* L. var. *typica* Cramer，咖啡原产于埃塞俄比亚及苏丹的东南部，是西半球栽培最广的咖啡变种。植株健壮，但不耐光照，在夏威夷产量较高。铁皮卡顶叶为红铜色，称红顶咖啡。是埃塞俄比亚最古老的原生品种，所有小粒种咖啡皆衍生自铁皮卡。属于风味优雅的古老咖啡，树体较弱，抗病力差，易染叶锈病，其产量少，栽培难度大，所以价格相比普通小粒种咖啡要高出很多。如'蓝山'('Blue Mountain')、'马拉哥吉普'('Maragogype')、'科纳'('Kona')、'瑰夏'('Geisha')等皆是铁皮卡的衍生品种。铁皮卡(Typica)种群是中国大陆最早引进的品种，分布在大理白族自治州宾川县平川乡的朱古拉村，瑞丽市弄贤山一带和保山市隆阳区的潞江坝。

(2)波邦(Bourbon)种群

学名：*Coffee arabica* L. var. *bourbon* Rodr. Ex. Choussy，是铁皮卡变种，顶端嫩叶为绿

色，豆粒较铁皮卡小而圆，俗称“绿顶波邦”或“波邦圆身”。咖啡学者认为波邦变种可能是源自也门和埃塞俄比亚的小粒种咖啡的变异种，后来被带到了留尼旺岛(以前称为波邦岛)种植。通过留尼旺岛进入美洲，有紧密的树形及直立生长的习性，产量和品质较好。1732年，英国东印度公司从也门引种，而非法国人宣称“也门摩卡移植到波邦岛才变种的波邦圆身”。也门是铁皮卡和波邦从埃塞俄比亚扩散出去的桥头堡。该种群普遍种植于巴西等美洲地区和肯尼亚、坦桑尼亚等非洲地区。

(3)‘卡蒂姆’(‘Catimor’)种群

‘卡蒂姆’由葡萄牙热带科技研究所咖啡锈病研究中心(IICT/CIFC)于1959年杂交选育。其亲本是‘Caturra’(CIFC19/1)和‘蒂姆’杂交种(HDT) CIFC 832/1，其一部分F_2(HW26/5)送到非洲的安哥拉咖啡研究所(IIAA)种植，其F_3在巴西的维科索大学(UFV)种植，获得的F_4代，一部分返回CIFC，被编号为‘7958’、‘7960’、‘7961’、‘7962’、‘7963’，其F_5在1982—1984年期间分发到危地马拉；巴西产生F_4的另外一部分分发到哥斯达黎加的Turriabla，其F_5同样在1982—1984年分发到危地马拉，成为T-86XX及T-15XXX系列。

CIFC分发的另一部分F_2(HW26/13)，被送到哥斯达黎加的Turriabla，其F_3在1978—1979年被引到危地马拉，进一步选育获得‘T-5269’、‘T-5159’、‘T-5175’、‘T-5323’等系列。另一个是常与葡萄牙Catimor混淆的哥伦比亚Catimor，其由哥伦比亚国家咖啡研究中心(CENICAFE)杂交选育的，其抗性父本‘蒂姆’杂交种(HDT)CIFC 1343与葡萄牙‘Catimor’的‘蒂姆’杂交种(HDT)抗性父本CIFC 832/1不同，其一部分F_2被分发到哥斯达黎加的Turriabla，其F_3分发到危地马拉，培育成‘T-5155’及‘T-11670’。另外一部分F_2分发到巴西UFV，其F_3分发到哥斯达黎加Turrialba，其F_4分发到危地马拉和肯尼亚，危地马拉用其培育出了‘T-15225’、‘T-15223’、‘T-15206’、‘T-15228’，而在肯尼亚主要用其作为选育‘Riuru-11’的抗浆果病(CBD)和锈病的亲本。

1988年，云南省德宏热带农业科学研究所经中国热带农业科学院植物保护研究所从CIFC引进‘7963’试种推广；1991年，雀巢(中国)有限公司普洱农艺部从CIFC引进‘7960’、‘7961’、‘7962’、‘7963’种在普洱，分别被称为P_1、P_2、P_3、P_4，它们在云南普洱普遍种植，同时还引进了被称为PC或P_5的马来西亚‘Catimor’种植。

哥伦比亚的‘Catimor P86’，由雀巢(中国)有限公司普洱农艺部引进，在普洱作为‘PT’名称普遍种植，有大的豆粒及好的抗性，同时也引进‘T8667’、‘T5175’在普洱普遍种植。由于葡萄牙Catimor79XX系列已经逐渐感染锈病，因此，这3个品种已经成为普洱及其他新种植区的主流品种。从遗传上看，‘T-5175’是F_4代，其F_2是HW26/13，而‘T-8667’是F_7代，其F_2是HW26/5，与‘Catimor7963’是同一株系，树形较紧凑。同时，1990年代的云南省德宏热带农业科学研究所(DTARI)通过联合国项目从肯尼亚引入10个哥伦比亚‘Catimor’ F_4品系，在云南瑞丽表现良好，特别是抗锈性较强，目前已经在德宏、临沧、普洱进行规模性推广种植。

(4)‘蒂姆’杂交种(HDT)

‘蒂姆’杂交种(Hybrido de Timor)，1950—1960年葡萄牙的D’Oliveira博士在帝汶发现小粒种咖啡与中粒种咖啡天然杂交且有生育能力的品种。1978年，印度尼西亚引种称之为'Tim'，经过多年驯化与苏门答腊特有的初加工处理技术，成为今日曼特宁的主栽品种之一。

(5)'卡斯蒂罗'('Castillo')

哥伦比亚咖啡组织 FNC(咖啡种植者联盟)下属机构咖啡研究中心(Colombia Research Institute Center)培育的咖啡品种，由'卡杜拉'和'蒂姆'杂交选育得到，具有良好的抗锈性及优良的品质。

2.2 咖啡树的植物学特征

2.2.1 咖啡树的根系

2.2.1.1 根系的组成和形态

咖啡树的根系属直根系(图 2-1)，由主根和侧根组成，呈圆锥形。小粒种咖啡 3~4 年生结果树，主根一般深 70 cm 左右，主根受伤后常分生多条次生主根。

2.2.1.2 根系的分布

小粒种咖啡根系分布，因树龄、土壤、地下水位及栽培措施等不同而异。

(1)垂直分布

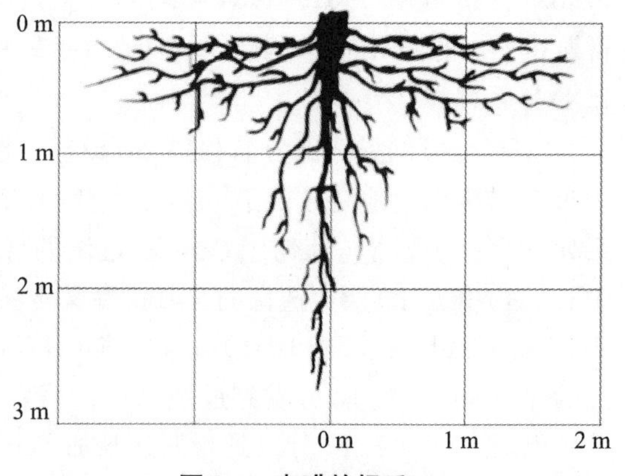

图 2-1 咖啡的根系

咖啡的根系有明显的层状结构(图 2-1)，一般每隔 5 cm 为一层，但大部分吸收根分布在深 0~30 cm 的土层内，尤其分布在 15 cm 以上的土层内最多，小部分分布在 30~60 cm 的土层内，少量吸收根分布在 60~90 cm 的土层内。在表层土的吸收根，粗而洁白，在 30 cm 以下的黄而纤弱。主根深达 70 cm 以下，往往变成细长而呈吸收根形态向下层生长。

(2)水平分布

咖啡根系的水平分布(图 2-1)，一般超出树冠外沿 15~20 cm。咖啡根系的再生能力较强，在受害或被切割后恢复很快，7~10 d 内长好愈合组织，萌发许多新侧根。

2.2.2 咖啡树的茎

2.2.2.1 茎干的形态

咖啡的茎又称为主干(图 2-2)，是由直生枝发育而成。茎直生，嫩茎略呈方形，绿色，木栓化后呈圆形，褐色。小粒种咖啡茎节间长约 4~7 cm，但节间的长短受环境的影响很大，在过度蔽荫条件下，节间可长达 20~30 cm，也会出现一些节间短的突变种。咖啡茎干节间的长短与品种、土壤肥力、蔽荫条件及栽培措施有关。

2.2.2.2 分枝

小粒种咖啡幼苗主干长出 6~9 对真叶时，便抽出第一对一分枝。定植当年，一般长出 4~8 对一分枝，第二年一般长出 7~12 对，第三年可长 14~15 对，同时在树下层一分枝

图 2-2　咖啡茎干

图 2-3　咖啡茎的分枝

上长出二分枝，开始形成树冠，并结少量果实。小粒种咖啡初期采用单干整形、去顶，使其在植后 3~4 年中形成圆筒形树冠(图 2-3)。

图 2-4　咖啡树的芽

2.2.3　咖啡树的芽

每个节上生长一对叶片(图 2-4)，叶腋间有上芽和下芽，上芽和下芽重叠在一起，称为叠生芽。上芽发育成一分枝，下芽发育成直生枝(徒长枝)。在主干顶芽受到抑制或主干弯曲时下芽便萌发成具有主干生长形态的直生枝，直生枝可培育成主干(茎)。在同一个叶腋里，上芽一般只抽生一次，但下芽可抽生多次。

(a) 咖啡树的对生叶

(b) 咖啡树的轮生叶

图 2-5　咖啡树的叶

2.2.4 咖啡树的叶

单叶对生[图 2-5(a)]，个别有 3 叶轮生的[图 2-5(b)]，绿色，革质有光泽，椭圆形至长椭圆形。叶片大小因品种不同而异，小粒种咖啡的叶片大小比较均匀，叶片小而末端比较尖长(图 2-6)，大小约(12~16)cm×(5~7)cm；中粒种的叶片长而大，大小约(20~24)cm×(8~10)cm；大粒种的叶片约(17~20)cm×(6~8)cm。不同的品种品系，叶缘形状也不同，小粒种叶缘波纹明显且较小，中粒种多为波浪形叶缘，大粒种叶缘则无波纹或波纹不明显。

图 2-6 小粒种咖啡树的叶片

2.2.5 咖啡树的花

花数朵至数十朵丛生于叶腋间(图 2-7)，以 2~5 朵着生在一个花轴上(图 2-8)，花梗短，花白色或粉红色，芳香。中、小粒种的花瓣一般 5 片(图 2-9)，大粒种的花瓣 7~8 片(图 2-10)。花管状，圆柱形。雄蕊数目多与花瓣数目相同，雄蕊柱头两裂，子房下位，一般为 2 室，也有 1 室或 3 室的。虫媒花，大粒种及小粒种能自花授粉，中粒种则为异花传粉。

图 2-7 咖啡的花(1)

图 2-8 咖啡的花(2)

图 2-9 小粒咖啡的花

图 2-10 大粒咖啡的花

咖啡具有多次开花现象及花期集中的特性。小粒种咖啡在云南花期 2～7 月，盛花期 3～5 月。小粒种咖啡开花受气候，特别是雨量和气温的影响较大。高温干旱花蕾发育不正常，结果率低，过度干旱，花蕾细小，不开花或开花后不稔实。气温低于 10 ℃时花蕾不开放，气温 13 ℃以上才有利于开花。

2.2.6　咖啡树的果实与种子

咖啡的果实为浆果，呈阔椭圆形(图 2-11)，长 9～14 mm，幼果绿色，成熟时呈红色(图 2-12)、紫红色(图 2-13)；部分品种如黄波邦、黄卡杜拉等成熟时果皮为黄色(图 2-14)。每个果实通常含有种子 2 粒(图 2-15)，也有单粒和 3 粒的。

图 2-11　咖啡的果实

图 2-12　成熟的咖啡果实(1)

图 2-13　成熟的咖啡果实(2)

图 2-14　成熟的咖啡果实(3)

图 2-15　咖啡的种子

咖啡果实可分为下列几个部分：

(1)外果皮

外果皮硬膜质，为薄薄的一层革质层，未成熟前为绿色，将近成熟时为浅绿色，充分成熟时为鲜红或紫红色。

(2)中果皮

中果皮肉质，即通常所说的果肉，是一层带有甜味和间杂有纤维的浆质物。可食用，但口感不佳。

(3)内果皮

也称为种壳(图 2-16)，即咖啡种子的外壳，是由石细胞组成的一层角质壳。

图 2-16 咖啡的内果皮

图 2-17 咖啡的种仁

(4)种仁

包括种皮(银皮)、胚乳、子叶、胚茎等部分(图 2-17)。种子背面凸起，腹面平坦，有纵槽。种壳里面是一层薄薄的种皮通常称为银皮，紧紧裹辅在种仁上，只有经过烘焙加热才能脱离。所以，在制作咖啡研磨咖啡粉的时候，里面往往都会有白色的像头皮屑似的东西，就是烘焙过程中没有去除干净的种皮。

生豆：包括种皮的咖啡豆称为生豆(图 2-18)。

图 2-18 咖啡的生豆

图 2-19 咖啡熟豆

熟豆：烘焙后剥离了银皮的咖啡豆被称作咖啡熟豆(图 2-19)。

咖啡果实发育时间较长。小粒种咖啡需 8~10 个月；中粒种咖啡需 10~12 个月；大粒种咖啡需 12~13 个月。果实发育的速度因种类不同而异。小粒种咖啡果实在花后 2~3 个月增长最快，4 个月以后，体积基本稳定，干物质积累逐渐增加，花后 5~6 个月为干物质增长最快。

2.3 咖啡树的生长习性

2.3.1 根的生长习性

2.3.1.1 根的生长

小粒种咖啡的根在正常情况下，有一条粗而短的主根，主根一般不分叉，但在苗期向下生长时遇到障害物或育苗时受伤情况下，主根即从伤口愈合处向下长出 1~2 条根代替主根。侧根不太多，浮生于土壤表层，须根发达。

小粒种咖啡根的生长与土壤、气温、地下水位及栽培措施有很大关系。咖啡根系的再生能力较强，在受害或者被切断后恢复很快，7~10 d 长好愈伤组织，萌发出许多侧根。新侧根长出根毛后进行营养吸收，是最活跃的根系。

2.3.1.2 根的生长与栽培管理

研究咖啡根系的深度和广度分布情况，可以在生产中确定施肥位置；研究根系一年四季中的生长动态状况，可以针对植物不同生长季来确定施肥时间和施肥量，特别是发育时期对速效氮和钾肥的施用。

2.3.2 茎叶的生长习性

咖啡树幼苗长出 9~12 对真叶(小粒种长出 6~9 对真叶)时，便开始长出第一对分枝。在定植当年由于根系尚未发达，一般只长 4~6 对分枝。第二年生长量开始增大，一般可长出 7~12 对分枝。第三年生长量最大，平均可抽生 14~15 对分枝，如果管理良好，可以抽生 16~18 对分枝；这时下层也抽生少量二分枝，开始形成树冠，并结少量果实。第四年进入结果期，以后主干生长逐渐减慢。在自然生长状况下，小粒种咖啡高可达 4~6 m。

咖啡主干的生长有较明显的顶端优势现象，靠近顶部的枝条生势旺盛。但这种顶端优势现象随主干的逐年增高而减弱，一般到第四年，主干向上生长开始缓慢。主干的生长速度和雨水、气温有着密切关系。在云南、海南等地，5~10 月高温多雨，植株生长量大；在旱季和冬季低温期，生长缓慢或不生长，主干和分枝受影响，有明显的过冬标志。

2.3.3 分枝习性

2.3.3.1 分枝的类型

咖啡枝条按其着生的部位及生长方向分为以下几种类型(图 2-20、图 2-21)：

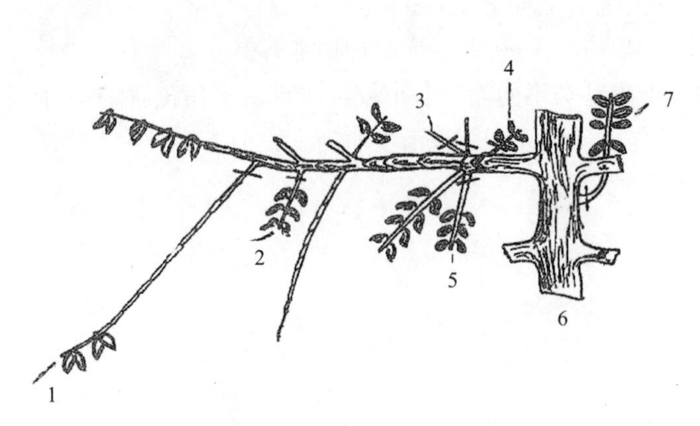

图 2-20 咖啡枝条结构示意

1. 下垂枝；2. 向下生长枝；3. 枯枝；4. 向上生长枝；5. 斜生枝；6. 主干；7. 陡长枝

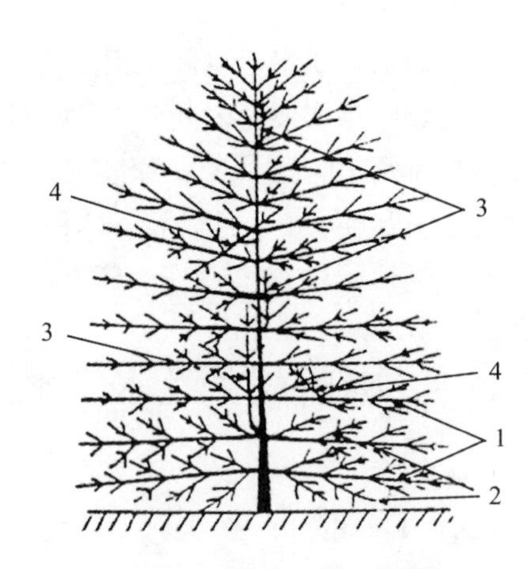

图 2-21 咖啡枝条种类示意

1. 一分枝；2. 二分枝；3. 三分枝；4. 次生分枝

一分枝：主干叶腋有上下两种芽(叠生芽)，上芽发育成水平横向的分枝，称为一分枝，每个上芽只能抽生一次，下芽可多次抽生。

二分枝：一分枝上抽生的枝条叫做二分枝，它较一分枝短。

三分枝：由二分枝叶腋有规则地抽生的枝条称为三分枝。其他各级分枝依此类推。云南小粒种咖啡最多可达 7 级分枝。

次生分枝(不定枝)：在一、二分枝上，不规则地向树冠内部或向上、向下长出的枝条。

直生枝：主干每节的下芽多处于潜伏状态，当顶芽受损或生长受抑制时，短期内下芽即萌发，抽生出直立向上生长的枝条。这些枝条如果丛生在荫蔽的树冠内，呈现徒长现象，节间长，又称为徒长枝。这类枝条生长习性与主干相似，可培养成新的主干和作为扦插、嫁接的材料。

2.3.3.2 分枝与结果习性

根据生长和结实情况，小粒种咖啡的一分枝可分为 3 种类型(图 2-22)。

第一种类型：每年 2~5 月抽生的一分枝，以营养生长为主，当年生长量最大，多数在翌年春抽生二分枝。健壮的一分枝当年 7~8 月抽生的二分枝，个别枝条在翌年可开花结果。单干整形时要选留这类型一分枝，培养成骨干枝。

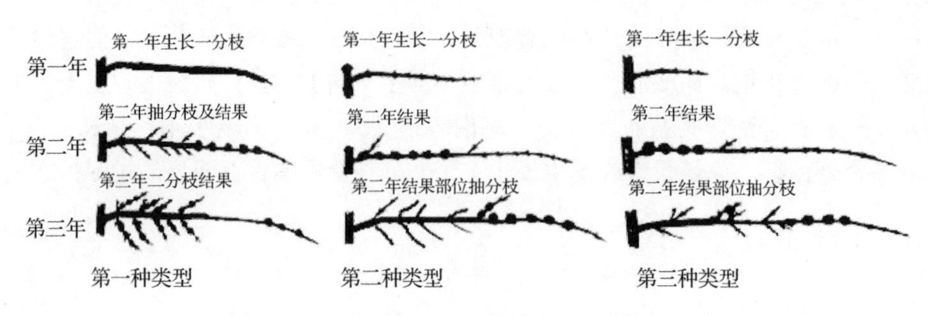

图 2-22 小粒种咖啡 3 种类型枝条三年生长示意

第二种类型：当年 6~7 月抽生的一分枝，抽生后其生殖生长和营养生长同时进行。因此，翌年每个节都能开花结果，很少抽生二分枝。结果一分枝延续生长的部分，则在第三年开花结果，是第三年的主要结果枝条。

第三种类型：9 月抽生的一分枝，由于抽生后不久，就进入低温干旱季节，生长缓慢，当年生长量小，翌年开花结果。翌年延续生长的部分，可抽生出二分枝。

2.3.3.3　分枝的生长

咖啡枝条的生长习性，常因品种和所处环境条件的不同而异。在云南高海拔地区栽培的小粒种咖啡，由于气候冷凉，云量大，光照短，植株生长缓慢，但枝干发育粗壮，一分枝结果后发育成健壮的骨干枝，二、三分枝抽生能力强，生长旺盛，结果密集，为主要结果枝，宜采用单干整型。但在高温多雨的低海拔地区，主干生长迅速，二、三分枝很少抽生，宜采用多干整型。

2.3.4　开花结果习性

2.3.4.1　开花习性

咖啡植株定植后生长 2 年半左右，在分枝及主干的叶腋处能形成花芽，但主要是在分枝上。

2.3.4.2　花芽的形成

咖啡花芽的形成与枝条内部养分及环境有密切关系，小粒种的花芽在 10~11 月开始发育。在光照充足和一定的干旱期下，枝条上的腋芽能形成大量的花芽，过度蔽荫下生长纤细的枝条上花芽少。当年生枝条上也可以形成花芽，但在后期管理差及气候条件不利时，花芽也会转变成叶芽。

2.3.4.3　开花特征

咖啡具有多次开花和花期集中的特性。小粒种咖啡的花芽为复芽，每个腋芽有花芽 2~6 个。每一个花芽能结 4 个果。同一腋芽的花芽(或不同株花芽)发芽不一致，有先有后，形成多次开花现象。小粒种咖啡花期因品种、环境的不同而异，在云南花期为 2~7 月，盛花期为 3~5 月；在海南花期为 11 月至翌年 4 月，盛花期为 2~4 月；在广西，花期为 2~6 月，盛花期为 4~6 月。

咖啡花芽发育至最后阶段，需要一定的降水量和气温才能开放，如遇干旱或低温期，花芽就不能开放或开放星状花；其中介于正常花与星状花之间的花朵称为近正常花。星状花的花瓣小、尖、硬、无香味、黄色或浅红色，稔实率很低或不稔实。近正常花可以稔实，但稔实率比正常花要低。在花期，如遇干旱，通过灌水可以增加正常花，减少星状花。气温低于 10 ℃时花蕾不开放，气温在 13 ℃以上才有利于开花。在盛花期 3~5 月间，如头一批花芽开放后遇到干旱和没有灌溉条件，坐果率低，到后期若雨水充足，仍能大量开花结果。

咖啡花的寿命短，只有 2~3 d 的时间。小粒种咖啡的花一般在清晨 3:00~5:00 初开，5:00~7:00 盛开。雄蕊花药在盛开前即散出少量花粉，到 9:00~10:00 左右，花粉囊全裂，散出大量花粉。小粒种咖啡柱头成熟较雄蕊早，柱头授粉能力以开花当天及第二天最强，其后逐渐丧失授粉能力。

2.3.4.4 结果习性

咖啡果实发育时间较长，小粒种咖啡需要 8~10 个月(在当年的 10~12 月成熟)。天气对咖啡的成果率影响很大，尤其是开花后 2 d 内的天气变化影响最大。开花后晴天或阴天、静风、空气湿度大，有利于稳实。开花后如果遇干旱、刮风或连续下大雨，都不利于咖啡果实的形成。

小粒种咖啡果实在开花后 2~3 个月增长最快，4 个月以后，体积基本稳定，干物质积累逐渐增加，5~6 个月干物质增长最快。咖啡果实以发育过程中有落果和干果现象，其原因除了受天气影响外，主要是受植株体内养分状况的影响。因此，加强施肥管理，改善植株体内养分状况，就有可能减少落果和干果，提高产量。

2.4 咖啡树的生长发育规律

2.4.1 咖啡树一生的生长发育

2.4.1.1 幼苗期

幼苗期是从种子播种(或插条、嫁接)到苗木出圃的一段时期(苗圃育苗阶段)，大约经过 0.5~1.5 年时间。如小粒种咖啡种子播种后，从经过一段时间的萌发过程到子叶开始出土(图 2-23)，大约要经过 30~100 d，其时间的长短与光照、气温、日夜温差和湿度有显著相关性；萌发后，咖啡子叶吸收胚乳中营养而生长，变绿；幼苗生长 3~4 周后，子叶完全耗尽胚乳的营养；此后须将子叶苗移到营养袋中育苗，需要 3~12 个月方可出圃。

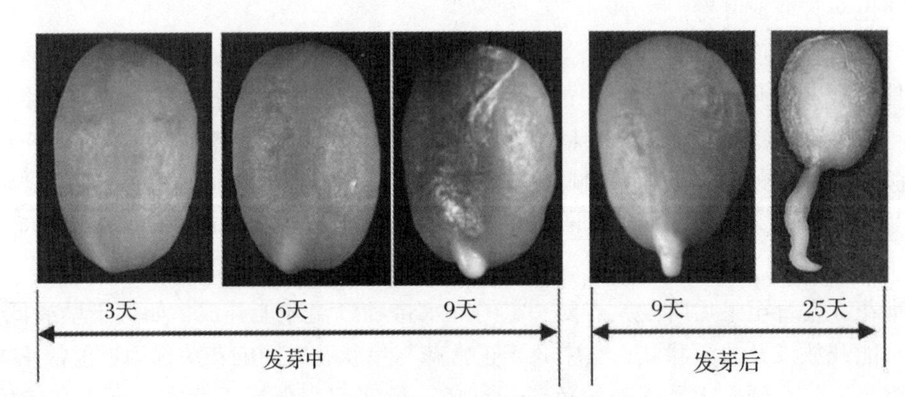

图 2-23 咖啡种子的萌发和胚根的生长

幼苗期主要特点是：幼苗抵抗不良环境条件的能力差，容易受到外界环境条件的影响，易遭旱、寒、病、虫和杂草危害；早期生长缓慢，后期生长快，茎叶生长旺盛，每月可抽 1~3 对叶。针对苗期的这些特点，该时期主要的农业措施是：防病防虫、及时供水防旱、抗寒越冬、勤施追肥、清除杂草。目标：保证苗木质量、出苗率和出苗时间。

2.4.1.2 幼树期

幼树期指从定植到大田至投产之前的这段时间，大约 2~3 年。这段时间的主要特点是营养生长旺盛，每年可抽生 6~8 对一分枝，以根、茎、叶生长为中心，地上和地下部分迅速扩展，形成理想的植株结构，为投产做准备。

幼树期主要特点是：幼树期要保证树苗成活，促进树苗营养器官的协调生长，培养良好的树体结构。这个阶段早期管理是关键，采取的主要农业措施是：保全苗、补换植、勤施肥、勤除草、防虫害、适当修剪、种植荫蔽树等。

2.4.1.3　初产期

初产期指开始投产到盛产来临的这段时间，如小粒种咖啡从初产到盛产约需 1~2 年时间。这一时期，咖啡开始进入生殖生长，咖啡树营养生长旺盛，对养分需求量大，应注意生殖生长和营养生长的协调性，合理施肥。

这一时期要特别注意咖啡树结果量，如这一时期过度开花结实，极易造成第二年的枯枝，同时生长量不足，影响盛产期的产量。采取的主要农业措施是：加强水肥管理、避免过度开花结实、做好病虫害的防治工作、增加覆盖。

2.4.1.4　盛产期

以小粒种咖啡为例，初产后 1~2 年即进入盛产期，管理得好可持续 30 年左右。这一时期是栽培上最有价值、经济效益最高的一段时间，产量达到最高峰。这一时期如果管理不到位，极易造成咖啡树枯枝干果、大小年严重、咖啡树体衰退。

采取的主要农业措施是：整形修剪、保证肥水供应、控虫防病、适时适法采收、调节荫蔽度等。

2.4.1.5　衰老期

本期咖啡树出现明显衰退，生长量逐年下降，经济寿命已临近结束，其寿命长短与气候条件、土壤、管理水平密切相关，如宾川朱苦拉百年古咖啡树仍能开花结果。

采取的主要农业措施是：注意防治病虫害，考虑更新准备工作。

2.4.2　咖啡树一年的生长发育

2.4.2.1　咖啡树分枝的生长发育

咖啡树的枝梢是结果部位，特别是一分枝和二分枝，是咖啡树的主要产量构成性状。一年中咖啡树分枝的生长发育受生育期、气温等的影响，3~10 月是分枝生长的主要时期，幼树平均每月能抽生一分枝 1.5 对左右，6 月以前抽生的一分枝，在第二年都能萌生二分枝。

2.4.2.2　咖啡树根系的发育

咖啡树根系在一年中的活动，随着季节的变化呈规律性的变化。通常在高温多雨季节生长较快，在低温干旱季节生长缓慢。

2.4.2.3　咖啡树的开花结实

以小粒种咖啡为例，在云南，一年中花期一般在 2~5 月，果实的发育需要 9 个月左右的时间才能成熟。

（李学俊、马晓、林兴军）

思考题

1. 试分析'卡蒂姆'('Catimor')咖啡种群的遗传背景。
2. 请总结铁皮卡(Typica)咖啡种群的主要特点是什么?
3. 简述咖啡树一年的生育特点及主要的管理措施。

推荐阅读书目

1. 咖啡种质资源的收集、保存、鉴定评价及创新利用. 周华,郭铁英. 云南大学出版社,2018.
2. 咖啡栽培实用技术. 董云萍. 中国农业出版社,2016.
3. 咖啡种植手册. 雀巢(中国)有限公司. 中国农业出版社,2011.

第3章　咖啡树栽培的生态学基础

【本章提要】

咖啡树对生态环境的适应性是咖啡栽培学中的重要内容，本章主要介绍咖啡树对环境条件的要求，分析环境条件与咖啡树生长发育的关系，结合我国热区自然环境条件，对我国咖啡生态适宜区进行划分，并论述咖啡园生态系统。

小粒种咖啡原产非洲中北部的埃塞俄比亚高原，北纬6°~9°、东经34°~40°，海拔900~1800 m，降水量1600~2000 mm，年平均气温19~20 ℃的热带雨林。中粒种咖啡原产非洲刚果盆地，海拔900 m以下，年平均气温21~26 ℃的热带雨林地区，均为热带雨林的下层树种。在长期的进化过程中，由于生物与环境的共同作用，形成了咖啡特定的环境要求，喜静风、温凉、湿润、荫蔽或半荫蔽的环境。

3.1　环境条件与咖啡树生长发育

3.1.1　气候条件与咖啡树生长发育的关系

3.1.1.1　气温对咖啡树生长发育的影响

气温是限制咖啡分布和生长的重要因素，咖啡因种类不同而对气温要求也有一定的差异。小粒种咖啡较耐寒，喜温凉气候，以年平均气温17.5~22.5 ℃、且无低温寒害的气候条件最为适宜。绝对最低气温-1 ℃时，植株嫩茎、嫩叶部分受害；气温降至8 ℃嫩叶生长受抑制，枝干节间变短；气温降至12 ℃以下时，咖啡生长缓慢，甚至受到抑制；气温达15 ℃时，生长开始加速；气温20~25 ℃时，咖啡生长最快；24 ℃以上时，咖啡的净光合作用开始下降，植株生长缓慢，到34 ℃时几乎停止生长。中粒种咖啡需要较高的气温，抗寒力最弱(表3-1)。

表3-1　气温对咖啡生长的反应　℃

气温条件	小粒种咖啡	中粒种咖啡
适宜生长年平均气温	17.5~22.5	23.0~25.0
生长最快气温	20.0~25.0	23.0~25.0
生长缓慢气温	≤13.0或≥28.0	≤15.0
抑制嫩叶生长气温	≤8.0	≤10.0
嫩叶受害气温	-1.0	≤2.0
不利于开花气温	≤10.0	≤10.0

3.1.1.2 水分对咖啡树生长发育的影响

咖啡产区的年降水量，一般在 1000~1800 mm 之间，少的只有 760 mm，多的可达 2500 mm 以上。年降水量在 1200 mm 以上，分布均匀，且花期及幼果期有一定降水，最适于咖啡生长和发育。旱季过长，生长会受到抑制，不利于花芽发育，不正常花增多，稔实率降低。雨水过多，则易引起枝梢徒长，开花结果减少。如肯尼亚咖啡产区年降水量只有 800 mm，而哥斯达黎加和印度咖啡产区降水量达 2500 mm，我国云南省保山市潞江坝年降水量也只有 780 mm。中粒种咖啡根系较浅，不耐旱，对降水量和降水分配要求较高。年降水量低于 1000 mm 的咖啡产区，要兴修水利，确保旱季灌溉，以补充土壤水分。

3.1.1.3 光照对咖啡树生长发育的影响

咖啡为热带雨林下层树种，不耐强光，适度的荫蔽条件对其生长发育较为有利。适当的荫蔽度，咖啡叶色浓绿，抵抗咖啡叶锈病、炭疽病、褐斑病等真菌性病害的能力较强，且咖啡天牛害虫相对较少，咖啡产量较稳定，果实饱满，颗粒大，质量好，幼苗期需要 70%~80%的荫蔽度，结果树约需 20%~50%的荫蔽度。在全光照栽培条件下，光照过强，叶片产生避光反应，营养生长受抑制，枝干密节，植株矮化，生殖生长加强，结果早且多，产量高，果早熟、颗粒小，但易出现早衰现象，大小年结果现象明显。荫蔽度过大，光照不足，易导致徒长，花、果稀少，产量降低。咖啡为短日照植物，光照超过 13 h 不能开花结果，成龄树直射光照 3~4 h 即可正常开花结果，可全光照或荫蔽栽培。

3.1.1.4 其他气象因子对咖啡树生长发育的影响

适当的空气流动对咖啡生长发育较为有利。咖啡为浅根系植物，不耐强风，台风、干热风对咖啡生长发育有重要的影响。干热风易使咖啡叶片萎蔫、枯黄、嫩叶脱落；在花期影响开花及稔实，使花蕾枯萎，幼果脱落。10 级以上暴风雨，会将咖啡树吹倒，咖啡性喜年平均风速在 1.5 m/s 以下的静风环境。

3.1.2 土壤条件与咖啡树生长发育的关系

咖啡根系发达，要求土壤疏松肥沃、土层深厚、排水良好的壤土。土层深度不少于 60 cm，以壤土、砂壤土、轻黏土为宜，砂土、重黏土不宜选用。土壤酸碱性以微酸性至中性为好，pH 值为 5.5~6.5 最适宜根系发育及植株生长，pH 值低于 4.5 和高于 8.0，均不利于咖啡生长和发育。

3.1.3 地形条件对咖啡树生长发育的影响

3.1.3.1 海拔

世界咖啡产区多分布在热带高原或高海拔山区，赤道地区热量较高，可种植到海拔 2000 m 左右，回归线两侧热量较低，大多数在 1000 m 以下。云南热区主要分布在东南部、南部、西南部及北部金沙江流域河谷地区，以哀牢山为界，以东地区主要种植在海拔 1000 m 以下，以西地区主要种植在海拔 1500 m 以下，少数可以种植到海拔 1700 m；北部金沙江流域热区可以种植到 1400~1600 m。海拔对咖啡无直接影响，但通过对气象要素的再分配，从而对咖啡生长发育和质量产生直接影响。实践表明，海拔高度对品种的影响已超过基因型对质量的影响。据测定，海拔越高酸度越大，浓度越小；反之，则酸度越小，浓度越大。由于云南热区地形地貌复杂，区内山高谷深，立体气候明显，因此种植海拔高

表 3-2　不同海拔与咖啡豆营养成分的相关关系

海拔（m）	咖啡因（%）	粗蛋白（%）	粗脂肪（%）	粗纤维（%）	总糖（%）	水浸出物（%）	灰分（%）	水分（%）
784	1. 16	13. 10	12. 35	28. 10	8. 4	29. 70	3. 40	10. 70
813	1. 18	12. 80	10. 34	26. 00	8. 43	29. 50	3. 40	11. 10
1035	1. 04	13. 90	11. 80	25. 00	7. 89	29. 20	3. 30	11. 00
1150	1. 00	14. 90	10. 50	24. 90	9. 55	33. 20	4. 00	10. 70
1221	1. 01	14. 10	9. 61	25. 80	9. 19	29. 60	3. 50	11. 60
1330	1. 03	12. 30	9. 46	25. 60	9. 15	29. 20	3. 90	11. 30
1400	0. 93	13. 10	9. 94	24. 70	9. 13	30. 00	3. 80	10. 40
1550	0. 94	12. 90	9. 84	24. 80	9. 44	30. 00	3. 30	11. 60
相关系数 r	−0. 9295 **	−0. 1042	−0. 7098 *	−0. 6397	0. 7127 *	0. 0776	0. 2869	0. 3098

注：* P=0. 05，** P=0. 01。

度，要根据实际地块具体确定(表 3-2)。

3. 1. 3. 2　坡向

坡向可通过对气象要素的再分配，从而对咖啡生长发育和品种产生影响。一般在同纬度、同经度、同海拔地区，南坡光照、气温高于北坡，而湿度低于北坡，而北坡与南坡相反，东坡、西坡介于两者之间，因此在低纬度气温偏高的地区，宜选择北坡(阴坡)种植咖啡，而在高纬度气温偏低的地区，宜选择南坡(阳坡)种植咖啡，具体应根据当地气候状况而定。

3. 1. 3. 3　坡度

坡度虽对咖啡生长发育和质量无直接影响，但可通过对气象要素的再分配，从而对咖啡生长发育和品种产生影响。一般在同一地区，南坡(阳坡)随着坡度增加，光照增强，气温增高；北坡则反之，随着坡度增加，光照减弱，气温下降；而东坡、西坡则介于南坡与北坡之间；因此，在低纬度地区，宜选择北坡(阴坡)种植咖啡，而在高纬度地区，宜选择南坡(阳坡)种植咖啡。一般咖啡种植坡度不宜超过 25°，坡度大于 5°时要开垦梯地种植。

3. 1. 3. 4　外围地形

外围地形主要是影响冬季冷空气的进出和滞留时间的长短，通过寒害的轻重对咖啡生长发育和品种产生影响。一般在同纬度、同经度、同海拔地区，在有台风或常年有大风的地区，宜选择背风地形种植咖啡；辐射寒害地区，宜选择地势开阔，冷空气不易沉积的地块种植咖啡；平流寒害地区，冬季寒流易袭击，宜选择背风向南开口，冷空气难进易出的地形种植咖啡。

3. 2　咖啡生态适宜区划分

咖啡生态适宜区的划分，主要根据国内外咖啡产区的农业气象条件、咖啡的生物学特性及种植区的农业气象条件进行综合评判，重点考虑咖啡的生物学特性与生态环境的吻合程度，以咖啡正常生长发育，实现咖啡生产“高产、稳产、优质、高效、安全”为目标。

3.2.1 咖啡生态适宜区划分指标

咖啡的分布范围是科学划分咖啡适宜种植区的重要依据，是指导咖啡产业科学发展的基础。咖啡生态适宜区的划分依据，是根据咖啡种植区域的农业气象指标综合分析确定，重点是热量和降水量条件，包括年平均气温、最冷月平均气温、极端最低气温、年降水量等农业气象指标(表 3-3)。

表 3-3 咖啡生态适宜区划分指标

分　区	小粒种咖啡			中粒种咖啡		
	最低气温≤-1℃出现率(%)	年平均气温(℃)	年降水量(mm)	最低气温≤-1℃出现率(%)	年平均气温(℃)	年降水量(mm)
最适宜区	0. 0~3. 3	19. 1~21. 0	1200~1700	0. 0~3. 3	23. 1~25. 0	>800
适宜区	0. 0~3. 3	21. 0~23. 0	1200~1700	0. 0~3. 3	23. 1~25. 0	>800
次适宜区	3. 4~6. 6	17. 5~19. 0	800~1000	3. 4~6. 6	21. 1~23. 0	1300~1700
不适宜区	>6. 6	<17. 5	<800	>6. 7	<21. 0	<800

3.2.2 小粒种咖啡生态适宜区分区

3.2.2.1 最适宜区

最适宜区主要位于云南省西南部，包括隆阳、瑞丽、潞西、勐连、景谷、孟定、勐腊等县市区，与本区相邻的县份海拔 800~1000 m 的地方也适宜小粒种咖啡栽培种植。本区年平均气温 19. 1~21. 0 ℃，≤-1 ℃最低气温出现率 0. 0%~3. 3%，大部分地区年降水量 1200~1666. 4 mm(潞江坝仅 750 mm)，土壤多为肥沃深厚的砖红壤或赤红壤。本区小粒种咖啡生长良好，但由于地形复杂，大面积种植时，还要注意慎重选择宜林地，并抓好水利设施建设，确保旱季灌溉，同时冬季应注意防寒工作。

3.2.2.2 适宜区

(1)桂南适宜区

位于广西南部，包括北流、灵山、合浦、陆川、玉林、博白、钦州、防城等县。此外位于右江流域的白色、田东、田阳等也属于小粒种咖啡的适宜种植区。本区年平均气温 21. 0~23. 0 ℃，≤-1 ℃最低气温出现率 0~3%，年降水量 1114~2884 mm，土壤多为肥力较低的赤红壤。本区花期降水少，并且有时会有较长的连续低温阴雨天气出现，影响咖啡开花授粉。

(2)粤东闽南适宜区

本区位于广东省东部，福建省南部。包括广东省汕头、普宁、揭阳、惠来、陆丰、饶平以及福建省诏安、云霄、东山等县(市)。本区年平均气温 21. 0~21. 8 ℃，≤-1 ℃最低气温出现率<3. 3%，年降水量 1065~2000 mm，土壤为赤红壤。本区小粒种咖啡生长良好，但要注意做好灌溉、防寒和防风。

(3)海南省中部山地适宜区

本区位于海南省中部山地，包括白沙、琼中二县。本区年平均气温 22. 4~22. 7 ℃，虽然略高于适宜区的标准，但在海拔 350 m 以上的山地气温稍低，适宜种植小粒种咖啡。

本区最冷月平均气温 16.4 ℃，极端最低气温-1.4~0.1 ℃，年降水量为 1900~2500 mm，降水量充足，适合小粒种咖啡生长，但冬春降水少，时有旱情，对小粒种咖啡生长有一定影响，要注意抗旱和防寒。

3.2.2.3 次适宜区

(1)海南省次适宜区

除中部山地白沙、琼中二县海拔较高地方为适宜区外，其余各县为次适宜区。本区年平均气温较高，为 23.4~24.8 ℃，极端最高气温为 38~40 ℃，加上光照强烈，旱季时间长，小粒种咖啡高温季节生长不良，树易早衰，病虫害也相对较为严重。

(2)粤西次适宜区

本区位于广东省西南部，包括徐闻中北部、海康、湛江、遂溪、吴川、电白、廉江、化州、高州、阳江、信宜等县。本区年平均气温 22.3~23.3 ℃，≤-1 ℃最低气温出现率 0~3.3%，年降水量 1364~1759 mm，北部为肥力较低的赤红壤，南部主要为砖红壤。

本区越冬条件对小粒种咖啡生长无大碍，但月平均气温>27 ℃的月份有 3~4 个月，极端最高气温 37.2~38.9 ℃，在此高温季节内，气温高于 30 ℃的时间较多，且有季节性干旱，空气湿度也较低，小粒种咖啡生长不良。冬春季少雨，对咖啡开花不利，还有热带风暴和台风带来的危害，故本区种植小粒种咖啡难获高产稳产，但种植中粒种咖啡则较为适宜。

3.2.2.4 不适宜区

指位于我国大陆小粒种咖啡次适宜区以北或气温条件较低的地区，均为小粒种咖啡的不适宜区。

3.2.3 中国的咖啡优势产区

3.2.3.1 中国热区资源

我国热带、南亚热带地区(以下简称热区)分布在海南、云南、广东、广西、福建、湖南南部及四川、贵州南端的河谷地带和台湾地区。热区土地总面积 $48\times10^4 km^2$，约占全国国土面积的 5%，是我国发展咖啡等热带作物宝贵的资源。

我国热带、南亚热带地区幅员辽阔，分布在海南、广东、广西、云南、福建、四川、贵州等省(自治区)的 245 个县(市、区)(不包括台湾省，尚缺湖南省数据)，占全国热区 669 个县(市)的 36.62%。其中，海南 19 个，占全省县(市、区)总数的 100%；广东 70 个，占全省县(市、区)总数的 77.8%；云南 76 个，占全省县(市、区)总数的 60.32%；广西 40 个，占全自治区县(市、区)总数的 45.98%；福建 26 个，占全省县(市、区)总数的 38.24%；贵州 5 个，占全省 84 个的 5.95%；四川 9 个，占全省县(市、区)总数的 4.62%。热区土地总面积 $48\times10^4 km^2$，约占全国国土总面积的 5%，占热区 7 省(自治区)国土总面积 $169.35\times10^4 km^2$ 的 28.3%；全国热区耕地面积 $643.15\times10^4 hm^2$，占全国热区 7 省(自治区)耕地总面积 $1763.18\times10^4 hm^2$ 的 36.5%。

3.2.3.2 云南省热区资源

(1)热区划分标准

云南省热区系指≥10 ℃天数 310~360 d，≥10 ℃年活动积温 6000~7500 ℃，年平均气温≥17.5 ℃，最冷月平均气温≥10 ℃，极端最低气温多年平均>0 ℃的热带、亚热带地区的统称。

(2)热区气象指标

云南省热区太阳辐射量为112.5~152.8 kcal①/cm^2，年平均气温17.4~23.1 ℃，≥10 ℃积温5943~8709 ℃，极端最低气温≥(-5.4~4.5)℃，年均降水量634~2250 mm，年日照时数1572~2653 h，空气湿度58%~88%，年平均风速0.5~3.6 m/s。

(3)热区气候特点

云南省热区为热带内陆山地气候，其气候特点是：干冷同季，雨热同期，水热效率高；年温差小，昼夜温差大；静风环境，无台风危害，风害较轻微；辐射降温，局部寒害重，无大的寒害；地势高差较大，立体气候明显，小环境复杂。

(4)热区土地资源

云南省热区分布于15个州(市)的76个县，全省热区面积达8.11×10^4 km^2，占全国热区面积的16.7%，占全省国土资源面积的21.2%(据1987年2月《云南省不同气候带和坡度的土地面积》测算，热区面积7.86×10^4 km^2)，其中山区94%，坝区仅占6%。

(5)咖啡栽培区分布

云南省目前咖啡规模化种植的地区有普洱市、临沧市、德宏州、保山市、文山州、怒江州、楚雄州等地，其中以普洱市、德宏州、临沧市、保山市为主产区，面积占全省的80%以上，由于不同咖啡产区的环境、气候、土壤、栽培管理措施差异明显，小粒种咖啡内含物质也不一样(表3-4)。

表3-4 不同产地咖啡豆化学指标比较 %

检测项目		标准要求	产地		
			保山咖啡豆	普洱咖啡豆	德宏咖啡豆
化学指标	水分	≤12.5	10.70	10.70	11.60
	灰分	≤4.2	3.40	3.60	3.40
	水浸出物	≥20	27.70	33.60	30.40
	咖啡因	≤1.2	0.83	0.72	0.75
	总糖	≥9.0	9.21	8.49	9.21
	蛋白质	≥11.0	13.60	14.10	13.60
	粗脂肪	≥5.0	10.54	12.38	11.20
	粗纤维	≤35	20.90	22.60	25.20

3.2.3.3 世界咖啡栽培区

咖啡原产非洲北部和中部的热带亚、热带地区，已有2000多年的栽培历史。公元前525年，阿拉伯人已开始引进种植咖啡，到15世纪以后才开始大面积栽培咖啡，到18世纪后，咖啡已广泛分布于亚洲、非洲、美洲、大洋洲等热带、亚热带地区，从世界咖啡产区来看，咖啡主要分布在南、北回归线之间，少数可延伸到南北纬度26°的热带、亚热带飞地。

3.2.3.4 中国咖啡栽培区

我国咖啡于1884年开始传入台湾省台北县，1892年引入云南省宾川县，1908年引入

① 1 kcal=4185.8 J

海南省那大，1914 年引入云南省德宏州潞西县，随后广西、福建、广东等地也引进种植，1952 年开始进行科学研究和生产性栽培。我国早期咖啡主要从越南、缅甸、马来西亚、印度尼西亚等东南亚国家引种，其中海南省主要引种中粒种咖啡，其他省份主要引种小粒种咖啡。1956 年以前，在我国台湾台北、台中、高雄，海南那大、文昌、澄迈，广西靖西、睦边、龙津、百色，四川西昌，广东粤西，云南保山、德宏、普洱、大理等地仅有少量试种；1956 年以后，在海南发展中粒种咖啡，在云南保山市发展小粒种咖啡，从而形成我国两大咖啡生产和出口基地；之后，我国咖啡生产和科研中心开始向云南转移。云南省成为我国最大的咖啡生产和出口基地，为云南省边疆热区农业、农村经济发展和农民增收发挥了重要作用。

3. 2. 3. 5　中国咖啡优势产区

根据咖啡的生物学特性和对生态环境的要求，云南西南部的思茅、澜沧、景谷、墨江、孟连、隆阳、龙陵、昌宁、芒市、瑞丽、勐腊、勐海、景洪、耿马、沧源、镇康、双江、临翔、永德、盈江、陇川、镇沅、江城、宁洱等县(市、区)，广东雷州半岛的湛江、吴川、廉江、雷州、遂溪、徐闻、茂名、高州、化州、电白等县(市、区)为小粒种咖啡的优势产区；海南西北部的儋州、海口、琼山、文昌、澄迈、临高、定安、屯昌、琼海、万宁、琼中、白沙县(市、区)为小粒种、中粒种咖啡的优势产区(表 3-5)。

表 3-5　中国咖啡优势产区

省份	优势产区(县)	备注
云南	思茅、澜沧、景谷、墨江、孟连、隆阳、龙陵、昌宁、芒市、瑞丽、勐腊、勐海、景洪、耿马、沧源、镇康、双江、临翔、永德、盈江、陇川、镇沅、江城、宁洱	
广东	湛江、吴川、廉江、雷州、遂溪、徐闻、茂名、高州、化州、电白	
海南	儋州、海口、琼山、文昌、澄迈、临高、定安、屯昌、琼海、万宁、琼中、白沙	

3. 3　咖啡园生态系统

咖啡园生态系统指咖啡树与其他生物及环境在空间、结构、功能能上形成的动态平衡整体。目前咖啡园的生态系统主要类型有纯咖啡园生态系统和复合咖啡园生态系统。两者因生态结构的差异，所带来的综合效益也不一样。

3. 3. 1　纯咖啡园生态系统

纯咖啡园生态系统是指地面上只有咖啡树，没有间作、混作其他栽培植物的咖啡园，有的地方称之为“暴晒咖啡”。在世界咖啡产区中以巴西为代表，我国早期建立的咖啡园也属这种种植方式。

3. 3. 1. 1　纯咖啡园生态系统的特点

这种咖啡园不受其他植物的影响，主要生物群落是咖啡树、动物、微生物及一年生草本，生态系统结构简单，物种单一。

纯咖啡园生态系统，强化了专业化咖啡园的管理，咖啡树集中连片。系统的垂直分布为咖啡树树冠为最上层，地表有一些草本植物覆盖。平面结构上没有其他作物。这种分层较为简单，层次较少，受环境影响比较大，树冠顶部和外围受阳光直射，光照强度大，树冠外围到中心，顶层到下部光照强度逐渐降低。

3. 3. 1. 2　纯咖啡园咖啡树的表现

(1)顶端生长受抑制

由于顶部光照强，顶端生长会受到一定的抑制，二、三分枝分生能力强，投产几年后，二、三分枝为主要的结果枝条。

(2)咖啡果发育成熟时间变短

正常咖啡果成熟的时间需要9个月左右，因咖啡树体受到的光照强烈，特别是干旱地区，咖啡果发育6个月左右时间就变成熟，咖啡种子内含物质积累不足，种子颗粒变小，外观品质下降，同时其内在品质也下降，主要表现在咖啡杯品时有青臭味、浓厚度差等方面。

(3)咖啡园产量大小年明显

纯咖啡园中的咖啡树在适宜的环境中管理得当能获得较高的产量。纯咖啡园在个别年份能表现出很高的产量，但各年产量不稳定，大小年现象明显。

(4)咖啡树病虫害相对严重

纯咖啡园生态结构单一，其咖啡树天牛危害及褐斑病、炭疽病比复合咖啡园严重。因受烈日暴晒，咖啡树枯枝病也相对较为严重。

纯咖啡园生态系统，常年受烈日暴晒，冬季容易遭受平流型寒害，生态条件恶劣，易受逆境的影响，进而影响咖啡豆的产量和品质。纯咖啡园结构简单，鸟类较少栖息其中，益虫种类和数量均因生态条件改变和农药施用而减少。解决纯咖啡园面临的生态环境脆弱问题，合理建设和发展林木与咖啡复合咖啡园是达到咖啡丰产、稳产、优质、高效、低耗的有效途径之一，这在环境条件较为恶劣，自然灾害频繁的咖啡种植区尤为重要。

3. 3. 2　复合咖啡园生态系统

小粒种咖啡是来自热带雨林中下层的灌木，有喜静风、荫蔽或半荫蔽、湿润环境的习性。复合咖啡园生态系统就是利用咖啡树这个特性，与不同高度冠层和深浅根系的植物，组成上、中、下三层林冠及地被层的生态系统，组成“乔—灌—草”群落栽培模式。

3. 3. 2. 1　复合咖啡园生态系统的特点

复合咖啡园生态系统，实行“乔—灌—草”群落栽培，可以充分利用光照、土地、养分、水分和能量，可增加咖啡园生态系统生物多样性，维护生态平衡。

复合咖啡园生态系统与纯咖啡园生态系统有较大的不同，因实行“乔—灌—草”群落栽培模式，上层有高大的乔木遮阴，中层灌木为咖啡树，下层有草本植物进行覆盖，增加了系统的生物多样性，为鸟类及益虫提供了栖息地。

复合咖啡园内，因有高大乔木的庇护，咖啡园中有较为稳定的温度、湿度，土壤含水量增加，环境条件得以改善，在云南冬春干旱季节可减少咖啡树受害程度。有上层乔木的阻隔，咖啡园内风速小于纯咖啡园。下层草本植物覆盖，可减少雨水直接对咖啡园土壤的冲刷，减少土壤及土壤肥力的流失，提高土壤含水量。

3.3.2.2　复合咖啡园咖啡树的表现

（1）顶端生长优势明显

由于上层有荫蔽树，光照减弱，随着荫蔽度的增加，咖啡树顶端生长优势越明显，荫蔽过度咖啡树表现出徒长。咖啡树二、三分枝的抽生能力较纯咖啡园弱，其咖啡树的主要结果枝条为一分枝及部分二、三分枝。

（2）咖啡果发育成熟时间变长

复合咖啡园为咖啡树提供相对“凉爽”“湿润”的环境，为咖啡果实的形成提供了较好的条件，咖啡浆果的发育成熟时间变长，其果实颗粒大、籽粒饱满、内含物质充足、品质好。

（3）咖啡树抗逆性强，产量稳定

实践表明：实行“乔—灌—草”群落栽培模式，咖啡树对咖啡病虫害及对不良气候条件的抵抗能力都显著提高，咖啡树枯枝干果比例下降，能够促进咖啡丰产稳产。在20%、40%荫蔽度下生长的咖啡，其产量分别比无荫蔽的高29.2%、9.8%。但荫蔽度过大（60%~70%），植株茎干徒长，花果稀少，产量低。

对于咖啡种植园的荫蔽问题一直存在不同观点，没有荫蔽，咖啡树枝叶茂盛，产量增加，同时也易诱发病虫害、早衰、品质下降等不利因素。在一定的荫蔽条件下，对小粒种咖啡的生长发育是有利的，咖啡不仅生长良好、产量稳定、颗粒大、籽粒饱满、品质好，而且叶色常绿，病虫害少。实行“乔—灌—草”群落栽培模式可增加咖啡园生态系统生物多样性，维护生态平衡；有利于规避自然和市场风险，保持种植户收入的稳定性；合理利用空间，增加土地的产出率，并且可减轻病虫危害，减少农药施用和环境污染。

3.3.3　咖啡园生态系统的调控

咖啡园生态系统的调控是对生态系统的结构和功能进行布局、改造，通过调整生物群落空间和时间结构来实现对系统的调控。咖啡园合理的生态结构应该是保持生物的多样性，具有更高的经济效益、社会效益及生态效益。

3.3.3.1　咖啡园生态系统模式的确定

合理的咖啡园生态系统模式，应结合咖啡树的生物学特性，有利于咖啡树的生长发育、抗逆性及咖啡产量和品质的提高。

（1）合理搭配生态位

作为以咖啡树为主体的生物群落，在新建咖啡园和改造咖啡园中，地上部分可安排三层，即上、中、下层，实行“乔—灌—草”群落栽培模式，上层有高大的乔木遮阴，中层灌木为咖啡树，下层有草本植物进行覆盖。通过合理布局上层结构，为咖啡树提供一定的荫蔽条件，但在布局时应注意避免荫蔽过度，光照不足，会使咖啡树徒长，产量下降，小粒种咖啡园的郁闭度应控制在30%左右。选择的上层乔木应为深根性植物，咖啡树根系分布浅，避免与咖啡树争水争肥。

（2）合理选择咖啡园荫蔽树

上层树种没有固定的要求，种类较丰富，可增加咖啡园生物多样性。一般选冬春季节不落叶的常绿树种，落叶树种在咖啡浆果成熟期（9月至翌年2月）不能为咖啡园提供荫蔽条件，咖啡树干果、枯枝比例增加。

咖啡园的荫蔽树应选深根、生长迅速、枝叶稀疏（如铁刀木、银合欢、海南黄花梨、南洋楹等豆科植物）、树冠大而易控制，木材坚韧，能抗风、抗旱、耐寒、抗病虫害且不是咖啡树病虫害的寄主树种。不能选择对咖啡树生长不利的树种，如桉树、松树，桉树对土壤肥力要求高，松树会使土壤变酸。

3.3.3.2 常见的复合咖啡园栽培模式

(1)咖啡树与林木

每公顷咖啡园种植乔木荫蔽树150株左右，这种复合咖啡园，咖啡树是主要的经济作物，林木生长不会影响咖啡树生产，能使经济效益和生态效益得到统一。主要树种有南洋楹、柚木、降香黄檀、千年桐、银合欢、台湾相思、辣木、银桦树等，最好选用高大的豆科乔木树种。

(2)咖啡树与果树

果树与咖啡树间作，首先要清楚种植园的主体作物是咖啡树还是果树。适合咖啡园种植的热带及亚热带果树主要有：澳洲坚果、荔枝、龙眼、波罗蜜、香蕉、杧果等。这些果树往往树冠较低、叶片密集，会对咖啡园形成过度隐蔽，种植时应注意密度和修剪；部分果树根系分布浅，会与咖啡争水争肥；有的果树是咖啡病虫害的寄主，如荔枝树椿象危害严重，同样也会危害咖啡浆果，对咖啡豆的品质造成影响。因此，处理不当，这种间作模式会对咖啡的产量和品质构成一定的影响。

(3)咖啡树与橡胶树

咖啡树与橡胶树间作一直存在较大的争议，综合各方面效益，如果是以咖啡生产为主的，不建议在咖啡园内间作橡胶树，主要原因是橡胶树成林以后荫蔽度过大、冬季落叶及对水分的需求量过大等。

（韩永庄）

思考题

1. 试分析地形地势对咖啡产量和品质的影响。
2. 针对咖啡树对自然环境的要求，生产上应重点注意些什么？
3. 举例说明咖啡园生态系统对咖啡产量和品质的影响。
4. 举例说明现代农业技术措施在咖啡树栽培方面的应用。

推荐阅读书目

1. 云南气候总论．陈宗瑜．气象出版社，2001.
2. 热带作物气象学．施健．中国农业出版社，1993.

第4章　咖啡树种质资源与良种选育

【本章提要】

咖啡种质资源是咖啡良种选育的基础，本章从咖啡树种质的资源收集和保存的现状、种质资源的鉴定和评价、良种选育的方法等方面进行介绍，论述咖啡种质资源与良种选育的关系、我国咖啡选择育种的目标，学习相关知识，能为咖啡树良种选择奠定基础。

4.1　咖啡树种质资源的收集和保存

4.1.1　咖啡种质资源的重要性

咖啡为多年生常绿灌木或小乔木。咖啡属种常用来制作咖啡饮料的有3个种，分别是小粒种咖啡(*Coffea arabica*，阿拉比卡咖啡)、中粒种咖啡(*C. canephora*，罗布斯塔咖啡)以及大粒种咖啡(*Coffea liberica*，利比里卡咖啡或伊斯尔萨咖啡)，其中小粒种咖啡是迄今为止最重要的商业栽培种。

咖啡种质资源是咖啡新品种选育的基础，是保证咖啡产业持续健康发展的前提。使用分子生物技术对小粒种咖啡遗传多样性进行研究，发现起源地的小粒种咖啡资源遗传多样性丰富，具有较高的遗传变异，而栽培品种遗传基础则很狭窄。小粒种咖啡育种的成功与否，取决于能否获得具有遗传多样性的种质资源，这也促进了各咖啡生产国以及研究机构对起源地咖啡种质资源的收集保存。

4.1.2　世界咖啡种质资源的收集和保存现状

野生咖啡树的自然栖息地是在非洲的热带雨林下层，包括从西非几内亚，穿越中部直至东非，其他的传播中心包括马达加斯加和印度洋的科摩罗群岛、马斯克林群岛。咖啡中最重要的商业栽培种——小粒种咖啡的起源中心和主要的传播中心，位于赛塞尔比亚的西南部高原，苏丹东南的博马高原和肯尼亚的马萨比特山脉。而刚果河支流则是中粒种咖啡以及其他许多二倍体咖啡(如 *C. congensis*，*C. liberica*)的遗传多样性富集中心。另外，野生咖啡种质资源遗传多样性中心还有东非坦桑尼亚的东部弧形山脉(the Eastern Arc Mountain)，2004年有研究人员在此发现2个濒临灭绝的咖啡种，*C. bridsoniae* 和 *C. kihansiensis*，使坦桑尼亚野生咖啡种数量增加到16个，仅次于马达加斯加(野生咖啡种为59个种)。

许多野生资源随着环境被破坏以及全球气候变化而逐渐消失，因此对野生咖啡遗传资源的收集和保护十分必要且紧迫。野生小粒种咖啡的调查搜集工作在小粒种咖啡的主要起源地(埃塞俄比亚和肯尼亚)和次级分布中心也门开展。1964—1965 年，联合国粮食及农业组织(Food and Agriculture Organization of the United Nations，FAO)在埃塞俄比亚开展了咖啡种植资源的搜集工作，随后科学技术办公室(Office de la Recherche Scientifique et Technique Qutre-Mer，ORSTOM，1998 年更名为发展研究所，Institute de Recherche pour le Développement，IRD)于 1966 年在肯尼亚和科特迪瓦的 70 个不同区域开展咖啡种植资源的调查搜集工作。当时部分咖啡种质资源主要保存在热带雨林的下层植被中，搜集到的大多数为栽培种植的咖啡。ORSTOM/CIRAD 的调查搜集工作在肯尼亚的马萨比特山开展，搜集到 80 份不同的小粒种咖啡种质资源，此外还搜集到 *C. eugenioides*、*C. zanguebariae* 和 *C. fadenii*。1989 年，国际植物遗传资源研究所(International Plant Genetic Resources Institute，IPGRI)/CIRAD 集中在也门开展调查搜集工作，从 22 个不同咖啡种植区域搜集到咖啡种质资源，并鉴定出 6 个形态学上不同的咖啡植株类型。

随着马达加斯加、科摩罗和马斯克林群岛热带雨林生态体系的日益被破坏，咖啡种质资源的搜集工作变得更加紧迫。随着咖啡种质资源搜集保存工作的推进，超过 70 个种的 2 万株野生咖啡树被搜集保存，300 个野生咖啡群落被鉴定。目前咖啡种质资源的主要保存方式为原位/迁地建立资源圃保护。国际上主要的咖啡种质资源保存机构有：哥斯达黎加的国际咖啡种质资源中心(International Coffee Germplasm Center at CATIE)、马达加斯加的扬加瓦托和伊拉卡咖啡研究中心(Coffee Research Center of Kianjavato and Ilaka Est)、埃塞俄比亚季码咖啡基因库(Coffee Gene Bank in Jimma)、肯尼亚咖啡研究基金会(Coffee Research Foundation)、科特迪瓦迪沃和东口山咖啡收集所(Coffee Collections at Divo and Mont Tonkoui)等。其中只有 CATIE 的国际咖啡种质资源中心位于国际公共领域，因此被 FAO 指定为国际迁地保护网络中的一部分。

CATIE 的国际咖啡种质资源中心总部坐落在哥斯达黎加的图里亚瓦尔，建立于 20 世纪 40 年代末，占地 9 hm^2，荫蔽植物主要为刺桐属植物 *Erythrina poeppigiana*(Walp)O. F.，少量种植德鲁巴塔桉(*Eucalyptus deglupata* Blume)，其咖啡资源圃(基因库)规模仅次于科特迪瓦和喀麦隆，在世界咖啡大田资源圃中排第三位，保存的咖啡资源 1987 年就几乎已经涵盖了整个小粒种咖啡的遗传多样性，保存有超过 9000 株咖啡植株。此外 CATIE 咖啡资源圃还保存有引进的 68 份中粒种咖啡资源和 24 份大粒种咖啡资源。CATIE 国际咖啡种植资源中心是国际遗传资源委员会(International Board for Plant Genetic Resources)在 20 世纪 70 年代建立的基本种质资源登记中心的一部分。从 2004 年 5 月，在 FAO 的支持下，按照《粮食和农业植物遗传资源国际条约》，在 CATIE 托管的所有重要种质资源都将成为国际农业研究咨询组织(The Consultative Group on International Agricultural Research，CGIAR)国际迁地保护网络中的一部分。在 CATIE 国际咖啡种植资源中心中，保存资源的遗传类型有：①野生和半驯化的基因型，共计 880 份资源，占总收集量的 44.3%，搜集于咖啡的首要起源和传播中心埃塞俄比亚，以及次要中心也门。包括 1964 年和 1965 年 FAO 在埃塞俄比亚收集的 433 份，1966 年 ORSTOM 在埃塞俄比亚搜集的 148 份，1989 年 IPGRI 和 CIRAD 在也门搜集的 11 份。此外，还包括 288 份不同的二倍体材料。②栽培品种、突变种和选育的品系，共计 923 份，占总收集量的 46.5%。一些搜集自埃塞俄比亚，一些筛选自铁皮卡和波邦群体，一些来自于中粒种咖啡的杂交品系和一些未分类的品种。

③种内和种间杂交后代，共计184份。④研究材料。

世界上最重要的小粒种咖啡资源圃坐落在非洲(喀麦隆、埃塞俄比亚、科特迪瓦、肯尼亚、马达加斯加和坦桑尼亚等)、印度和美洲(巴西、哥伦比亚和哥斯达黎加等)。中粒种咖啡野外搜集具有代表性的是喀麦隆、印度、马达加斯加和科特迪瓦。特别是马达加斯加，还单独搜集保存了50份的 *Coffea* sect. *Mascarocoffea*。约有30个种的二倍体非洲咖啡主要保存在科特迪瓦，但很不幸的是，这些种质已消失在该国内战当中。

4.2 咖啡树种质资源的评价及鉴定

咖啡种质资源的评价及鉴定是在种质资源保存的基础上，制定统一的种质资源描述及评价的要求和方法。通过对咖啡种质资源基本信息的记录、对植物学特征、农艺学性状、品质性状和抗病性状的鉴定评价和研究，根据形状差异，我国制定了《热带作物种质资源描述及评价规范咖啡》(NY/T 3001—2016)，对咖啡种质资源分类和评价起到了重要的推动作用。根据咖啡种质资源描述规范，开展咖啡产量、品质、抗锈病性鉴定方法研究，制定分级标准。种质资源的鉴定评价，有利于挖掘优良的种质材料和育种材料，为进一步创新和利用奠定了基础。

4.2.1 种质资源描述基本信息

咖啡种质资源收集保存后需要进行描述的信息有：种质库编号、种质圃编号、种质保存编号、采集号、引种号、种质名称、种质外文名称、科名、属名、学名、种质类型(有野生资源、地方品种/品系、引进品种/品系、选育品种/品系、特殊遗传材料及其他)、主要特性(有高产、优质、抗病、抗虫、抗寒、抗旱及其他)、主要用途、系谱、育种手段、繁殖方式、选育单位(个人)、育成年份、原产国、原产省、原产地、采集地、采集地经度、采集地纬度、采集地海拔、采集单位(个人)、采集时间、采集材料、保存单位(个人)、保存种质类型、种质定植时间、种质更新时间、图像、特性鉴定评价结构名称、鉴定评价地点、备注。

4.2.2 种质资源植物学特征评价与鉴定

咖啡种质资源在植物学特征上主要是树姿、树型、株高、叶、分枝类型、花、果、种子等方面的差异。

类型：灌木(植株较矮生，无明显的主干)、小乔木(植株长势中等或矮生，单主干或多条明显的主干)、乔木(植株高大，单主干)。

树姿：直立、半开张、开张、下垂。

冠幅：宽、中、窄。

茎粗：粗、中、细。

株高：极矮、矮、中等、高。

主干节间距：密、中、疏。

分枝方式：对生、轮生。

一级分枝数量：多、中、少。

最长一级分枝长度：长、中、短。
最长一级分枝节数：多、中、少。
最长一级分枝节间距：密、中、疏。
托叶形状：半月形、近卵形、三角形、等边三角形、不规则四边形、其他。
芽蜡颜色：红色、橙黄色、黄褐色、浅黄色、黄色、其他。
芽蜡厚度：薄(膜状)、厚(珠状突起)。
嫩叶颜色：浅绿色、绿色、铜绿色、褐红色、褐色、其他。
叶形：倒卵形、卵形、椭圆形、披针形、长披针形、其他。
叶尖形状：钝形、渐尖形、急尖形、尾尖形、匙形、其他。
叶基形状：楔形、广楔形、钝圆形、其他。
叶面姿态：平直形、皱褶形、其他。
叶缘形状：无波浪、浅波浪、深波浪。
叶脉类型：互生、互生与对生、对生。
叶柄颜色：绿色、褐色、古铜色、其他。
叶长：植株中上部一级分枝顶芽下第三对成熟叶片基部到叶尖的长度。
叶宽：植株中上部一级分枝顶芽下第三对成熟叶片最宽处宽度。
叶形指数：叶长/叶宽，分为宽、中、窄。
叶炳长：为叶柄基部到叶片基部的长度，分为长、中、短。
成熟叶片颜色：浅绿色、黄绿色、绿色、浓绿色、铜绿色、褐色、褐红色、其他。
叶腋间花序数：多、中、少。
单花花序朵数：多、中、少。
单节花朵数：多、中、少。
花蕾颜色：白色、红色、其他。
花瓣数量：雄蕊数量。
花瓣形状：椭圆形、倒卵形、长椭圆形、条形、其他。
成熟果实颜色：黄色、橙黄色、橙色、橙红色、红色、粉红色、紫色、紫红色、粉紫色、黑色、其他。
果实形状：近球形、倒卵形、卵形、椭圆形、长椭圆形、扁圆球形、其他。
果实凹槽：有、无。
果脐形状：明显但不突出、圆柱形突出、瓶颈状突出、圆锥形突出、点状突出、其他。
果实萼痕：有、无。
果实纵径：大、中、小。
果实横径、果实侧径。
果实指数：果实纵径/果实横径，有长圆球形、圆球形、短圆球形。
中果皮厚：厚、中、薄。
内果皮(种皮)质地：皮质、革质、其他。
种子形状：圆形、倒卵形、卵形、椭圆形、长椭圆形、其他。
种子纵径：大、中、小。

种子横径、种子侧径。

种仁颜色：浅黄色、浅蓝色、浅绿色、浅褐色、其他。

4.2.3　种质资源农艺性状、品质性状及抗病性评价与鉴定

4.2.3.1　农艺性状

主要农艺性状有：初花期、盛花期、末花期、果实生育期、果实盛熟期、收获期、初果树龄、坐果率、单节果实数、单株鲜果重、干豆产量、丰产性、空瘪率、鲜干比、干豆千粒重、单豆率、出米率、粒度、象豆率。

4.2.3.2　品质性状

品质性状有：咖啡因、蔗糖、粗脂肪、蛋白质、粗纤维、绿原酸、水浸出物、杯品质量(香气、风味、酸度、醇厚度、甜度、均衡度等)。

4.2.3.3　抗病性

抗病性：主要指抗锈病性。

4.2.4　种质资源核型评价与鉴定

茜草科咖啡属植物染色体基数为 11，在咖啡属种 100 多个种当中，小粒种咖啡是唯一的四倍体植物($2n = 4X = 44$)，自花授粉异源四倍体，咖啡属中其他二倍体($2n = 2X = 22$)则为自交不亲和异花授粉。咖啡属植物自发多倍体和诱导多倍体有见报道，我国瑞丽咖啡种质资源分库中也保存有多倍体植株。小粒种咖啡(*C. arabica*)单倍体植株也有报道，并被命名为“monosperma”。中粒种咖啡(*C. canephora*)中，可以通过使用嫁接繁育单倍体植株，并使用秋水仙素加倍处理衍生二倍体。当小粒种咖啡和其他二倍体咖啡(如中粒种咖啡、大粒种咖啡)间作种植时，会出现自然杂交种，这些自然杂交种多数为三倍体，也有四倍体和二倍体。咖啡种质资源资源当中，单倍体、三倍体、六倍体、八倍体等倍性都有见报道，这些都是重要的育种资源。

4.3　我国主要保存的咖啡种质资源

咖啡种质最早于 1884 年开始引入我国，1980 年以后，随着热区农业资源开发和咖啡生产的不断发展，云南和海南科研单位引进了大量的国外咖啡种质资源，在长期的自然和人工选择过程中形成了丰富的种质资源。我国咖啡种质资源主要分布在云南省及海南省，云南省主要保存单位有云南省德宏热带农业科学研究所、云南农业大学热带作物学院、中国科学院西双版纳热带植物园、云南省农业科学院热带亚热带经济作物研究所以及雀巢(中国)普洱农艺部勐海试验示范农场等。

云南省德宏热带农业科学研究所，建设有国家热带作物种质资源库——瑞丽咖啡种质资源分库，该库前身为农业部“瑞丽咖啡种质资源圃”，1988 年“中国—联合国云南咖啡生产项目”时大批量引种保存初具规模，1992 年经云南省农垦总局批准建立，2009 年由农业部正式认定并授牌“农业部瑞丽咖啡种质资源圃”。该库占地 75 亩，海拔 798～800 m，年平均气温 20.7 ℃，极端最低气温 1.9 ℃，年降水量 1400 mm，年平均相对湿度 80%，年日照时数 2351.1 h，适宜小粒种咖啡生长。保存有咖啡属(*Coffea* spp.)里 5 个种 698 份

资源(表 4-1)，保存的种质类型涵盖我国咖啡种质资源的 100%。其中从葡萄牙、肯尼亚、布隆迪、哥伦比亚、巴西、科特迪瓦等 20 多个国家和地区引种 274 份保存 266 份，保存有包括著名抗锈高产品种‘Ruiri11’、小粒种与中粒种种间杂交种‘Arabusta’、应用最广泛的抗锈品种选育父本 Hibrido de Timor(HDT)的 4 个基因型；国内收集保存 432 份。

此外，中国科学院院西双版纳热带植物园收集 80 多份种质作生态学研究；云南省农科院热带亚热带经济作物研究所保存 200 份左右，其中小粒种 162 份，中粒种 8 份。

表 4-1　云南省德宏热带农业科学研究所保存咖啡属资源情况

序号	种　名	保存份数	比例
1	小粒种咖啡(*C. arabica*)	642	92. 0%
2	中粒种咖啡(*C. canephora*)	34	4. 9%
3	大粒种咖啡(*C. liberica*)	14	2. 0%
4	丁香咖啡(*C. eugenioides*)	3	0. 4%
5	总状咖啡(*C. racemosa*)	1	0. 1%
6	种间杂交种(*C. canephora*×*C. arabica*)	4	0. 6%

4.4　咖啡树良种选育

咖啡属里最重要的商业栽培种为小粒种咖啡，其次为中粒种咖啡，极少数种植大粒种咖啡，因此世界上咖啡良种选育主要集中在小粒种咖啡的选育上，而小粒种咖啡最主要的育种目标之一就是抗锈病性。在咖啡种植中，造成产量大量减产的原因中，最重要的一个是由 *Hemileia vastatrix* 导致的咖啡叶锈病(coffee leaf rust，CLR)，1968 年斯里兰卡咖啡种植业就因咖啡叶锈病的暴发而遭受毁灭性的打击。1970 年咖啡锈病传播到巴西的东北沿海地区，由于种植的咖啡遗传的一致性，咖啡锈病迅速扩散到其他中、南美洲国家。中粒种咖啡（*C. canephora*）、大粒种咖啡（*C. liberica*）、丁香咖啡（*C. eugenioides*）和 *C. pseudozanguebariae* 等具有抗锈病性。目前已鉴定出的，咖啡抗性基因主要有 9 个等位基因，分别由 S_H1~S_H9 表示，在野生小粒种和种间杂交种中，可能存在更多的抗锈等位基因。这些抗性基因单独或者复合在一起使咖啡表现出不同的抗锈病性，常用垂直抗性(vertical resistance，VR)和水平抗性(horizontal resistance，HR)来分别表示单基因和多基因表现的抗性。

在埃塞俄比亚种质库中的小粒种咖啡，被鉴定出具有等位基因 S_H1、S_H2、S_H4 和 S_H5，S_H3 可能是由大粒种咖啡通过种间杂交而引入到小粒种咖啡中，HDT(Hibrido de Timor，发现于东帝汶的小粒种咖啡和中粒种咖啡天然杂交种，四倍体)具有 S_H6、S_H7、S_H8、S_H9，抗目前所有已知锈菌小种。

在一些咖啡种植国家，抗锈病品种正在逐渐替代铁皮卡和波邦等传统品种，例如，哥伦比亚种植从‘卡蒂姆’和‘萨奇姆’(‘Sarchimor’)中筛选出的品种‘哥伦比亚’(‘Colombia’)，巴西的‘IAPAR 59’，中美洲的‘IHCAFE 90’和‘CR 95’，以及印度的‘高韦里’(‘Cauvery’)。巴西使用秋水仙素将中粒种咖啡染色体加倍获得四倍体中粒种咖啡，后与‘红果波邦’(*C. arabica* var. *bourbon* Vermelho)杂交获得种间杂交种，后与小粒种咖啡品种‘蒙多诺沃’(‘Mundo Novo’)杂交进而选育出抗锈品种‘伊卡图’(‘Icatu’)，该品种不仅抗锈病，还抗咖啡浆果病(cofee berry disease，CBD)和线虫。

4.4.1　世界上主要的咖啡研究机构

世界上研究咖啡的主要机构有以下：

印度尼西亚咖啡可可研究所(Indonesian Coffee and Cocoa Research Institute，ICCRI)

巴西康平纳斯农艺研究所(Instituto Agronómico de Campinas，IAC)

印度中央咖啡研究所(Central Coffee Research Institute，CCRI)

坦桑尼亚咖啡研究所(Tanzania Coffee Research Institute，TaCRI)

肯尼亚咖啡研究基金会(Coffee Research Foundation，CRF)

科特迪瓦国家农艺研究中心(Centre Nationale de Recherche Agronomique，CNRA)

哥斯达黎加国家热带研究中心(Centro Agronómico Tropical de Investigación y Enseañza，CATIE)

马达加斯加全国农艺发展中心(Centre National de Recherche Appliquée au Développement Rural，FOFIFA)

喀麦隆农艺发展研究所(Institut de Recherche Agricole pour le Developpement，IRAD)

埃塞俄比亚吉玛农业研究中心(Jimma Agricultural Research Centre，JARC)

葡萄牙咖啡锈病研究中心(Centro de Investigação das Ferrugens do Cafeeiro，Instituto Superior de Agronomia，Universidade Técnica de Lisboa，CIFC)

4.4.2　咖啡育种主要方法

4.4.2.1　混合选择

在咖啡种植的早期，小粒种咖啡是唯一的栽培种。许多咖啡种植国家从荷兰阿姆斯特丹植物园中或者从巴黎植物园中引种种植，主要的栽培种有铁皮卡种和波邦种。通过对咖啡种植群体中植株的筛选，选择高产植株作为母株。早期的品种如‘肯特’(‘Kents’)、‘波邦’、‘比勒陀利亚’(‘Pretoria’)、‘苏门答腊’(‘Sumatra’)、‘爪哇’(‘Java’)、‘蓝山’(‘Blue Mountain’)等。这种方法同样可以用于育种中亲本的选择，针对某些目标形状，例如，高产、豆粒大、果实低空瘪率、优质、抗病虫害以及环境适应性等。

4.4.2.2　系谱法

也就是单株选择，选择具有目标表型的单个植株作为母株，其自交后代单独形成一个株系，并在后代中筛选出最具母株表型的群体。该方法仅限于自花授粉种，及小粒种咖啡。巴西的‘红果波邦’(‘Bourbon Vermelho’)、‘黄果波邦’(‘Bourbon Amarelo’)、‘红果卡杜拉’(‘Caturra Vermelho’)、‘黄果卡杜拉’(‘Caturra Amarelo’)和‘蒙多诺沃’的选育过程中使用了系谱法。肯尼亚的‘SL28’和‘SL34’也是从同一个母株后代株系中选择出来的两个不同品种。印度使用系谱选择对‘S288’(Slection-1)和Slection-8进行进一步的选育。在杂交育种中使用系谱选择，有时需要选择同时具有双亲特性的植株。巴西、印度等利用此法选育出‘卡杜拉’、‘圣贝尔纳多’(‘Sao Bernardo’)、‘维拉萨奇’(‘Villa Sarchi’)、‘维拉拉博’(‘Villa lobos’)、‘圣雷蒙’(‘San Ramon’)等，印度的‘S795’(Selection-3)选育过程也使用了系谱法。

4.4.2.3 回交改良

回交改良可以目标品种通过单基因或寡基因获得单个性状。在杂交种，带有目标性状(抗病性、抗虫性等)的植株与优良母株进行杂交，培育杂交 F_1 群体。从 F_1 群体中筛选植株母本与进行一次或二次回交，对其后代使用系谱法进行继续筛选，以筛选出还有目标性状的植株。巴西在选育‘卡杜埃’(‘Catuai’)时使用了此法。在抗锈病育种中，通过种间杂交获得具有中粒种抗性形状的小粒种咖啡基因型植株时，经常使用回交改良。

4.4.2.4 种间杂交

种间杂交会产生不育的杂交后代。但在咖啡属中，常会出现天然二倍体与四倍体杂交，杂交后代中会出现二倍体、三倍体、四倍体植株，也会有二倍体种间杂交后代自发加倍成为四倍体的现象出现。这使四倍体小粒种咖啡可以获得一些二倍体咖啡性状，例如，抗病性、抗虫性。印度、巴西和科特迪瓦都开展过小粒种咖啡和中粒种咖啡的种间杂交研究。巴西和科特迪瓦使用四倍体中粒种咖啡与小粒种咖啡杂交，其中小粒种咖啡为母本。印度相反，使用未加倍的中粒种咖啡为母本。因此，巴西的‘伊卡图’、科特迪瓦的‘阿拉布斯塔’(‘Arabusta’)杂交种与印度的‘罗布比卡’(‘Robarbica’，Selection-6)表型不同。

4.4.3 育种案例

4.4.3.1 印度罗布比卡的选育

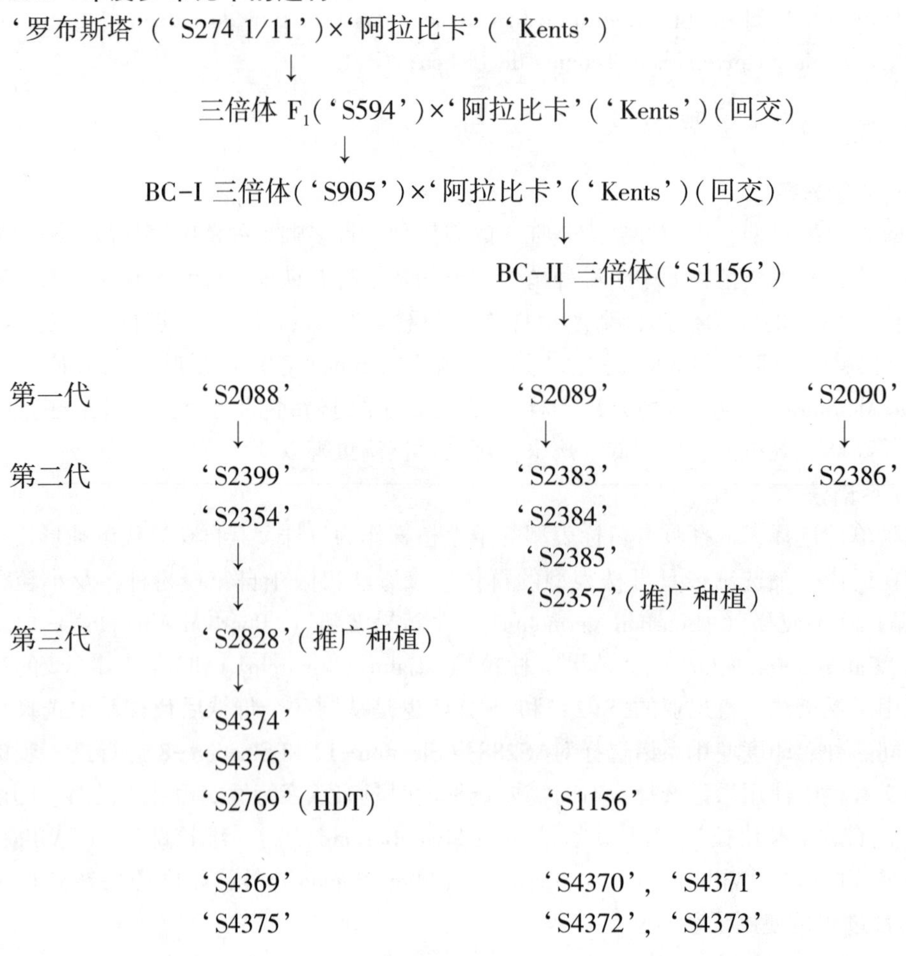

4.4.3.2　葡萄牙咖啡锈病研究中心品种选育

CIFC 主要开展杂交前期试验，获得杂交后代品系后，分发到世界各咖啡种植国家进行进一步的品种选育工作。主要开展的杂交及获得的杂交品系有：

卡蒂姆：CIFC HW 26(‘红果卡杜拉’×‘HDT’)

卡维姆：CIFC H518(‘黄果卡杜埃’×‘卡蒂姆’)

萨奇姆：CIFC H361(‘维拉萨奇’×‘HDT’)

卡亭图(Catindu)：CIFC H275(‘红果卡杜拉’×‘S. 795’)

4.5　主要栽培的小粒种咖啡品种

咖啡栽培变种和品种的主要基因型有 8 种，埃塞俄比亚/地方品种(‘瑰夏’)、波邦—铁皮卡组/铁皮卡(铁皮卡)、波邦—铁皮卡组/波邦(波邦，卡杜拉)、波邦—铁皮卡组/铁皮卡波邦相关(‘卡杜埃’、‘蒙多诺沃’)、有外源基因杂交/卡蒂姆(‘卡蒂姆 T5175’、‘卡蒂姆 T8667’、‘PT’、‘卡蒂姆 7963’、‘德热 3 号’、‘德热 296’、‘德热 132’)、有外源基因杂交/萨奇姆(‘萨奇姆’)、F_1/有外源基因、F_1/无外源基因。

4.5.1　铁皮卡

铁皮卡(Typica)，学名：*Coffee arabic* L. var. *typica* Cramer，原产于埃塞俄比亚及苏丹的东南部，是西半球栽培最广的咖啡变种。铁皮卡是世界上最具文化和遗传重要意义的小粒种咖啡之一，在中美洲种植具有较高的品质。非常易感咖啡叶锈病，能够适应寒冷的气候条件。铁皮卡克里奥尔语被称为“Criollo”，印度人称之为“Indio”，阿拉伯语被称为“Arábigo”、‘蓝山’以及‘苏门答腊’。

铁皮卡植株高大，顶芽和嫩叶古铜色，豆粒较大，适宜种植在高海拔地区，杯品质量好，产量低，易感染咖啡叶锈病、浆果病和线虫，定植 4 年投产，需肥量中等，果实成熟期中等，干鲜比中等，适宜种植密度 200~267 株/亩(每株留 1 个主干)，基因类型为波邦铁皮卡组/铁皮卡相关。

铁皮卡是以铁皮卡类品种著称。铁皮卡类品种，就像所有的小粒种咖啡一样，起源于埃塞俄比亚西南部。在 15 世纪或者是 16 世纪的某个时候，最初的铁皮卡种子被带到也门。1670 年，又从也门被巴巴布丹(Baba Budan)带到印度。1696 年和 1699 年，铁皮卡种子从印度马拉巴尔海岸被带到巴达维亚岛(今天印度尼西亚爪哇岛)。这些种子逐渐发展成为今天我们所知道的典型的铁皮卡品种。1706 年，一株铁皮卡咖啡植株从爪哇岛被带到阿姆斯特丹，被定植在植物园中，为荷兰与法国共同拥有。1719 年铁皮卡沿着荷兰殖民地贸易路线从荷兰被引入到荷属圭亚那(今苏里南)，1722 年又被引入到卡宴(法属圭亚那)，1727 年又从该处被引入到巴西的北部。1760 年和 1770 年被引入到巴西南部。1723 年，铁皮卡从巴黎被引入到印度西部的马提尼克(Martinique，拉丁美洲向风群岛中部法属岛屿，首府法兰西堡)，1730 年英国人从马提尼克将铁皮卡引入到牙买加，1735 年被引入到圣多明哥，1748 年由圣多明哥被引入到古巴，然后 1779 年从古巴被引入到哥斯达黎加，1840 年被引入到萨尔瓦多。18 世纪晚期，铁皮卡在加勒比海地区(古巴、波多黎各、圣多明戈)、墨西哥和哥伦比亚扩大种植，并逐渐在中美洲广泛种植(萨尔瓦多最早在

1740 年种植)。直到 20 世纪 40 年代，中南美洲主要的咖啡栽培种为铁皮卡。铁皮卡由于产量低且易感染咖啡主要病害，在美洲大部分地区已经逐渐被取代，但在秘鲁、多尼米加和牙买加仍有大量种植，在这些地方铁皮卡被称为‘牙买加蓝山’。

国内很早就引种铁皮卡类和波邦类品种，较早引种在云南宾川朱苦拉(1902 年)和瑞丽弄贤(1989 年)，前者尽在朱苦拉所在宾川县临近的小范围种植，后者成为云南小粒种咖啡早期发展的原种。1959 年在德宏傣族景颇族自治州种植面积曾发展到 1000 hm^2。1958 年在保山潞江坝种植到近 1000 hm^2，1960 年，云南省内曾发展到 3333.3 hm^2。由于铁皮卡类和波邦类品种咖啡叶锈病较重，目前该品种主要在保山潞江坝低海拔的干热河谷地区保留种植，其他地区零星栽培。铁皮卡类和波邦类品种有较好的杯品质量，为获得精品咖啡，后谷咖啡公司和其他种植区的咖啡企业将其种植到 1400~1500 m 的高海拔地区，出现了因抗病性弱，落叶严重，导致抗旱抗寒力下降。幼苗在冬季死亡率高，保存的咖啡树投产后，因锈病重，产量低，枯枝严重，因此，应选择在低海拔锈病发生较轻的干热河谷地区种植为宜。

4.5.2 波邦

波邦(Bourbon)，学名：*Coffee arabica* L. var. *bourbon* Rodr. Ex. Choussy，是世界上小粒种咖啡变种，无论在咖啡文化还是遗传基因方面，都具有非常重要的品种之一，以高海拔种植情况下获得高品质著称。

波邦植株较高大，顶芽及嫩叶颜色绿色，商品豆大小适中，适宜种植高海拔地区，品质好，产量中等，易感咖啡叶锈病、咖啡浆果病及线虫。种植第四年投产，需肥量中等，果实成熟较早，鲜干比中等，适宜种植密度 200~267 株/亩(每株留 1 个主干)。

法国传教士在 18 世纪(1700 年)将该品种从也门引入到波邦岛(现留尼汪岛)，命名为波邦并沿用至今。直到 19 世纪中叶，该品种才离开波邦岛。但是从 19 世纪中期开始，这一品种随着传教士在非洲和美洲的传教，被带到当地种植。

1860 该品种被引入巴西，并迅速在南美洲和中美洲推广种植，并广泛种植至今。现在中、南美洲，除该品种外，还混合种植着从印度和埃塞俄比亚引入的其他波邦类似品种。现在，在东非发现有很多波邦类似品种，但是没有一个和拉丁美洲发现的品种一样。当今，在拉丁美洲，波邦逐渐被其变种(包括‘卡杜拉’、‘卡杜埃’及‘蒙多诺沃’)取代，在萨尔瓦多、危地马拉、洪都拉斯和秘鲁仍有种植。

4.5.3 ‘卡杜拉’

‘卡杜拉’是中美洲作为质量和产量衡量标准的一个品种。植株较矮小，顶芽和嫩叶颜色绿色，商品豆大小中等，适宜种植在高海拔地区，品质良好，产量中等，易感染锈病、浆果病和线虫。种植第三年投产，需肥量高，果实成熟时间中等，干鲜比中等，适宜种植密度 333~400 株/亩(每株保留 1 个主干)。基因型为波邦—铁皮卡组/波邦，巴西康平纳斯农艺研究所(位于巴西康平纳斯圣保罗州)选育，可以开放种植。

‘卡杜拉’是波邦的自然变种，1915—1918 年间在巴西米纳斯吉拉斯州的一个种植园里被发现。‘卡杜拉’由于单基因突变(*dwarfism*)导致植株矮小，名字来源于瓜拉尼语，意思为“小”，也被称为“Nanico”。‘卡杜拉’被发现以后，巴西 IAC 于 1937 年开始筛选其后代品系。育种学家对‘卡杜拉’的矮小株型非常感兴趣，因为矮小的株型可以进行密集种植，且二级分枝会更加紧凑进而能够结更多的鲜果。使用混合选择法对卡杜拉进行选育，即在群体中根据表型以及表现差异进行单株选择，对选定的单株采种扩繁并形成新一代，然后重复这一选择过程。这一品种从未在巴西进行官方发布，但是已经成为中、南美洲普遍种植的品种。20 世纪 40 年代，‘卡杜拉’被引入危地马拉，但是在 30 多年内未被进行广泛的商业种植。哥斯达黎加以及巴拿马又从危地马拉引入‘卡杜拉’。现在，‘卡杜拉’是中美洲非常重要的商业种植品种，并且通常用作新品种试验的对照品种。在哥伦比亚，‘卡杜拉’占全国产量近一半，直到 2008 年政府资助的一个项目，超过 30 亿元的咖啡树被抗锈品种‘卡斯蒂罗’(‘Castillo’，卡杜拉谱系)替代。

‘卡杜拉’是所有‘卡蒂姆’类品种的亲本之一，不同品系的抗咖啡叶锈病‘HDT’与‘卡杜拉’杂交，进而选育出矮化的抗锈品种，所选育出的‘卡蒂姆’类品种有：‘哥斯达黎加 95’(‘Costa Rica95’)、‘卡迪斯克’(‘Catisic’)、‘伦皮拉’(‘Lempira’)以及‘IHCAFE 90’。

4.5.4　‘卡杜埃’

‘卡杜埃’是中美洲作为咖啡质量衡量标准的一个品种。‘卡杜埃’的名字来源于瓜拉尼语“multo mom”，意思是“非常好”。

植株较矮小，顶芽和嫩叶绿色，商品豆大小中等，适宜种植在高海拔地区，品质良好，产量中等，易感染咖啡叶锈病、浆果病和线虫。定植 3 年投产，需肥量高，果实成熟期中等，干鲜比中等，适宜种植密度 333～400 株/亩(每株保留 1 个主干)。‘蒙多诺沃’(高产)和‘卡杜拉’(矮化)杂交后代，基因型为波邦—铁皮卡组/铁皮卡波邦相关，巴西 IAC 选育，可开放种植。

相对于波邦，‘卡杜埃’非常高产，部分原因是其植株较小进而可以两倍密植。‘卡杜埃’的株型，使其相对容易被病虫害侵害。植株较弱小，株型比‘卡杜拉’紧凑。目前，‘卡杜埃’具有较好的杯品质量，但却并不突出。‘卡杜埃’具有成熟果实红色和黄色良种类型，不同国家都筛选有许多的品系。1949 年，从黄色‘卡杜拉’和‘蒙多诺沃’杂交后代筛选出一个变种，最初编号为 H-2077，巴西对其进行系谱筛选(通过连续的单株筛选)后于 1972 年推广种植，并逐渐成为广为栽培的品种。

1979 年，最先被引入到洪都拉斯，并在洪都拉斯咖啡研究所(Instituto Hondureño del Café，IHCAFÉ)进行品种试验。1983 年，该所将筛选出来了 2 个品系进行商业种植。至今，在洪都拉斯，栽培的小粒种咖啡近半数为‘卡杜埃’。洪都拉斯咖啡研究所的研究人员非常热衷于‘卡杜埃’的选育，包括开展‘卡杜埃’与‘HDT’之间进行杂交育种。1985 年，黄色‘卡杜埃’被引入到哥斯达黎加，到现在其后代已被广泛种植。1970 年，‘卡杜埃’被引入到危地马拉，现在‘卡杜埃’约占其国内产量的 20%。在中美洲其他国家种植并不多。‘卡杜埃’由于植株矮小，适宜高密度种植，该品种的广泛种植在一定程度上加剧了中美洲在 20 世纪 70 年代和 80 年代全光照咖啡的种植。

4.5.5　‘卡蒂姆 T5175’

‘卡蒂姆 T5175’适宜种植在低海拔地区，高产量，需肥量高，品种一致性较差。

植株较矮，顶芽和嫩叶深古铜色，豆粒大小中等，适宜种植在低海拔地区，杯品质量较差，产量高，抗咖啡叶锈病，不抗咖啡浆果病和线虫。定植 2 年投产，需肥量高，果实成熟期中等，干鲜比低，适宜种植密度 333~400 株/亩(每株保留 1 个主干)。

'T5175'是'HDT'与'卡杜拉'杂交后代，基因型属于有外源基因杂交/卡蒂姆。哥斯达黎加咖啡研究所选育(Instituto del Café de Costa Rica，ICAFE)。Highly susceptible to Ojo de Gallo. 品种一致性差，且表型不能稳定遗传。

哥斯达黎加利用 HDT832/1 与'卡杜拉'杂交，通过系谱选择(持续的进行单株筛选)选育出'T5175'，且该品种被官方推广种植。葡萄牙咖啡锈病研究中心(the Centro de Investigação das Ferrugens do Cafeeiro of Portugal，CIFC)开展杂交'HDT832/1'×'卡杜拉'，杂交后代命名为'H26'，巴西维可萨联邦大学对杂交后代进行最初筛选，20 世纪 70 年代，热带农业研究和高等教育中心(The Tropical Agricultural Research and Higher Education Center，CATIE，成员包括伯利兹、玻利维亚、哥伦比亚、哥斯达黎加、多米尼加、萨尔瓦多、危地马拉、洪都拉斯、墨西哥、尼加拉瓜、巴拿马、巴拉圭、委内瑞拉、美洲农业合作研究所和巴西阿克里州)哥斯达黎加研究站从巴西引进杂交后代 F_3，并进行继续筛选选育研究，并命名为'T5175'(T 代表图里亚尔瓦，CATIE 座落地)洪都拉斯通过对'T5175'继续筛选，进而选育出品种'IHCAFE-90'和'伦皮拉'('Lempira')。

4.5.6 '卡蒂姆 T8667'

产量高，抗锈病，能够适应高热地区以及酸性土壤。

植株较矮，顶芽和嫩叶古铜色，豆粒大小中等，适宜种植在低海拔地区，杯品质量较低，产量高，抗咖啡叶锈病，不抗咖啡浆果病、线虫。定植 3 年投产，需肥量高，果实成熟时期中等，干鲜比较低，适宜种植密度 333~400 株/亩(每株保留 1 个主干)，适宜偏酸性、富含铝的土壤，以及较热的气候。

'T8667'是'HDT832/1'与'卡杜拉'杂交后代，基因型属于有外源基因杂交/卡蒂姆，该品种已在国际植物新品种保护联盟注册(the International Union for the Protection of New Varieties of Plants，UPOV)。

'T8667'是从'HDT832/1'与'卡杜拉'杂交后代筛选出的一个品系，在中美洲被选育出，是一个重要的抗咖啡叶锈病品种。'T8667'最早起源于中美洲 PROMECAFE 联盟，该联盟因中美洲咖啡叶锈病对产业的威胁于 1978 年由中美洲项目(ROCAP)和巴西 IAC 组建，并由美国国际开发署地区办事处资助。葡萄牙 CIFC 开展杂交'HDT832/1'×'卡杜拉'，杂交后代命名为'H26'，巴西维可萨联邦大学对杂交后代群体进行了最初的筛选，1987 年哥斯达黎加热带农业研究中心对巴西维可萨联邦大学杂交后代 F_5 继续进行筛选，并将杂交后代重新命名为'T8667'(T 代表图里亚尔瓦，CATIE 坐落地)。中美洲私人农场主对'T8667'进行进一步的"混合选择"(混合选择，即根据混合群体中单株个体表现的优劣进行筛选，并从筛选出的单株上采种形成新的自交后代，不断重复这个选择过程)，20 世纪 80 年代对试验筛选出的植株采种并推广种植。其他国家通过对'T8667'继续筛选，选育出不同新品种，哥斯达黎加的 CATIE 选育出'哥斯达黎加 95'('Costa Rica95')，洪都拉斯的 IHCAFE 选育出'伦皮拉'('Lempira')，萨尔瓦多也选育出'卡迪斯克'('Catisic')。

4.5.7 ‘PT’

‘PT’是普洱雀巢公司1991年从CIFC引进的品种，叶大而厚，一分枝较‘卡蒂姆7963’软，不挺直，结果后趋于下垂。顶芽和嫩叶古铜色，田间抗锈性较强，果实较大，有较高的产量潜力，但产量不稳定，出豆率较低。因枝芽萌生率低，修剪不费工，比较受农户欢迎。产量范围在2700 kg/hm^{2}左右。

据资料报道，‘PT’来自肯尼亚，与云南德宏热带农业科学研究所保存的‘P86’非常相似。云南德宏热带农业科学研究所保存的‘P86’是1990年4月云南联合国粮农组织咖啡项目首席专家瓦亚罗博士带来，除了在云南德宏热带农业科学研究所种植外，早期随‘卡蒂姆7963’种苗流入大田混种，长期多点调查其抗病性强，产量高。因此，‘PT’和‘P86’是同一个品系，属‘卡蒂姆’低世代品种（F_3或F_4），更具‘HDT’抗病性强的特点，对目前咖啡叶锈病新小种有较强的抗性。

4.5.8 ‘卡蒂姆7963’

‘卡蒂姆’类品种选育历程：1958年或者1959年，葡萄牙CIFC，从东帝汶岛收集到HDT种子。HDT（Hybrid de Timor）是小粒种咖啡（*C. arabica*）和中粒种咖啡（*C. canephora*）的天然杂交种，20世纪20年代自然地出现在东帝汶岛，中粒种咖啡基因使其抗咖啡叶锈病。CIFC共搜集了2批种子，并于1967年利用HDT开始开展抗咖啡叶锈病新品种的选育种研究。育种学家利用不同‘HDT’品系开展与‘卡杜拉’的杂交授粉工作，并获得了不同的杂交后代系：

- 红色卡杜拉 CIFC 19/1 × HDT CIFC 832/1 → HW26
- 红色卡杜拉 CIFC 19/1 × HDT CIFC 832/2 → H46

通过在巴西IAC的一些筛选试验，杂交后代被命名为‘卡蒂姆’。‘卡蒂姆’就在咖啡叶锈病传播到美洲的时候被选育出来。不同代系的‘卡蒂姆’由CIFC分发到世界各地做进一步的筛选，已选出适宜当地种植的‘卡蒂姆’品种进而推广种植。值得一提的是，与通常的观点相反，‘卡蒂姆’并不是一个单独的品种，相反，而是由许多不同的具有相似亲缘关系的品种组成的。马拉维茶研究基金会咖啡研究组使用了5个‘卡蒂姆’后代，巴布亚新几内亚也选育出6个品系并推广种植。中、南美洲的许多地方都对‘卡蒂姆’做了进一步的品种选育和大田实验。

树型紧凑、矮生、分枝多、果节短为其特征，抗锈病强，产量高，适应性广，品种间性状差异不大，差别主要是在抗锈病组群不同。我国1988年从葡萄牙CIFC引进，现在海南和云南的潞江坝、瑞丽试种。在云南德宏热带农业科学研究所，产量3000 kg/hm^2，最高达7500 kg/hm^2。目前在云南各植区均出现锈病危害，因此种植该品种要做好锈病防治，控制锈病在咖啡园蔓延。丧失抗锈性的卡蒂姆品种，由于落叶削弱了植株生势，对气候造成的干旱、寒害的抵御力变弱，落叶后茎干暴露，诱发天牛危害，导致植株早衰。‘卡蒂姆’咖啡产量高，一旦锈病侵染必然导致植株衰弱，配药防治效果不明显，且增加生产成本，还对咖啡品质和环境造成负面影响。树龄较大的咖啡园可以选择抗锈品种进行更新换代。

4.5.9 ‘蒙多诺沃’

‘蒙多诺沃’是一个高产优质的品种，但抗性较差。在南美广泛种植，但中美洲和加勒比海地区很少种植。

植株较高大，顶芽和嫩叶绿色或古铜色，豆粒大小中等，适宜种植在高海拔地区，杯品质量好，产量高，易感染咖啡叶锈病、浆果病和线虫。定植第三年投产，需肥量高，果实成熟期中等，干鲜比中等，种植密度适宜在200~267株(每株保留1个主干)，在秘鲁推荐种植海拔1500 m以上，铁皮卡和波邦杂交后代，基因型属于波邦—铁皮卡组/铁皮卡波邦相关，巴西IAC选育。

这一品种的特点就是植株高大，其生势旺盛，高产，但是晚熟。顶芽和嫩叶不均匀，有绿色也有古铜色。‘蒙多诺沃’是波邦和铁皮卡天然杂交后代，发现于巴西圣保罗米尼罗斯迪特(Mineiros do Tiete)，采种后种植在蒙多诺沃市，今为乌鲁佩斯(Urupês)，并以此命名。1943年该品种被发现。

巴西1943—1952年间开展‘蒙多诺沃’的选择育种，1952年巴西开始将选育出的品种给农民推广种植。1977年巴西IAC继续进行‘蒙多诺沃’的选择育种。选育出的品种是巴西以及秘鲁等其他南美洲国家重要的商业栽培品种，但在中美洲却很少种植。1952年‘蒙多诺沃’被引入到哥斯达黎加，由于咖农并不喜欢这一品种高大的株型，所以并没有被广泛种植。1963—1964年间一些‘蒙多诺沃’品种被引入危地马拉，1974年被引入到洪都拉斯，非洲马拉维也有种植。

中国于1973年从哥伦比亚引入在海南种植。1992年雀巢咖啡公司引入普洱市试种，产量为900 kg/hm^2，加之锈病重没有扩大种植。1994年引入云南德宏热带农业科学研究所保存，4年平均产量2640 kg/hm^2。

4.5.10 ‘瑰夏’

巴拿马‘瑰夏’(Geisha)在高海拔地区有着卓越的品质，“Geisha”一词，也经常被一些不具有巴拿马‘瑰夏’基因的咖啡品种使用。‘瑰夏’在马拉维也有广泛的种植。

巴拿马‘瑰夏’植株高大，顶芽和嫩叶绿色或者古铜色，豆粒大小中等，适宜种植在高海拔地区，具有卓越的杯品质量，产量中等偏低，具咖啡叶锈病耐受性(介于抗锈性和易感染锈病之间)，易感染咖啡浆果病和线虫，定植第四年投产，需肥量中等，果实成熟期中等，干鲜比中等，适宜种植密度200~267株(每株保留1个主干)，基因型属于埃塞俄比亚地方品种。

‘瑰夏’最初于20世纪30年代在埃塞俄比亚咖啡森林中被发现并收集，后被送到坦桑尼亚利亚穆古(Lyamungu)研究站，1953年被引入到CATIE，并被编号为‘T2722’。CATIE经过鉴定评价，其具有咖啡叶锈病抗性，将其于20世纪60年代将其在巴拿马推广种植。然而该品种分枝较少，当地咖农并不喜欢，因此也未被广泛种植。该品种重新崭露头角是在2005年，当时巴拿马博克特的彼得森家族使用该品种报名参加“最佳巴拿马”的竞赛与拍卖，得到了最高分，并以20美元/磅的高价打破了咖啡商品豆拍卖价格纪录。

关于‘瑰夏’，人们仍持有很大的困惑，因为有很多不同基因型的当地咖啡被称作‘瑰夏’，这些不同的咖啡具有相同的地理起源：埃塞俄比亚。最近世界咖啡研究(World Coffee Research，WCR）通过遗传多样性研究，表明巴拿马‘瑰夏’虽然来源自‘T2722’，但不同于‘T2722’并具有一致性。该品种种植在高海拔地区会具有非常高的杯品质量，并有非常柔和的花香、茉莉花和桃子的香味。

4.5.11　‘德热 3 号’

1978 年，中国热带农业科学院从墨西哥引入，俞灏、王开玺等专家 20 世纪 80 年代初在海南进行品种比较试验和抗锈性鉴定，筛选出抗锈、高产种质 1 份，编号（定名）为‘卡杜拉 7 号’，80 年代末俞灏向云南潞江农场馈赠该种质进行试种。1995 年，云南省德宏热带农业科学研究所从潞江农场田间选择 1 株树型紧凑、抗锈的单株进行采种，1996 年定植到咖啡种质资源圃保存，1999 年采种，经 3 代连续观察，性状稳定遗传。2011—2016 年在葡萄牙咖啡锈病研究中心对该品种进行抗锈性测定，CIFC 专家推测该品种应为卡杜拉与 HDT 杂交后代。定名为‘德热 3 号’。2004—2009 年在云南省德宏热带农业科学研究所试验地进行品比试验，2009—2013 年在德宏、保山、普洱和西双版纳咖啡主产区 4 个不同生态区开展区域性试验，2009—2014 年在德宏、保山、普洱和西双版纳 4 个咖啡主产区进行生产性试验。

（1）生物学特性

成年树近圆柱形，未结果枝分枝角度 75°左右。一分枝为主要结果枝。初花期 2 月中旬，盛花期 3 月中旬至 5 月中旬，末花期 7 月上旬。果实成熟期 10 月下旬至翌年 2 月中下旬，生育期 180～220 d。定植后第二年少量结果，第三年进入盛产期。

（2）产量表现

生产性试验结果，投产后 4 地点 4 年平均单株鲜果产量为 2. 40 kg，平均亩产 799. 20 kg，平均单株咖啡豆产量 0. 48 kg，亩产咖啡豆 159. 22 kg；丰产期 4 地点平均株产鲜果 2. 73 kg，亩产 909. 09 kg，株产咖啡豆 0. 55 kg，亩产 181. 49 kg。

（3）品质鉴定

农业部农产品质量监督检验测试中心（昆明）检测结果：蛋白质 12. 8%、粗脂肪 7. 85%、总糖 8. 44%、粗纤维 29. 6%、水浸出物 35. 6%、灰分 3. 9%、咖啡因含量 1. 44%，质量指标均达到国家有关标准的要求。采用与 SCAA 形式近似的方法进行杯测，品种比较试验‘德热 3 号’杯测总分为 79 分，区域性试验‘德热 3 号’杯测总分为 78～79 分，生产性试验‘德热 3 号’杯测总分为 78～79 分。

（4）抗性表现

人工接种抗锈性鉴定结果：品种比较试验云南鉴定结果显示：‘德热 3 号’对来源于卡蒂姆 7963 的锈菌表现的抗性类型为抗病（R），对照品种‘卡蒂姆 7963’的抗性类型为感病（S）。CIFC 鉴定结果显示：‘德热 3 号’对Ⅱ号小种表现为抗病（R），对 XXIX 号小种表现为抗病（R），对混合菌表现为中抗（MR），对照品种‘卡蒂姆 7963’对Ⅱ号小种表现为抗病（R），对 XXIX 号小种表现为抗病（MR），对混合菌表现为中抗（S）。田间自然感病抗锈性鉴定结果：品种比较试验‘德热 3 号’发病率和病情指数均为 0，抗性类型为免疫（I），对照品种‘卡蒂姆 7963’2009 年发病率为 97. 50%，病情指数为 60. 63，抗性类型为中感（MS）；区域性试验‘德热 3 号’ 2011—2013 年，发病率和病情指数均为 0，抗锈性免疫（I），对照品种‘卡蒂姆 7963’2013 年发病程度较重，5 个区试点发病率均超过 90%，病情指数最高达到52.50，抗性类型为中感(MS)；生产性试验‘德热3号’2012—2014年，发病率和病情指数均为0，抗锈类型为免疫(I)，对照品种‘卡蒂姆7963’发病率均超过80%，平均病情指数为29.38~64.38，抗锈类型为中感(MS)。

4.5.12 ‘德热132’

1978年，中国热带农业科学院香料饮料研究所(香饮所)从墨西哥引入，编号MEXICO-9，1995年云南省德宏热带农业科学研究所自香饮所引入该种质，1996年定植到咖啡种植资源圃保存，1999年发现黄果皮变异单株，当年单株收种，经3代连续观察，无分离现象，性状能稳定遗传，定名为‘德热132’咖啡。2004—2009年在云南省德宏热带农业科学研究所试验地进行品比试验，2009—2013年在德宏、保山、普洱和西双版纳咖啡主产区4个不同生态区开展区域性试验，2009—2014年在德宏、保山、普洱和西双版纳4个咖啡主产区进行生产性试验，2012年2月，通过云南省林业厅园艺植物新品种注册登记，并命名为‘德热132’，登记号：云林园植新登第20120005号。

(1)生物学特性

成年树近圆柱形，未结果枝分枝角度近70°。一分枝为主要结果枝。初花期2月中旬，盛花期3月中旬至5月中旬，末花期7月上旬。果实成熟期10月上旬至翌年2月中下旬，生育期180~220 d。定植后第二年少量结果，第三年进入盛产期。

(2)产量表现

生产性试验结果，投产后4地点4年平均单株鲜果产量为2.22 kg，平均亩产739.26 kg，平均单株咖啡豆产量0.45 kg，亩产咖啡豆149.85 kg；丰产期4点平均株产鲜果2.64 kg，折合亩产879.12 kg，株产咖啡豆0.54 kg，折合亩产179.82 kg。

(3)品质鉴定

农业部农产品质量监督检验测试中心(昆明)检测结果：蛋白质13.6%、粗脂肪10.79%、总糖8.57%、粗纤维28.8%、水浸出物35.7%、灰分3.7%、咖啡因含量1.10%，质量指标均达到国家有关标准的要求。采用与SCAA形式近似的方法进行杯测，品种比较试验‘德热132’杯测总分为82分，区域性试验‘德热132’杯测总分为82.6分，生产性试验‘德热132’杯测总分为82.5分。

(4)抗性表现

人工接种抗锈性鉴定结果：品种比较试验‘德热132’平均病级为0.52，抗性类型为免疫(I)，对照品种‘卡蒂姆7963’平均病级为6.04，抗性类型为中感(MS)；区域性试验德热132平均病级为0.13~0.30，抗性类型为免疫(I)，对照品种‘卡蒂姆7963’平均病级为6.30~6.93，抗性类型为中感(MS)。田间自然感病抗锈性鉴定结果：品种比较试验‘德热132’发病率和病情指数均为0，抗性类型为免疫(I)，对照品种‘卡蒂姆7963’，2009年发病率为97.50%，病情指数为60.63，抗性类型为中感(MS)；‘德热132’，2011—2013年发病率和病情指数均为0，抗锈性免疫(I)，对照品种‘卡蒂姆7963’，2013年发病程度较重，5个区试点发病率均超过90%，病情指数最高达到52.50，抗性类型为中感(MS)；‘德热132’，2012—2014年发病率和病情指数均为0，抗锈类型为免疫(I)，对照品种‘卡蒂姆7963’发病率均超过80%，平均病情指数为29.38~64.38，抗锈类型为中感(MS)。

4.5.13 ‘德热 296’

从农业部瑞丽咖啡种质资源圃中保存的咖啡种质资源‘卡蒂姆 CIFC7963’(F_6)实生群体中，发现的叶色变异单株培育而成。亲本来源于在该所二队 1999 年定植的咖啡‘卡蒂姆 CIFC7963’(F_6)品种试验示范田，2002 年 11 月云南省德宏热带农业科学研究所研究人员李锦红在杨瑞清岗位(6 亩)发现 1 株紫叶突变单株。该突变体的特征是植株整株呈紫色，叶片大而厚，生长势强，产量高，浆果大而扁圆，此后又连续在同一地块发现 2 株。

采用系统选择法中的一次系统选择法，运用单株选择育种程序。把第一次发现的种子进行采摘、催芽，2003 年 3 月 25 日进行移袋，当年 9 月 2 日定植 6 株在瑞丽咖啡种质圃进行保存，2004 年 6 月 1 日定植 60 株在该所六号山杨瑞峰试验地，和其他 3 个品种组成一个小的品种比较区，同时在辉彩云岗位定植 20 株，2006 年 6 月 1 日年定植 18 株在种质圃龙眼试验地西区，2009 年和 2010 年定植 23 株作为种质保存的隔离株，这些植株均表现出和母本一样的性状，并且性状一致和稳定，2008 年在德国柏林和云南昆明对其进行杯品测试表现为中上级别的饮用质量。2010 年成为该所品种比较试验的参试品种，在瑞丽、芒市、保山、普洱、西双版纳等地共种植 600 多株。

植株中等矮生，树形圆锥形，3 年生植株的株高 112.2 cm±17.2 cm、茎粗 2.13 cm±0.15 cm、分枝对数 17±2 对、冠幅 100.2 cm±9.8 cm、最长一分枝长度 56.2 cm±7.2 cm，最长一分枝节数 15±4.5 节，叶子厚、顶芽的叶色呈褐红色，老叶呈铜绿色、在旱季和强光时易变卷曲，果实大而扁，成熟时为暗红色，播种至第一次种子成熟的生育期约 3 年，投产第一年平均单株鲜果产量为 1.91 kg，当含水量为 10.7%时，商品豆的千粒重为 187 g，具有目前已知咖啡品种中最大的豆，在大田种植可抗云南目前已知的所有锈病生理小种。

‘德热 296’与亲本云南省主推咖啡品种‘卡蒂姆 CIFC7963’(F_6)植株叶色比较，‘德热 296’的整株老叶呈铜绿色，‘卡蒂姆 CIFC7963’(F_6)的整株叶色呈绿色；‘德热 296’与云南主要栽培品种‘卡蒂姆 CIFC7963’(F_6)花色的比较，‘德热 296’的雌蕊和雄蕊呈紫色，花瓣淡紫色，‘卡蒂姆 CIFC7963’(F_6)的雄蕊、雌蕊和花瓣均呈白色。‘德热 296’与云南主要栽培品种‘卡蒂姆 CIFC7963’(F_6)植株顶芽嫩叶颜色对比，‘德热 296’植株顶芽嫩叶颜色呈褐红色；‘卡蒂姆 CIFC7963’(F_6)植株顶芽嫩叶颜色呈绿色。

‘德热 296’品种主要性状特性：植株中等矮生，灌木，树形圆锥形，3 年生植株的株高 112.2cm±17.2 cm、茎粗 2.13 cm±0.15 cm、分枝对数 17±2 对、冠幅 100.2 cm±9.8 cm、最长一分枝长度 56.2 cm±7.2 cm，最长一分枝节数 15±4.5 节，顶叶嫩叶呈褐红色，老叶呈铜绿色，在旱季和强光时易变卷曲，果实大而扁，成熟时为暗红色，播种至第一次种子成熟的生育期约 3 年，投产第一年平均单株鲜果产量为 1.91 kg，含水量为 10.7%时，商品豆的千粒重为 187 g，具有目前已知小粒种咖啡品种中最大的豆，在大田种植可抗云南目前已知的所有锈病生理小种。

4.5.14 ‘萨奇姆’

1957 年，葡萄牙 CIFC 收集到东帝汶‘HDT’的种子，从这一批上千粒种子中，只筛选出 2 株，并命名为‘CIFC HDT 832/1’、‘CIFC HDT 832/2’。这两株咖啡树，对当时所有已知的锈菌小种具有抗性。CIFC 科研人员利用这两株咖啡做了非常多杂交工作，希望能够将‘HDT’里面抗咖啡叶锈病的基因引入到常规易感染咖啡锈病的咖啡中。从‘H361’(维拉萨奇 CIFC 971/10 ×CIFC HDT 832/2)中筛选出 5 个单株，分别是‘H 361/1’、‘H 361/2’、‘H 361/3’、‘H 361/4’和‘H 361/5’，此为 A 组，并利用此 5 个单株进行进一步的选育研究。20 世纪 70 年代，这 5 个单株的种子被 CIFC 分发到许多国家进行进一步的研究。巴西，这 5 个单株的种子被送到维可萨联邦大学(Universida de Federal de Viçosa，UFV)和康平纳斯农业研究所(Instituto Agronómico de Campinas，IAC)，并对其进行了更深层次的选育研究工作。F_2 以及更高世代被命名为‘萨奇姆’(Sarchimor)。除此之外，IAPAR 和 MAPA/PROCAFÉ(前身为 IBC)以及其他中、南美洲种植咖啡的国家也对其进行了进一步的选育研究。在巴西，‘CIFC H361’所有后代及其衍生物统称为‘萨奇姆’(Pereira *et al.*，2005)。利用‘黄色卡杜拉’‘CIFC 1637/56’(CIFC H529)×‘CIFCH361/3’，所获后代进行回交，其后代命名为‘卡奇姆’。‘卡奇姆’被引入到 UFV 后被命名为 UFV351，并进一步筛选，筛选出‘UFV 351-30’以及‘UFV 351-33’，其 F_2 分别为‘UFV 1001’和‘UFV 1002’。更高世代的进一步研究在巴西米纳斯吉拉斯州开展，有可能会选育出新品种(Pereira *et al.*，2005)。

一些咖啡生产国通过对‘萨奇姆’低世代选育出一系列的品种，例如，巴西 IAC 选育的‘图皮’(‘Tupi’)、‘奥巴坦’(‘Obatã’)，巴西帕拉纳州农艺研究所(Instituto Agronômico do Paranά，IAPAR)选育的‘IAPAR 59’、‘IPR 97’、‘IPR 98’、‘IPR 104’、‘IPR 107’，洪都拉斯咖啡协会(IHCAFE)选育的‘IHCAFE-2004’，印度中央咖啡研究所(Central Coffee Research Institute，CCRI)选育的‘Chandragiri’，中美洲选育的‘萨奇姆 T5296’不同的后代品系，波多黎各选育的‘Limaní’。为避免在品种选育过程中，在研材料对咖啡叶锈病抗性的丧失，巴西 IAPAR 在‘萨奇姆’杂交试验中不断研究含有更抗咖啡叶锈病基因型的品种。

‘萨奇姆’类咖啡品种哥斯达黎加和印度广泛种植，由于亲本‘HDT’，该品种抗咖啡叶锈病、浆果病和天牛，其植株较矮，顶芽绿色或者古铜色，不同品系颜色不同。‘萨奇姆’生长势强，高产，适宜种植在中低海拔地区，具有较好的杯品质量。‘萨奇姆’类品种具有抗病性更强、品质更优的特点，其树冠比‘卡蒂姆’稍大，叶片宽阔，枝条下垂较好地覆盖整个主茎，阻碍天牛产卵危害，因此天牛发生率较低。

在‘萨奇姆’类咖啡新品种选育过程中会出现以下几个方面的问题：

①所有 CIFC H361 后代以及其他衍生品种、品系均使用‘萨奇姆’这个名字。

②在某一特定地域中，抗咖啡叶锈病小种的一株咖啡树、一个群体、一个品种，并没有什么有关遗传背景以及在其他地域中抗咖啡叶锈病的特征指示。

③CIFC 开展了关于‘CIFC H361’高世代的抗锈性筛选研究，结果显示，‘CIFC H361’高世代具有不同水平的抗咖啡叶锈病性。‘CIFC H361’所有后代群体，从非常低的抗锈病性到抗所有已知锈菌小种，相应的品系都有可能存在。一些抗南美洲锈菌小种的‘萨奇姆’品系/品种，对其他大洲的咖啡锈菌小种表现非抗性。

④*H. vastatrix* 侵染抗性品种时，表现出提高其侵染力的能力。

⑤育种学家对‘萨奇姆’类咖啡进行小心的选育及推广利用，以避免推广那些抗性范围较窄的品种。

⑥以提高抗性基因为目的进行选育时，‘萨奇姆’与其他基因型咖啡的杂交后代，未

经过抗锈性筛选鉴定的，不推荐使用，因为推广使用这些品种/品系时，会导致相反的效果。

‘萨奇姆’推广利用的品种：

巴西‘IAC2000’开始官方推广利用品种‘奥巴坦 IAC 1669-20’(Obatã IAC 1669-20)，该品种来自于‘H361/4’ 自交 F_2 与‘红果卡杜埃’的天然杂交后代。

‘奥巴坦黄色 IAC4739’(Obatã IAC4739)是‘奥巴坦 IAC1699-20’和‘黄果卡杜埃’天然杂交后代。

‘图皮 IAC1669-33’由 IAC 于 2000 年官方推广，该品种是 F_6 高世代品种(Fazuoli *et al.*，2006)。

1975 年，IAC 对‘75163-22’筛选，其 F_3 被引入到 IAPAR，并由 IAPAR 进行继续筛，选育出品种‘IAPAR-59’。后‘IPR 97’、‘IPR 104’、‘IPR 107’、‘IPR 108’、‘IPR 99’，并进行推广利用(Sera *et al.*，2002；2005)。巴西由 MAPA/PROCAFÉ(前身为 IBC)推广利用的‘阿卡亚’(‘Acauã’)、‘卡蒂波’(‘Katipó’)、‘西里玛’(‘Siriema’)品种，均为‘萨奇姆’类咖啡(Matiello and Carvalho，2005)。

1975 年，印度中央咖啡研究所收到来自于 CIFC 的‘CIFC H361’(F_2)，并保存于基因库中，通过选育研究，2007 年品种‘钱德拉吉里’(‘Chandragiri’)被推广利用。

波多黎各品种‘利马尼’(‘Limani’)，洪都拉斯 2004 年品种‘IHCAFE’同样是‘萨奇姆’类咖啡。

在巴西一些地区以及其他咖啡种植国家，许多咖啡品种均是‘萨奇姆’类咖啡。

4.6　主要栽培的中粒种咖啡品种及良种选育

中粒种咖啡为异花授粉植物，品种选育主要通过无性系选育和无性系杂交。世界上超过 80%的中粒种咖啡品种仍然是由传统的开放授粉选育的。这些品种显著的多样性已被咖啡育种家成功地用于无性系选择。

4.6.1　国外选育种

4.6.1.1　传统栽培种

大约 1900 年，印度尼西亚引进了来自不同起源地的中粒种咖啡。培育的 Robusta 品种(或 Laurentii)起源于刚果(金)的一个小种植园。该群体表现出较好的产量、较大的豆粒和良好的抗叶锈病能力。因此，它被选为印度尼西亚种植的主要品种。其他从非洲引进的中粒种咖啡有来自加蓬的‘Quillou’、来自中非不同地方的中粒种咖啡和来自乌干达的‘Ugandae’或‘Bukobensis’。在印度尼西亚，‘Quillou’(或‘Kouillou’)和‘Canefora’型比‘Robusta’更容易发生叶锈病，并且通常有青铜色的叶尖，而‘Robusta’只有绿色的叶尖。‘Ugandae’生长习性较开放，次生分枝少，节间短。

非洲栽培的未经选择的中粒种咖啡种群主要可分为‘Robusta’型和‘Kouillou’型，而一些地方品种也被应用于商业化种植，例如几内亚的‘Maclaudi’和‘Game’型、多哥和贝宁的‘Niaouli’型、中非共和国的‘Nana’型和乌干达的一些地方品种。地方品种与引进品种交叉的结果是，现在往往很难鉴别出不同的品种。然而，当地传统品种的一些特殊性状，如‘Game’品种的优质，以及‘Nana’品种的抗旱性和节间短，还是很容易辨别。

巴西1900年从非洲引进中粒种咖啡栽培种‘Conillon’，该品种在生长习性、豆子大小和对叶锈病的敏感性方面表现出相当大的多样性。

4.6.1.2 与二倍体物种的自然杂交种

当咖啡育种在爪哇岛开始时，荷兰农学家研究了几种自然种间杂种。在栽培上，一个由中粒种咖啡品种‘Ugandae’与*C. congensis*自发形成的二倍体杂种‘Congusta’或‘Conuga’获得了一定的成功。这些可育杂交种具有一些有趣的农艺性状，如活力和生产力、对砂质土壤的适应性、对暂时性水涝的耐受性，以及良好的豆子大小和杯品品质。它们吸引了印度尼西亚以外不同国家的咖啡种植者，因为它们有可能取代‘Robusta’咖啡。‘Congusta’杂交种在马达加斯加(杂交种HA、HB、H865等)和印度产生的无性系与中粒种咖啡同样高产。

4.6.2 我国选育种

我国中粒种咖啡选育种工作始于20世纪50年代。中国热带农业科学院香料饮料研究所通过大田实生树群体优选单株繁育成无性系，选育出中粒种咖啡‘6号’、‘24号’、‘24-1号’、‘24-2号’、‘24-10号’、‘24-11号’、‘26号’和‘27号’8高产个无性系，产量为2.03~3.5 t/hm^2，其中≥2.25 t/hm^2的无性系有7个，≥3.0 t/hm^2的有4个(‘26号’、‘24-2号’、‘6号’、‘24-1号’)，产量比生产上普遍栽培的实生树高4~5倍，达世界先进水平，其中‘热研1号’咖啡(原24-1号)和‘热研2号’咖啡(原6号)于2013年通过农业部热带作物品种审定委员会审定，‘热研3号’咖啡(原24-2号)和‘热研4号’咖啡(原26号)于2016年通过海南省农作物品种审定委员会认定，‘热研1号’和‘热研3号’咖啡列入原农业部“十三五”主导品种。

(李学俊、郭铁英、闫林)

思考题

1. 结合我国咖啡种植的特点，分析我国咖啡育种的目标。
2. 简要分析小粒种咖啡及中粒种咖啡的优劣。

推荐阅读书目

1. 咖啡栽培技术. 孙燕. 中国农业出版社，2017.
2. 咖啡种质资源的收集 保存 鉴定评价及创新利用. 周华，郭铁英. 云南大学出版社，2018.
3. 咖啡研究六十年 1952—2016年. 黄家雄，罗心平. 科学出版社，2018.

第5章　咖啡树的繁殖

【本章提要】

咖啡树的繁殖是咖啡栽培的基础。本章从咖啡品种的选择、咖啡树的有性繁殖及无性繁殖三个方面，系统地介绍了咖啡树良种繁育的方法技术，分析了品种与环境的关系，并针对不同的目标有选择地进行咖啡树的良种繁殖。

咖啡属热带长周期经济作物，经济寿命可达30年，种植咖啡获得一两年的高产量并不难。但咖啡是一个投入相对较大的作物，非生产期3年，还要应对市场价格起伏的风险，因此只有选择适合的种植咖啡品种，提高生产力，实现持续的产能，才能增加经济效益。不同种类的咖啡对环境条件的要求不一样，根据种植地选择适合良种进行咖啡栽培是咖啡种植成功的先决条件。咖啡品种在其形态、产量、抗性、品质等表现出显著差异性，根据不同的生态适宜区及市场需求选择优良品种进行栽培，是降低咖啡树病虫害，提高咖啡产量和品质的主要途径。咖啡树的繁殖方法主要有两种，即有性繁殖和无性繁殖。有性繁殖即采用种子繁殖，无性繁殖的方法又有嫁接、扦插及组织培养(快速繁殖，体细胞胚胎发生)等方法。小粒种咖啡为四倍体，是自花授粉植物，其遗传性状相对稳定，种子繁殖也能在一定程度上保持母本的优良特性，小粒种咖啡繁殖以种子繁殖为主。中粒种咖啡为异花授粉植物，种子繁殖后代变异性大，应采用无性繁殖。

5.1　咖啡树品种的选用

不同的咖啡树品种在其形态、产量、抗性、品质等表现出显著差异性，根据不同的生态适宜区及市场需求选择优良品种进行栽培，其品种选择应充分考虑种植地的环境条件、管理水平、市场销售等多方面因素。

5.1.1　咖啡树品种的选用

5.1.1.1　小粒种咖啡品种的选用

原产于埃塞俄比亚，株形矮(4~6 m)，叶小，较耐寒和耐旱，气味香醇，品质较好，但易感咖啡叶锈病，易受天牛危害。适宜在高海拔、气候温凉地段栽培。

5.1.1.2　中粒种咖啡品种的选用

中粒种种植面积仅次于小粒种，原产于刚果(金)热带雨林地区，适宜在低海拔(<900 m)、水热条件好的地方栽培。目前世界上栽培中粒种有30多个国家及地区，但主

要集中于亚洲的越南、印度尼西亚、印度、菲律宾、泰国、老挝，非洲的乌干达、科特迪瓦、喀麦隆、马达加斯加、刚果(布)。此外，多哥、几内亚、中非、塞拉利昂、尼日利亚、安哥拉、加纳、斯里兰卡等国都有种植分布。

5.1.1.3 大粒种咖啡品种的选用

大粒种咖啡，原产于非洲西海岸利比里亚的低海拔森林内，适宜在低纬度低海拔热带地区栽培。大粒种的栽培面积较小，在马来西亚有少量生产性种植。其他几个种主要作为种质资源保存和育种材料，没有规模化种植。

5.1.2 抗锈病优质咖啡种群的选用

5.1.2.1 抗锈病咖啡品种能有效提高生产力

国内种植小粒种咖啡已经历了1个多世纪。最早于1902年在云南大理州宾川县朱古拉村和1908年在瑞丽市弄贤山种植的咖啡都是非抗锈的波邦、铁皮卡类品种，后者的后代于1953年引种到保山潞江坝及国内其他适宜种植咖啡的地方，成为20世纪50~70年代末国内咖啡主要栽培品种，但由于锈病问题，最后该品种只在保山低海拔的潞江坝干热区保留种植。20世纪八九十年代，云南省德宏热带农业科学研究所选育推广的'S288'和'卡蒂姆CIFC7963'抗锈高产优质新品种，克服了锈病制约咖啡生产发展的困难，在国内种植分别达到0.67×10^4 hm^2和6.7×10^4 hm^2。同时，在云南的雀巢(中国)公司普洱农艺部也引进了一些抗锈品种'P1'、'P2'、'P3'、'P4'、'T8667'和'T5175'等在普洱市试种推广，促进了普洱咖啡生产的发展。正如越南，推广种植抗性强、高产的中粒种咖啡成就了其今天世界第二大咖啡生产国，而我国推广种植抗锈高产的'卡蒂姆'也使咖啡生产成为了云南的高原特色大农业。

5.1.2.2 感锈病咖啡品种种植的风险

锈病流行使中美洲咖啡生产严重受挫。由于全球气候变化，世界主要咖啡生产国传统种植的非抗锈品种如波邦、铁皮卡、'卡杜拉'、'卡杜埃'等纯小粒种咖啡品种，由于多在高海拔地区种植，锈病较轻，但随着气温升高开始不断出现锈病大流行，严重影响了这些国家的咖啡生产。2008—2011年由于锈病流行，哥伦比亚咖啡减产，每年减少出口3×10^4 t；2013年中美洲咖啡锈病大流行引发了各咖啡生产国经济和政治震荡，包括墨西哥的中美洲地区咖啡生产诸国咖啡生产受到巨大打击，其中危地马拉咖啡受害面积约70%，洪都拉斯为32.8%，尼加拉瓜为32%，秘鲁咖啡产量同比下降30%，中美洲平均产量损失15%以上，大约44万人因此失业。危地马拉、萨尔瓦多、洪都拉斯、哥斯达黎和巴拿马等国先后宣布全国进入紧急状态。而这些国家都是世界生产优质或精品咖啡的产区，长期以来高海拔区域种植的咖啡树不属咖啡锈病的影响范围，而现在，短短的几年锈病就重创了中美洲高海拔咖啡生产，许多农户失去了他们的咖啡园，咖啡商买不到所需质量的咖啡。因此，这些国家开始认识到种植抗锈新品种的重要性，开始积极培育和推广持久抗锈的新品种来帮助咖啡种植者控制咖啡锈病，以稳定本国的咖啡生产及其在世界上的地位。

国内种植非抗锈咖啡存在锈病流行风险。目前为了发展精品咖啡，国内许多咖啡种植者在积极种植不抗锈咖啡品种，如波邦、铁皮卡、'卡杜拉'、'维拉萨奇'、'卡杜埃'等，希望显著提高云南咖啡的杯品质量。几年过去，非抗锈品种越种越多，有的已经投产。调查发现，投产前咖啡树势尚好，但由于锈病落叶，开花结果两年后多数植株表现衰退：生长瘦弱，枯枝严重，产量下降。而同类环境种植的‘卡蒂姆’，植株树势强，丰产稳产性高，经济效益更显著。

过去国内种植铁皮卡和波邦类品种，正是因为其在湿热地区锈病发生较重，尽管有较好的质量，但适应性差，后期仅局限在保山潞江坝低海拔干热河谷区有生产种植。早在1936年，海南就引进了许多非抗锈的小粒种咖啡，如马拉哥吉普（*Coffea arabica* var. *maragogype*）、科伦姆纳累斯（*Coffea arabica* var. *columnaris*）、圣雷蒙（*Coffea arabica* var. *san ramon*），但没能保存下来，至今这些品种也未重新引进。实际上，在20世纪七八十年代，中国热带农业科学院曾引进‘卡杜拉’、‘卡杜埃’、‘蒙多诺沃’等杯品质量好的咖啡在海南和云南试种，但因在低海拔区域锈病重，适应性差，而未推广。

5.1.2.3 主栽的咖啡品种逐渐丧失抗性

由于咖啡锈病主要在亚洲、非洲发生和流行，因此抗锈品种在印度和中国应用特别广，生产效益也显著。自20世纪80年代后期以来，云南省咖啡商业栽培的主要是‘S288’、‘卡蒂姆CIFC7963’和‘卡蒂姆’类P系列、T系列的抗锈品种，但经过10~20年的生产种植，新的病原菌生理小种的出现使这些品种抗锈性逐渐散失。通过对云南咖啡不同品种大田抗锈病调查及锈病鉴定研究，已探明使云南主栽品种‘卡蒂姆CIC7963’致病的生理小种为XXXII（v 5，7或v 5，7，9）、XXXIV（v 2，5，7或v 2，5，7，9）和XLII（v2，5，7，8 or v2，5，7，8，9）等新小种。2004年以来由于新小种的出现，在普洱市咖啡示范场、怒江州六库、德宏州遮放农场种植的‘卡蒂姆CIFC7963’发生锈病，发病率高达19.7%~37.9%。近期调查看到，锈病扩散的速度在不断增加，特别是在结果多的高产年份，锈病更重，严重影响咖啡生产的经营效益。

在咖啡园中看到，丧失抗锈性的‘卡蒂姆’品种，由于落叶削弱了植株树势，对气候造成的干旱、寒害的抵御力变弱，落叶后茎干暴露，诱发天牛危害，导致植株早衰。如云南2013/2014年度咖啡产量在投产面积增加的情况下还出现减产，2014/2015年暴发咖啡灭字脊虎天牛危害。‘卡蒂姆’咖啡产量高，一旦锈病侵染必然导致植株衰弱，喷药防治效果并不明显，而且还加大生产成本；频繁使用化学农药对咖啡品质和环境造成负面影响，不利于推广综合效益高的4C、CP等咖啡生产规范。

5.1.2.4 抗锈病咖啡品种的使用

咖啡抗锈品种的使用并非是一劳永逸的，也会因病原菌新小种的出现而丧失抗锈性。今后新品种的推广要严控引种渠道，因为病原菌变异主要与基因突变有关，要抑制生理小种破坏咖啡品种抗锈性的超强能力：一方面要选育同时带有多个*SH*基因的持续抗性栽培种；另一方面要谨慎注意因自然授粉使新品种后代种子出现感病植株的分离，因为小粒种咖啡有9%~12%的自然授粉率，种子繁殖会出现感锈后代。目前世界各咖啡生产国种植的‘卡蒂姆’咖啡，因出现新的锈菌生理小种而不同程度发生锈病，而这些使其丧失抗锈性的生理小种对我们选育改良了品质的‘萨奇姆’新品种和其他抗锈新品种的推广应用也是一个潜在的威胁。因此，今后咖啡抗锈新品种的管理应着力推行凡是生产上使用的种子必须经过咖啡研究机构认证或向其索取，而不能随意地从私人苗圃或种植园引种。如果种子来自私人苗圃、种植园，就无法确保咖啡品种抗锈病的持久性。种植者应该到农业农村部项目支持的咖啡良种繁育基地或由权威部门如云南咖啡协会、咖啡精品学会等指定的科研机构和生产单位购买咖啡种子、种苗，才能避免品种混杂或遗传分化过早丧失抗锈性，缩短抗锈品种的经济寿命。要建立新品种良种园，严控因小粒种咖啡后代抗锈性分离不纯的情况发生；同时，建立新品种示范区和咖啡良种园，做好种植示范，有计划地向各咖啡主产区提供良种，满足市场需求。

5.1.3 优质特色咖啡种质资源的使用

5.1.3.1 优质特色咖啡种群的选用

在气候适宜，水分条件好，管理水平高的地方，可以考虑选择优质特色咖啡种群进行种植，可以丰富我国咖啡产品，提升咖啡品牌的竞争力。

5.1.3.2 铁皮卡种群的选用

铁皮卡种群树体较弱，抗病力差易染叶锈病，其产量低，栽培难度大，所以价格相比普通小粒咖啡要高出很多。铁皮卡的豆粒较大，成尖椭圆形或瘦尖状，风味独特，特别是在香气和醇厚度上表现极佳。在多年的驯化栽培中，演变出一系列种群。例如，①‘马拉哥吉普’(‘Maragogype’)，豆粒是一般咖啡的3倍。②‘科纳’(‘Kona’)，种植于美国夏威夷科纳产区种植的铁皮卡，风味为干净的酸香与甜感。③‘蓝山’(‘Blue Mountain’)，抗浆果病强，品质优越。④‘瑰夏’(‘Geisha’)，在巴拿马表现出卓越的咖啡品质，具有独特的花香、柑橘气息，是高品质咖啡的代表。

5.1.3.3 波邦种群

波邦品种起源于圣海伦娜岛(波邦岛)，顶端嫩叶为绿色，俗称“绿顶波邦”或“圆身波邦”。波邦品种产量略高于铁皮卡，树体较弱，抗病力差易染叶锈病，豆粒较铁皮卡小而圆。波邦种群在多年的驯化栽培中，演变出一系列种群。例如，①‘K7’(‘French Mission’)，适宜低海拔干旱区域种植，品质好。②‘卡杜拉’，绿顶、叶片蜡质明显、节间短、果实成串，产量高，抗病力优于波邦。③‘薇拉洛柏’(‘Villa Lobos’)，果实耐强风，适应贫瘠土壤，产量好，果酸温和，焦糖香气凸显。④‘薇拉莎奇’(‘Villa Sarchi’)，适宜高海拔种植，杯品似波邦，焦糖明显、果酸有劲，产量不高。⑤‘尖身波邦’(‘Bourbon Pointu’)，生势弱，不抗病，咖啡因含量为小粒种的一半，带有荔枝和柑橘味。

5.1.3.4 其他特色咖啡种群

(1)黄果咖啡

果实金黄或橘黄色。例如，‘黄果波邦’(‘Yellow Bourbon’或‘Bourbon Amarelo’)。在巴西，‘黄果波邦’的产量高于‘红果波邦’40%，酸甜味优于‘红果波邦’，是精品豆的代名词。还有‘黄果卡杜埃’、‘黄果卡杜拉’、‘黄果卡蒂姆’，果皮的因素与品质及产量的相关性还有待进一步研究。

(2)紫叶咖啡

如‘德热296’、‘德热136’及一些变异单株，老叶呈铜绿色、在旱季和强光时易变卷曲，雌蕊和雄蕊呈紫色，花瓣淡紫色，果实大而扁，成熟时为暗红色，与其他咖啡品种在形态上有较大的差异性，也可作为特种咖啡进行种植。

5.2　咖啡树有性繁殖

5.2.1　咖啡树有性繁殖的原理和特点

5.2.1.1　咖啡树有性繁殖的原理

咖啡树有性繁殖即种子繁殖。小粒种咖啡为自花授粉植物，其遗传性状相对稳定，种子繁殖也能在一定程度上保持母本的优良特性。

5.2.1.2　咖啡树有性繁殖的特点

(1)优点

种子繁殖操作简便，能短时间繁殖大量咖啡苗木；咖啡种子体积小，便于运输、贮藏；种子繁殖后代适应性强，根系发达，经济寿命长，不容易早衰。

(2)缺点

小粒种咖啡种子发芽时间较长，一般从播种到出土需要 30~100 d；小粒种咖啡虽为自花植物，但如果品种园母本不纯，也有一定的自然杂交率，后代会出现一定的变异率。

5.2.1.3　咖啡种子贮藏时间与发芽率的关系

制作好的咖啡种子即播种，种子发芽率可达到 98%，同时发芽时间提前。将种子阴干至含水量 13%左右即可贮藏，但咖啡种子贮藏不宜过长，否则发芽率下降明显。研究表明：保存 1~3 个月的发芽率均可达 100%，出苗整齐，差异不显著；保存 4~7 个月的发芽率大幅度下降，最高的仅达 29%，最低的(7 个月)只有 3%。可见以 3 个月内的种子发芽率最高，3 个月后发芽率大大降低，在生产上已无使用价值(咖啡种子贮藏时间与发芽率详见表 5-1)。

表 5-1　咖啡种子贮藏时间与发芽率

贮藏时间(月)	播种粒数(粒)	出苗数(株)	出芽率(%)
1	100	100	100
2	100	100	100
3	100	100	100
4	100	19	19
5	100	24	24
6	100	29	29
7	100	3	3

5.2.1.4　影响种子发芽的环境因素

影响种子发芽的环境因素包括：水分、气温、空气和光照。咖啡种子的萌发需要充足的水分、适宜的气温和良好的通气状况。

(1)水分

催芽床水分的供应对出苗的速度有较大影响，但水分供应不足咖啡种子的发芽将受到限制，当咖啡种子播种较浅或者露出沙床，则种子难以萌发。保持均匀的水分供应是必须的，要做到经常和连续浇水、表面覆草盖膜。

(2)气温

咖啡发芽要求最低不低于 18 ℃，最高不超过 35 ℃，最适宜咖啡种子萌发的气温为 25~28 ℃。气温过低咖啡种子萌发时间变长甚至不萌发，气温超过 35 ℃容易致使发芽点死亡。

(3)空气

咖啡种子萌发需要良好的通气状况。在沙床催芽的情况下，保持良好通气状况可使咖啡种子萌发整齐，提高发芽率。

(4)光照

咖啡种子对光照感应敏感，它靠近土壤表面发芽、很快穿出土壤并展叶，进行光合作用，它不具备从深层土壤中伸长出的能力。萌芽初期不需要光照，当上胚轴伸长时则需要一定的光照(10%~30%光照)，如果咖啡种子播种过深，难以出土，即使胚轴伸长，子叶也不展开，形成黄化苗。

5.2.2 咖啡树种子的备制

5.2.2.1 制种流程

选种→采果→脱皮→脱胶→清洗→干燥→除杂(图 5-1)。

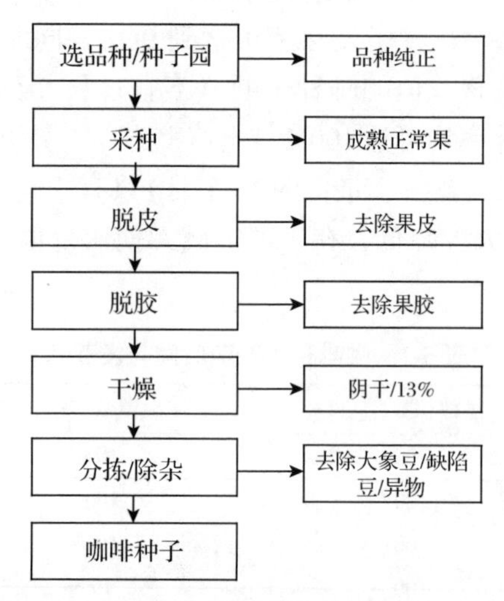

图 5-1 咖啡制种工作流程图

5.2.2.2 制种的方法

(1)选种

①选良种　选择抗病、丰产、质优的咖啡品种进行制种。咖啡锈病是世界小粒种咖啡生产国的主要病害，是否抗锈是选择咖啡品种的重要指标。

②选优良母树　在咖啡品种园内选择优良母树进行采种，优良母树的标准是：结果树龄 3 年以上，高产稳产，株型好，无病虫害，抗性强的单株。选种时必须选择完全成熟，果型正常，充实饱满，大小基本一致，具有两粒种子的果实。

(2)采果

以成熟中期的果实为宜，头批果和扫尾果不宜用于制种；选择正常成熟的红色果为制种果实，未成熟果、过熟果和干果不宜用于制种；要求果实大小正常，过大和过小的果实不宜制种。不同咖啡品种的鲜干比不同，种子的千粒重也有差异，小粒种咖啡种子每 1 kg 有种子 4000 粒左右，可出有效苗木 2500~3500 株，10 kg 鲜果可种植 1 hm^2 左右。

(3)脱皮

种果要求当天采摘当天脱皮，不能当天脱皮的将种果放在清水池中保鲜；采用咖啡鲜果脱皮机脱皮，脱皮前根据果实大小调整脱皮齿轮间距，以减少机损豆。少量的也可人工将果皮脱去。

(4)脱胶

采用自然发酵脱胶(少量可用草木灰和砂子混合种豆摩擦脱去果胶)，不能采用机械脱胶(容易使胚芽受损)或化学脱胶；一般在气温 20 ℃时发酵 24 h 即可，以种子不黏滑有粗糙感，干燥后豆壳颜色洁白为宜。

(5)清洗

在清洗池内反复清洗，至少换 3 次水，以排除的水不浑浊为标准；清洗时利用水的浮力进行浮选，清除漂浮在上层的不饱满咖啡豆。

(6)干燥

种豆要求在通风干燥的室内或阴凉处进行干燥，不能在太阳下暴晒，当种子含水量达 12%~20%即可，随即播种的种豆表面水分晾干即可播种。

(7)除杂

种豆干燥后要进行除杂，要求清除果皮、大象豆、破损豆、黑豆及杂物，要求正常种子合格率达 98%以上。

大象豆是一粒咖啡种子含有两个以上大小不等的胚，属非正常种子。圆豆是咖啡豆的形状呈椭圆形，一个咖啡鲜果里只有一粒咖啡豆，对咖啡苗的发育无影响，是正常种子。

5.2.2.3　种子贮藏

种子应随采随播，需短时贮藏的应将种子干燥至含水量在 13%左右，可用通透性好的竹箩、麻袋等进行盛装，放在通风干燥阴凉的仓库贮藏，贮藏仓库和运输车辆不能混有化肥、农药等杂物。

咖啡种子贮藏时间不宜超过 3 个月。制作好的咖啡种子即播种，种子发芽率可达到 98%，同时发芽时间提前。将种子阴干至含水量 13%左右即可贮藏，但咖啡种子贮藏不宜过长，否则发芽率下降明显。

5.2.3　咖啡播种催芽

5.2.3.1　咖啡播种催芽的工作流程

催芽苗圃准备→种子处理→播种→镇压→盖沙→盖草→盖膜→搭建拱棚→搭阴棚→移苗(图 5-2)。

5.2.3.2　咖啡播种催芽技术要点

(1)催芽苗圃准备

催芽场地的选择。选择交通便利、水源充足、能排能灌、地势开阔、背风向阳平坦的地块建立催芽床。应考虑就近育苗地。

催芽苗床的准备。催芽床平地为南北走向，沙床面宽 1.2 m，床高 10~15 cm，长度

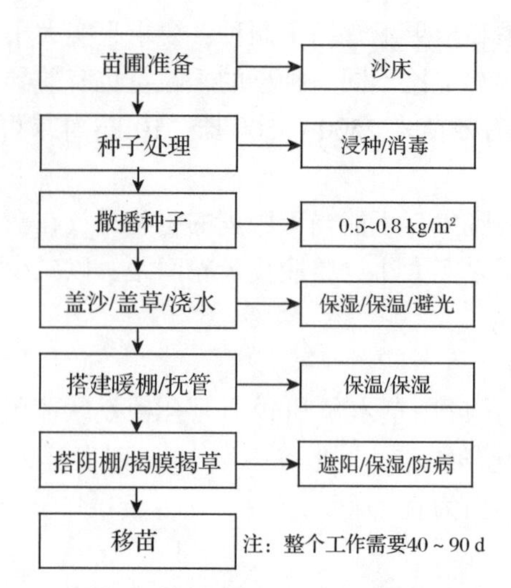

图 5-2　咖啡播种催芽工作流程图

10 m，沙床间距 50 cm，面积视播种量而定。催芽床的沙取自江(河)的洁净中粗砂，砂里不能有杂物和大块石砾等，以免造成弯根。使用中粗砂，透气性好且催芽床表层不会起壳。将砂均匀地摊放在已做好的沙床上，铺实并平整。

(2)种子处理

播种前用清水或始温 40~45 ℃温水或者 1%硫酸铜液浸种 24 h。浸种时可加溶液浓度为 0. 3%的硼砂。并对沙床用 1%硫酸铜进行喷洒消毒。

(3)播种

将经处理的种子均匀地播撒在沙床上，以种子不重叠为原则；每平方米沙床播种 0. 5~0. 7 kg 种子为宜。咖啡播种密度为 0. 5~0. 7 kg/m^2，催芽床的面积应按照播种量的多少来准备，播种不宜过稀或过密，过密病害容易传播。当年育苗当年定植，播种时间应在 12 月至翌年 1 月，宜早不宜晚；培养隔年苗的，播种时间可推迟至 3 月前后。

(4)镇压

种子撒好后，用木板将种子压入沙中，并保持沙床水平的平整状态。

(5)盖沙

种子播好后，将河沙盖在种子上，厚度 1 ~ 2 cm，要求沙面平整均匀，不宜过厚或过薄。

(6)盖草

盖好沙后，用稻草或茅草将沙床进行覆盖，厚度 3~5 cm，以不见沙床为宜。

(7)盖膜

冬春季节播种的，盖草后，盖膜保温保湿。沙床盖草后，用水将沙床浇透，要求水分渗透深度达 15 cm 以上；浇水时要求用带有喷头的水管或喷壶进行浇水，确保浇水均匀和不把种子冲出露出沙床。

(8)搭建拱棚

冬春季播种时沙床浇足水后，随即搭建拱棚；用长约 2. 5 m，宽 2 cm 的竹片作拱棚支架，两头削尖后将其插入沙床两边，深度约 15 cm，形成高约 80 cm 的半圆弧形，每间隔1.5 m安装一个拱棚支架；支架安装好后用白色透明塑料薄膜覆盖，四周用土封严密。

(9)搭阴棚

咖啡种子播种后20 d左右即开始萌发露出根点，40~60 d开始出土，当有10%幼苗出土即可搭遮阳网，要求搭高1.8~2.0 m、荫蔽度为80%的阴棚。阴棚搭建好后，即开始揭膜揭草。揭膜揭草时要仔细操作，以免损伤幼苗。

(10)移苗

当幼苗子叶展开并稳定后，在第一对真叶长出之前即出圃，移入营养袋进行育苗。

5.2.3.3　催芽苗圃管理技术

(1)浇水

盖膜后每3 d浇水一次，具体次数和间隔时间视沙床湿度而定，同时做好除草、防鼠、防火等工作和催芽沙床苗圃维护工作。

(2)防治病虫害

咖啡苗期的主要病害为立枯病，防治策略见第8章。

5.2.4　咖啡养营袋育苗

5.2.4.1　咖啡养营袋育苗工作流程

苗圃准备→营养土配制→营养土装袋→搭阴棚→营养袋苗床浇水→取苗及保鲜→插苗上袋→浇定根水→苗圃地管理→苗木出圃及运输。

5.2.4.2　咖啡养营袋育苗技术要点

(1)苗圃准备

苗圃地的选择。选择交通便利、水源充足、能排能灌、地势开阔、背风向阳平坦的地块做苗圃地。此外，应考虑有丰富的腐殖土和就近种植地等方面因素。

苗圃地备耕。地块选择好后，要进行土地整理，将地块上的杂草、树根和石头等杂物清出干净，并平整土地，使地块呈水平状态；如为缓坡地则须开成水平台地，台面要求宽2 m(可视地形而定)。地块要深翻15 cm，耙细后按照宽1.2 m，长10 m，间距40~50 cm规划出苗床。

营养袋准备。当年育苗当年定植，采用15 cm×20 cm塑料袋；预留补换植苗木，可采用25 cm×30 cm的塑料袋。

(2)营养土配制

营养土采用疏松表土、腐熟有机肥、磷肥，按70∶28∶2的比例配制，营养土要混合均匀。表土以壤土为宜，不宜选用黏土和砂土；表土原则上就地取材，如苗圃无符合要求的表土时则从别处调运；表土要求细碎，用孔径1 cm铁网筛筛土，粗土可留作围苗床之用。

(3)营养土装袋

装袋时按宽1.2 m，长10 m，间距40~50 cm的规格拉线划出方框再行装袋。装袋工具可用直径10 cm的竹筒、PVC塑料管锯成长30 cm，另一头锯成30°的斜口制成；营养袋的营养土要装满，松紧度适中，并且要摆正，处于直立状态，切忌倾斜；每排之间的营养袋要扣缝排列，尽量减少缝隙，营养袋排列要整齐。

(4)搭阴棚

棚高1.8~2.0 m，棚顶采用遮阳网，遮阳网遮阴度要求达80%，可分区或整个苗圃连片搭成。

(5)营养袋苗床浇水

在插苗之前2~3 d必须保证营养袋土壤潮湿，如果土壤湿度不足时，在插苗前一天要将营养袋苗床浇透水。

(6)取苗及保鲜

当幼苗子叶种壳脱落至子叶平展即可移苗。将沙床淋透水后再行起苗，取苗时要用拇指和食指轻轻地捏住幼苗茎干基部向上拔起幼苗，并将幼苗放在水深5 cm的塑料盆等容器内保鲜并进行插苗；远距离运输幼苗时需要将幼苗放在泡沫箱进行保鲜和运输，幼苗要求当天送达，时间越短越好。

(7)插苗上袋

插苗工具为长30 cm，直径约2 cm削尖的小木棍或竹片制成，首先将木棍插入营养袋中心，形成深约7 cm，口径约2 cm的锥形插苗孔，将幼苗根部放入插苗孔中，根部入土深度离根颈处1 cm，然后用木棍将根部营养土挤实；主根长度为5 cm左右，过长易形成弯根，过短则不利幼苗的恢复生长。苗木移栽应在阴天和晴天的早、晚进行，晴天中午不宜进行移栽，容易造成苗木失水死亡。

(8)浇定根水

幼苗插好后，要浇足定根水，用水管浇水时压力不能过大，否则会将营养土冲出来，造成幼苗根部裸露。

5.2.4.3 苗圃管理

(1)补苗

苗移栽后15 d内及时补齐缺株，要求达到苗全、苗齐。

(2)淋水

移后一周每天浇水一次或以保持土壤湿润为宜，此后每3 d浇水一次(具体视旱情而定)。浇水时间宜在上午11：00前和下午4：00后进行；浇水方式以自动或半自动喷灌为佳，采用人工浇灌费工费时难操作。

(3)除草

及时拔除苗床的杂草，保持苗床干净整洁，不能用除草剂除草。

(4)施肥

苗木移栽一个月，应对咖啡苗木进行追肥，施入稀薄沼气水或者叶面肥。幼苗长出1对真叶后施水肥，用1：5腐熟人粪尿兑清水或绿肥沤成的肥水，或浓度1%的尿素水溶液喷施。以后每个月追肥一次。出圃前施3~5 g/株复合肥，并打一次药。

(5)防治病虫

在生长期的病害主要有细菌性叶斑病，秋冬季节主要有炭疽病、褐斑病等，可用广谱杀菌剂进行喷雾防治；害虫主要有绿蚧等，此外要做防鼠等工作。

5.2.4.4 苗木出圃及运输

(1)炼苗

在苗木出圃前1个月逐步调整遮阴度，由80%逐步下调为30%，这样可防治发生日灼病，提高成活率。咖啡苗木出圃的标准：当年苗：株高 12 cm 以上，4~5 对真叶，茎基部已木质化；隔年苗：株高 15~30 cm，6~8 对真叶，无分枝的苗木为宜。

(2)运输

从苗圃到定植地都有一段距离，因此须要小心搬运以减少苗木损伤和浪费。就地育苗就地定植，当天取当天定植完；远距离运苗和装卸苗木要小心，尽量减少损伤，苗木运到后要及时种植，如要摆放一段时间则苗木要摆放整齐放竖直，并适当搭荫蔽物和适量喷水。

5.2.4.5 咖啡种苗的质量标准

(1)种子苗

品种纯正，苗木健壮，叶色正常，无病虫危害，无明显机械性损伤。出圃时营养袋完好，营养土柱完整不松散。无检疫性病虫害。

(2)种子苗质量

咖啡种子苗分为当年苗、隔年苗两个种类，各种类的种苗应符合表 5-2 规定。

表 5-2 咖啡种子苗质量分级指标

项　目	当年苗(苗龄 6~8 个月)	隔年苗(苗龄 10~12 个月)
品种纯度(%)	95	95
种苗高度(cm)	≥15	15~30
茎粗(cm)	≥0.3	≥0.5
叶片数(对)	≥5	≥6
分枝数(对)	无	≤2
弯根苗(%)	≤10	≤15
根系	主根直生，不弯曲，不卷曲；侧根根系发达，均匀、舒展，且布满根毛；无病虫害，不烂根	

5.2.5 常见咖啡苗木术语

(1)当年苗

当年苗指咖啡种子从播种到出圃，苗木培育时间不超过 1 年，一般当年苗的苗木培育时间为 6~8 个月。

(2)隔年苗

隔年苗指咖啡种子从播种到出圃，苗木培育时间超过 1 年，苗木培育时间 12 个月以上。

(3)高脚苗

高脚苗指苗木在苗圃时间较长，苗木瘦高，分枝部位较高，达 30 cm 以上的苗木。高脚苗不耐强光，生长弱。

(4)弯根苗

弯根苗是主根弯曲、卷曲的苗木，弯曲度(主根弯曲程度或偏离垂直方向的倾斜度)超过 90°的苗。弯根苗咖啡树的主根发育不良，根系浅，在干旱地方定植后冬春季节容易死亡，地上部分发育不良，产量低，投产后容易枯死。

(5)老头苗

幼苗的主干或分枝树皮呈灰褐或灰白色，定植后咖啡树生长慢，树势弱。造成老化苗的原因：苗木缺水缺肥、遭受病虫害、荫蔽度不足、光照太强等原因也会产生老头苗或老化苗或僵苗。

5.3 咖啡树无性繁殖

咖啡树无性繁殖的方法主要有嫁接、扦插及组织培养(快速繁殖，体细胞胚胎发生)等方法。无性繁殖的方法可用在小粒种咖啡杂交 F_1 代的繁殖或者中粒种咖啡的繁殖。

5.3.1 无性繁殖的特点

5.3.1.1 咖啡树无性繁殖的原理

咖啡树无性繁殖也称营养繁殖，是利用咖啡营养器官的再生能力，培育成独立的植株。优点是：可以保持母本的优良特性，后代无变异；咖啡扦插苗分枝位低，便于管理。缺点是：扦插和嫁接只能用主干下芽萌发的直生枝或主干做插条或接穗，分枝虽能扦插成活但不能形成直立的主干和树型，产量低无价值，咖啡直生枝量不大，生产上难以在短时间内繁殖大量苗木；扦插苗因无较强壮的主根，管理不善容易早衰。

5.3.1.2 咖啡树无性繁殖的方法

主要有嫁接、扦插及组织培养(快速繁殖，体细胞胚胎发生)等方法。

(1)扦插及嫁接

扦插和嫁接繁殖技术常在中粒种咖啡生产中应用，小粒种咖啡基本采用种子繁殖，在保云南山潞江坝一带也少数农户用嫁接技术对品种进行改良。嫁接方法可用芽接和劈接两种。

(2)组织培养(快速繁殖，体细胞胚胎发生)

咖啡组织培养(快速繁殖，体细胞胚胎发生)在国内尚未利用，在国际上一些咖啡研究机构已经比较成熟，并在生产上得到利用。

5.3.2 扦插繁殖

5.3.2.1 咖啡树扦插繁殖流程

插条的增殖→插床的准备→扦插材料的准备→扦插→插床的管理→生根插条的移植。

5.3.2.2 咖啡树扦插繁殖技术要点

(1)插条的增殖

咖啡扦插材料用直生枝，不能用一分枝，因为一分枝扦插后长成的新枝只能匍匐生长，不能长成直生的咖啡树。扦插的时间一般在4~10月容易成活。

增殖苗圃的建立。咖啡无性繁殖需要大量的直生枝和芽片作为提供扦插和芽接用的材料，为了加快繁殖速度，都建立增殖苗圃。增殖苗圃应适当密植，株行距为1 m×1 m，种植密度为666株/亩，按不同的无性系分行种植。

插穗增殖。切干诱发直生枝(图5-3)。

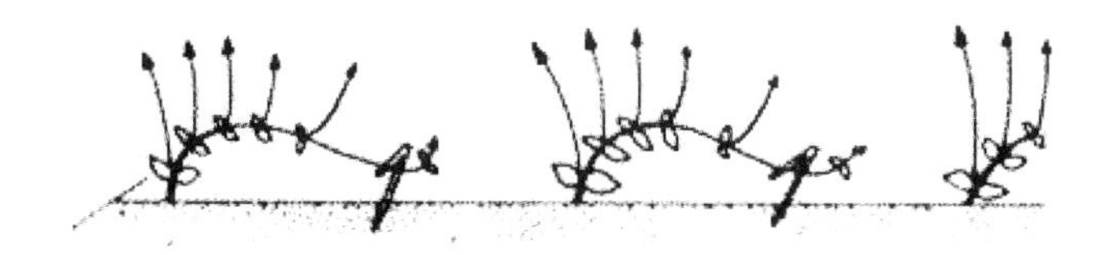

图 5-3　切干诱发直生枝

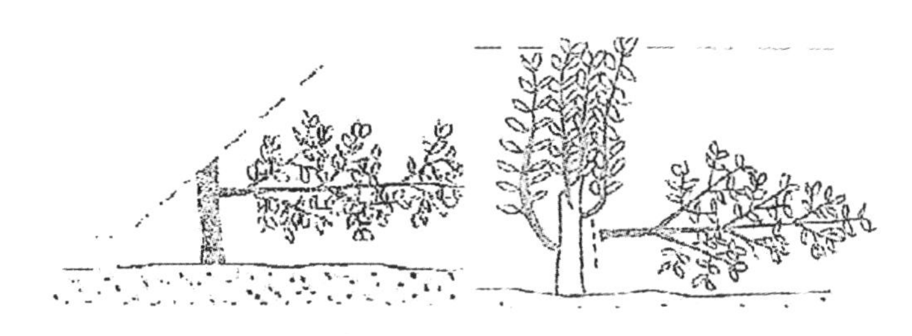

图 5-4　诱发直生枝示意

拉弯主干，促使咖啡下芽萌发，形成大量直生枝(图 5-4)。

(2)插床的准备

插床一般用沙床，厚度 40~50 cm，下部用粗砂，上部用中等细砂，插床要有 80%~90%的荫蔽度(图 5-5)。

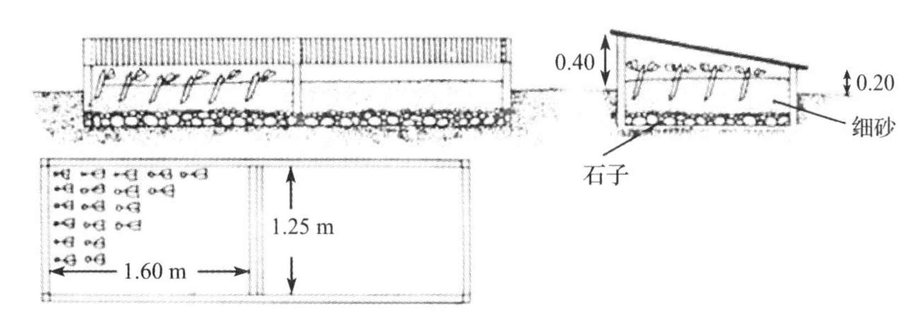

图 5-5　扦插沙床示意

(3)扦插材料的准备

插条要用绿色未木栓化、叶片已充分老熟的、健壮的直生顶芽对下第 3 至第 4 段，不宜用半木栓化和已木栓化的直生枝。插条的叶片留 4 指宽(约 6~8 cm)或保留 1/3~1/2 的叶片，每段插条 4~6 cm 长，将插条从中剖为二条，各带一个叶片，剪去一半叶片，切口斜切削光滑(图 5-6)。

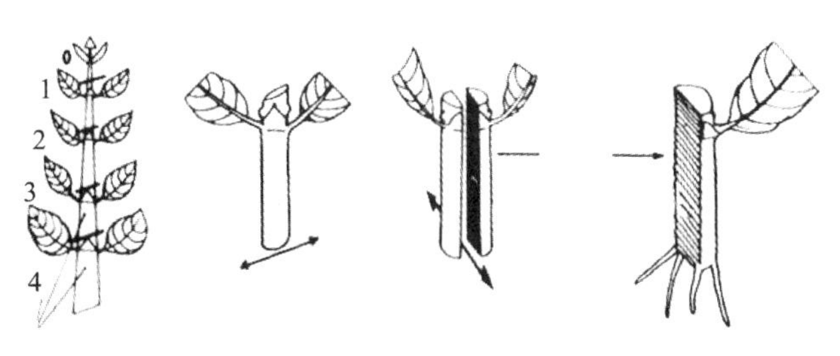

图 5-6　咖啡插穗处理示意

(4)扦插

插条斜插或直插均可，扦插深度以埋到叶节处为度。1~15 cm 一行，以叶片互相不遮蔽为标准。插后充分淋水，使插条与沙紧密接触。扦插后，要在插床上覆盖塑料薄膜，以减少水分蒸发，提高插条生根率。覆盖塑料薄膜时要用铁丝或竹片弯成拱形，插在沙床边缘，再将塑料薄膜覆盖其上，然后压紧，保持床内湿度。如用喷雾设备，则不用覆盖塑料薄膜。

(5)管理

扦插后的管理主要是淋水和防病，要求保持插床内有较高的空气湿度和较低的气温。淋水不能过多，以免插条腐烂或发生病害。为了防止病害发生，扦插后可即喷 1∶1000 的多菌灵，以后如有病害发生，再喷 1~2 次。

(6)生根插条的移植

插条扦插后约 60 d 新根长至 4 cm，此时移苗虽比较方便，但最好是在插条根系长出第二轮侧根时移植(插后约 90 d)，成活率高。移苗时应细心操作，因为根系很脆嫩易断。未发根的插条继续插在沙床内，待发根后再次移苗，移苗后或装袋的扦插苗的管理与种子苗相同，在苗圃中培育至 5~7 对叶片时，便会长出第一对分枝，此时可出圃定植。

5.3.3 嫁接

5.3.3.1 芽接

用一年生的幼苗，将茎基部的泥土擦净，然后开一长 2.5~3.5 cm 的芽接位，从优良母树或增殖苗圃中选取发育饱满的节，削取带有少量木质部的芽片，放入芽接位，用捆绑带扎紧，20 d 后将芽点打开，30 d 左右开芽接口已愈合，全部解绑，成活的苗木即可剪去砧木，不成活的重新芽接。

5.3.3.2 劈接法

用一年生的幼苗作砧木，劈接时，砧木离地 10~15 cm 处剪断，在剪口中间垂直切下 3~5 cm 长的切口，选用与砧木大小相一致的直生枝，于节下 3~4 cm 处削断，将接穗基部削成楔形，插入砧木切口处，注意对正形成层，用捆绑带扎紧，为了提高成活率，可用捆绑带将接穗包好，20 d 在后露芽点，30 d 左右全部解绑。

5.3.3.3 嫁接苗的管理

嫁接成活后需在苗圃地培育至符合定植标准的苗木，方可出圃定植。嫁接苗管理除与实生苗相同外，在管理中必须注意新芽的保护，并及时抹除砧木上抽出的芽。嫁接前苗木要充分淋水，嫁接后淋水要小心，不要淋到接口。

（李学俊）

思考题

1. 简述小粒种咖啡品种选择的依据及制种的方法。
2. 论述小粒种咖啡种子繁殖的关键技术。
3. 试分析影响咖啡扦插成活的因素。

推荐阅读书目

1. 咖啡栽培技术．孙燕．中国农业出版社，2017.

2. 引种咖啡品种图鉴及其适应性观测与应用．龙乙明，石凤平，马铭．云南科学技术出版社，2018.

3. 咖啡种植手册．雀巢(中国)有限公司．中国农业出版社，2011.

第6章　咖啡园的建立

【本章提要】

本章从咖啡园的规划设计、开坑、定植及植被的建立等方面，系统介绍了咖啡种植园建立的方法技术，分析了生态咖啡园的建设要点。

6.1　生态型咖啡园的基本概念

生态型咖啡园是一种人与自然协调发展的新型农业模式，是运用生态学、生态经济学的原理和系统科学的方法，按照“整体、协调、循环、再生”的原则，将现代科学技术成就与传统农业技术有机结合，使农业生产与农村经济发展、生态环境治理与保护、资源的培育与高效利用融为一体的经济、生态和社会三大效益协同提高的综合咖啡农业体系。

6.1.1　生态方面

生态方面主要体现在对生物多样性的保护、农用物资的使用和处理、土壤保护、水资源的利用和保护、废弃物的处理、能源问题等方面。

(1)生物多样性的保护

在咖啡园内种植荫蔽树及主要区域保留原生植被以实现生物多样性的保护，这样有利于咖啡园的生态平衡，同时为咖啡生长创造有利的气候条件，并较少病虫害的发生。

(2)农用物资的使用和处理

尽量减少使用农药，减少杀虫剂的使用，既可降低生产成本又能保护生态环境和人的健康。在需要使用农药时候，应注意选择非禁(限)用的农药，并咨询专业人士合理施用。肥料的应用亦如此。

(3)土壤保护

通过修筑梯田、建立永久土壤覆盖、合理施肥等措施，减少水土流失。

(4)水资源的利用和保护

实行水资源保护和蓄水策略，改善灌溉用水系统和加工用水系统。对咖啡初加工产生的废水进行基本的无害化处理。

(5)废弃物的处理

对咖啡生产过程中产生的垃圾，如农用物资包装物、咖啡果皮、生活垃圾进行分类并处理。

(6)能源问题

优先使用可再生资源，如太阳能、风能、水电及生物能源，选用可再生能源为动力的先进机械设备。

6.1.2 社会方面

保护咖啡农户和工人的利益，提供给农户及工人相对舒适的工作环境及社会条件。

6.1.3 经济方面

使咖啡生产链中的参与者能获得合理的利润，保证咖啡的可持续发展。

6.2 咖啡种植园的选择与规划

6.2.1 宜林地的选择

咖啡种植园地的选择要根据咖啡对生态环境条件的要求和种植生态适宜区的划分指标。海南省宜选择海拔较高，气温较低的地方种植小粒种咖啡，而海拔较低气温较高的地方宜种植中粒种咖啡；云南、广东、广西、福建等省(自治区)，宜选择气温较高冬季无寒害的地方种植小粒种咖啡。选择适宜咖啡生长发育的地段种植咖啡是保证咖啡种植成功的关键，咖啡种植地的选择应符合以下自然条件，详见表6-1所列。

表6-1 咖啡树生长发育的自然案件

自然条件	小粒种咖啡	中粒种咖啡
气温	平均气温19~21 ℃，冬暖夏凉不见霜且无冰雹	平均气温23~25 ℃，全年无霜
降水	年降水量1200~1700 mm	年降水量800 mm以上
土壤	土壤疏松肥沃、土层深厚、排水良好的壤土；土层深度不少于60 cm，pH值为5.5~6.5	
地形地势	小粒种海拔1200 m以下，中粒种海拔900 m以下坡度不宜超过25°，坡度大于5°时要开垦梯地种植	
风	咖啡为浅根系植物，不耐强风，台风、干热风对咖啡生长发育有重要的影响	

6.2.1.1 气温条件

气温条件是限制小粒种咖啡分布和生长的主要因素，也是小粒种咖啡宜植地选择必须考虑的首要条件。通过查阅有关气象文献资料、走访气象部门、农林业部门和当地干部群众，以掌握当地的气候条件，特别要重点调查和了解当地冬季的低温状况；通过气象条件的调查，并与小粒种咖啡对气象条件的要求进行对比分析，做出气象条件适宜性判断。以年平均气温17.5~22.5 ℃，极端最低气温大于0 ℃的地块种植咖啡为宜，凡冬季会出现寒害、霜冻和冻害的地块不宜选用。

6.2.1.2 地形条件

海拔对咖啡生长无直接影响，但可通过对气象要素的再分配从而对咖啡生长带来间接影响。云南省咖啡种植区地形地貌十分复杂，立体气候明显，在选择宜植地时，海拔是一个重要的参考指标。利用海拔仪、GPS等仪器设备对地块的海拔进行实地测量，看是否符合小粒种咖啡对海拔高度的要求，一般海拔每升高100 m，气温下降0.65 ℃，通过计算即可了解大概的气温条件，主要是冬季不要有低温寒害。云南省以哀牢山为界，哀牢山以东，包括红河、文山、玉溪等地，海拔宜在 1000 m 以下；哀牢山以西包括普洱、临沧、保山、德宏、西双版纳、怒江及北部热区飞地，海拔宜在 1500 m 以下，部分地块海拔可达 1700 m。

云南省哀牢山以东地区冬季以平流型降温为主，因此小粒种咖啡种植园不宜选择在寒流的通道上；哀牢山以西地区以辐射降温为主，地势低凹的地形冬季冷空气易下沉形成寒害，因此宜选择地势开阔，向南开口，冷空气易进易出和难进易出的地形，以缓坡地为宜。

坡度也是对气象要素进行再分配的重要因素，在南坡或阳坡的地块坡度越大接受的阳光越多，气温越高，而北坡或阴坡则相反，因此在气温较高的地区宜选择北坡或阴坡作为咖啡园，而气温较低的地区则宜选择南坡或阳坡作为咖啡园，以满足咖啡对光照、气温的需求，并可防止气温过低或过高对咖啡生长带来不良的影响。一般咖啡种植园坡度不宜超过 25°，以便咖啡园开垦、管理和防止水土流失。

6.2.1.3 土壤条件

小粒种咖啡为浅根系植物，要求土壤肥沃疏松，排水良好，地下水位在 1 m 以下，土层厚度不少于 60 cm。pH 值 5.5~6.5 为宜，小于 4.5 或大于 7.8 对咖啡生长都不利。小粒种咖啡种植地初选后，根据地块大小和土壤类型，对土壤样品进行采集，一般取样深度为 50 cm，按上、中、下层取样，并送到有关部门对土壤养分、质地、pH 值等理化性状进行化验分析，以作为种植可行性和今后管理的依据。

6.2.1.4 降水条件

咖啡在降雨充足、分布均匀的地方生长较好，要求年降水量 1000 mm 以上，并且全年分配较为均匀。降水量较少，冬春旱情突出的地方要兴修灌溉水利设施，确保旱季灌溉，促进咖啡生长。

6.2.1.5 环境质量安全要求

要求交通方便，以减少公路修建的投资，并距主干公路不少于 500 m，以减少汽车尾气污染；远离工厂、矿区及城市，无工业污染；水源清洁，水量丰富，且无污染；土壤重金属、有机氯和有机磷化物，如六六六、滴滴涕等的残留，其具体限量指标为：六六六≤0.2 mg/kg、滴滴涕≤0.2 mg/kg、铅≤50 mg/kg、铜≤80 mg/kg、镉≤2 mg/kg、汞≤1 mg/kg、砷≤20 mg/kg。

(1)空气质量

种植园咖啡种植园须远离工厂、矿区及城市，无工业污染，空气质量好，空气中污染物日平均总悬浮颗粒≤0.30 mg/m^3，二氧化硫≤0.15 mg/m^3，二氧化氮≤0.12 mg/m^3，氟化物≤7 mg/m^3，确保空气清新(表 6-2)。

表 6-2 咖啡种植园环境空气质量指标

项 目	浓度限值	
	日平均	1 h 平均
总悬浮颗粒(标准状态)(mg/m^3)≤	0.30	—
二氧化硫(标准状态)(mg/m^3)≤	0.15	0.50
二氧化氮(标准状态)(mg/m^3)≤	0.12	0.24
氟化物(标准状态)(μg/m^3)≤	7	20

加工场地空气卫生质量除无化学污染物外，还要达到无致病微生物污染，采用普通肉汤琼脂在直径 9 cm 的平板在空气中暴露 5 min，经 37 ℃培养后进行检测，以平板菌落数不超过 50 个为宜(表 6-3)。

表 6-3　咖啡加工场地空气卫生质量检测与评价

平板菌落数(个)	空气污染程度	评价
30 以下	清洁	安全
30～50	中等清洁	较安全
50～70	低等清洁	应加以注意
70～100	高度污染	对空气进行消毒
100 以上	严重污染	禁止生产

(2) 土壤质量

咖啡种植园的土壤除了肥沃、疏松、通透性好等适合咖啡生长要求外，还必须具备食品安全生产的质量要求，特别是不能受重金属的污染。因此，在选择咖啡种植园时，一是要选择远离工业区的土地；二是要对土壤质量进行检测分析，以尽可能选择土壤肥沃且无污染的土地来种植咖啡，并掌握土壤的肥力状况，为今后的施肥管理奠定科学基础(表 6-4)。

表 6-4　咖啡标准化生产土壤污染物浓度限值

项　目	浓度限值		
pH 值	<6. 5	6. 5～7. 5	>7. 5
汞(mg/L)≤	0. 30	0. 30	0. 40
镉(mg/L)≤	0. 25	0. 30	0. 35
砷(mg/L)≤	25	20	20
铅(mg/L)≤	50	50	50
铬(mg/L)≤	120	120	120
铜(mg/L)≤	50	60	60

(3) 水的质量

咖啡灌溉用水、加工用水以及人畜用水要清洁干净，必须符合 GB 5749—1985 标准，微生物含量、重金属含量等要符合相关标准(表 6-5～表 6-7)。细菌总数少于 100 个/mL，37 ℃培养大肠杆菌 3 个/mL，致病菌不得检出。游离氯不低于 0. 5 mg/L。

表 6-5　咖啡标准化生产灌溉用水时缓冲区安全距离

100 mL 水含大肠杆菌总数(cfu)	距咖啡园或植株距离(m)	100 mL 水含大肠杆菌总数(cfu)	距咖啡园或植株距离(m)
2. 2	0	200	30
23	20	1000	45

表 6-6 咖啡标准化生产灌溉用水污染物浓度限值

项 目	浓度限值	项 目	浓度限值
pH 值	5.5~8.5	铬(六价)(mg/L)≤	0.10
化学需氧量(mg/L)≤	50	氟化物(mg/L)≤	2.0
总汞(mg/L)≤	0.001	氰化物(mg/L)≤	0.5
总镉(mg/L)≤	0.005	石油类(mg/L)≤	1.0
总砷(mg/L)≤	0.05	大肠杆菌数(个)≤	1000
总铅(mg/L)≤	0.10		

表 6-7 咖啡标准化生产采后处理水污染物浓度限值

项 目	浓度限值	项 目	浓度限值
pH 值	6.5~8.5	铬(六价)(mg/L)≤	0.05
汞(mg/L)≤	0.001	氟化物(mg/L)≤	1.0
镉(mg/L)≤	0.005	氰化物(mg/L)≤	0.05
砷(mg/L)≤	0.05	氯化物(mg/L)≤	250
铅(mg/L)≤	0.05	大肠杆菌数(个)≤	3

6.2.2 指标植物

指示植物是当地气候条件的指示物之一，要根据指示植物进行选择咖啡宜植地。一看是否有杧果、咖啡、香蕉等热带作物；二看是否有滇刺枣、车桑子、木棉、金合欢、滇橄榄、小桐子等热带野生植物，通过指标植物即可看出该区域大概的气候状况。

6.2.3 种植园规划设计

咖啡种植园的规划设计包括：小区的划分、道路规划、水利设施的规划、防风薪炭林规划等。

6.2.3.1 划分咖啡种植小区

按山头和坡向划分，阴、阳面一定要分别划分出小区，一般 25~30 亩为一个小区。

6.2.3.2 园区道路规划

咖啡园的道路设置应与小区相配合，分为干道、生产路和步行道。

①园区主干道 脱皮加工厂(场部)至居民点、咖啡园主要道路，路基宽一般 3~4 m，路面宽 3 m，纵坡<8%，弯道半径>15 m。

②园区生产路 园内作业与运输道路，连接田间道，路面宽一般 2 m，纵坡<10%，弯道半径>10 m。

③步行道 园中步行道路，山丘坡地在梯地间设置之字路，路面宽 1 m 左右。

6.2.3.3 水利设施的规划建设

在园内适当位置建造若干水窖、水肥池，以便喷肥、打药用水。

①水窖建设的数量 以小区为单位，每个小区 1~2 hm^2 咖啡园，建造 12 m^3 的小水窖或水池 3 个，可满足园地农用水的需要。雨季来临前，对蓄水池逐个进行检修，发现破损，及时修补，并清理缓冲池及进水口淤泥，杂草和乱石，疏通地表径流通路，水窖需

加盖。

②水窖建设的位置　在种植园区选择有一定的集水面积，能产生一定的地表径流的地方建造。

③规格　开挖深 3 m，直径 2.5 m，上口直径 0.8 m 向下挖 0.6 m 后逐渐向两边拓宽至 2.5 m，下底宽 1.0 m，将池壁及底部铲平，或者使用的钢模进行建造。做成大肚酒瓶状(图 6-1 咖啡园水窖规格)，混凝土浇灌池壁和底部。在地表径流来水的方向齐地面砌起一个喇叭口形成进水口，在距离水口 50 cm 处，挖一个长宽 50 cm，深 60 cm 的缓冲沉淀池。

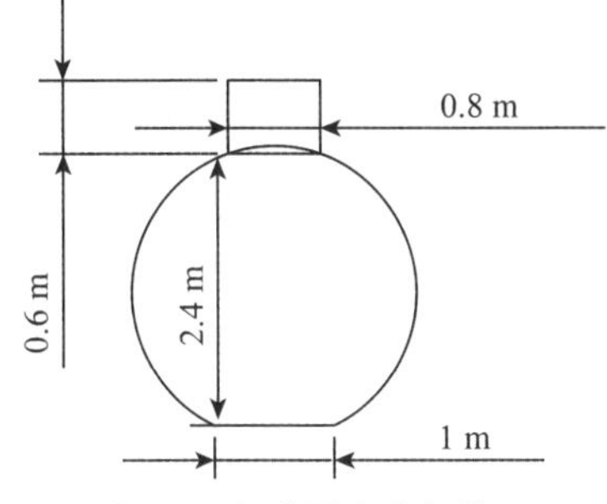

图 6-1　咖啡园水窖规格

6.2.3.4　防风薪炭林规划

在山头、沟箐和坡度比较陡的地点保留部分树木或人工栽种部分树木作防风薪炭林。在干道、支道和排水沟两侧，营造由 1~2 行树木组成的防风林。树种采用西楠桦、铁刀木、青冈栎等。株距为 2~6 m。

6.2.3.5　种植密度设计

纯种小粒种咖啡园，按株行距 1 m×2 m，4995 株/hm^2 或 0.9 m×1.9 m，5840 株/hm^2 或 0.8 m×1.8 m，6900 株/hm^2 等进行设计，一般以 1 m×2 m，4995 株/hm^2 为宜。如按“乔—灌—草”三层群落模式栽培，如“铁刀木—咖啡—菠萝”则根据各种作物的比例进行种植密度规划设计。

6.2.3.6　梯地规划设计

平地或坡度≤5°的缓坡地，按“井”字设计，小粒种咖啡行向呈东西走向；5°~25°的坡地按水平行距 2 m 沿等高线进行规划设计，台面按反坡梯田设计，要求台面宽不少于 150 cm，坡度≥25°的坡地不宜种植和开垦利用。

6.2.3.7　定植槽设计

国外传统咖啡栽培为打塘定植，云南省总结了多年的咖啡种植经验，小粒种咖啡种植园实行开槽定植，定植槽口宽×底宽×深度为 60 cm×40 cm×50 cm，平整后要求台面宽 150 cm 以上，并略向内倾斜。

6.3　咖啡种植园的开垦

咖啡林地的开垦是在完成咖啡园规划的基础上进行的，是咖啡园基本建设中极其重要的环节。咖啡林地开垦质量的好坏，会直接影响咖啡树的生长、产量、抚育管理和采收工效，会长期影响咖啡园水土保持的状况，关系到劳力和物资等投入的成本。因此，在咖啡林地开垦之前应作好周密的施工计划，既应坚持质量标准，又要减少耗工和投资，还应抢在定植季节之前完成。云南省咖啡种植区多为丘陵山地，雨量集中，病、寒害易发生，故在开垦时要认真搞好水土保持，严格控制株行距，充分合理利用土地，彻底清除根病病原和寄主，确保开垦质量，给咖啡树生长创造较适合的环境。每年的 11 月至翌年 5 月均可进行开垦作业。

6.3.1 咖啡园开垦的质量要求

第一，尽量保留和充分利用表土，为新植咖啡树和其他作物创造良好的土壤环境。

第二，将地面树头、树根、石块等障碍物以及杂草、杂木等清除干净，为今后的咖啡园管理、耕作准备条件。

第三，坡地的水土保持工程，梯田或环山行等的等高水平、宽度、内倾斜角度必须符合标准，以保证水土保持工程的质量。

第四，按规划设计要求，布置林间小道，排水系统及防牛设施等，严格控制种植咖啡树的株行距和密度，充分利用土地，并按规定大小挖好定植槽(穴)，施足基肥，为咖啡幼苗的生长创造良好条件。

第五，保留有利用价值的杂树、杂木，并加以处理利用。

第六，全部开垦作业应在咖啡树苗定植前1~2个月完成。

第七，有条件的应尽量选留一些荫蔽树，每亩选留10~15株荫蔽树，荫蔽度在20%~30%较为适宜。山顶、山脊不适宜种植咖啡的地段，应尽可能地保护好原生植被不受破坏。

6.3.2 咖啡园开垦的程序和方法

6.3.2.1 开垦的作业程序

砍林带边线定出林段边界(全垦时可省略)→清园→定标→修梯田、留表土、挖植沟(槽、穴)→回表土、施基肥→确定种植密度。

6.3.2.2 开垦的各项作业要点

(1)砍林带边线定林段边界

这项作业只有在森林地和杂灌木林地上，将原生植被保留作为防护林时才需要进行，其他全垦地则不必要。作业时两人一组，按林地规划设计的防护林带位置与宽度，在林带的两侧同时砍伐前进，边砍边互相呼应，随时校正林带走向，掌握好林带的宽度。边线砍伐的宽度在1 m以上，并相隔一定距离作上明显记号。

(2)清园

雨季结束后至翌年2月，清除园内高草灌丛，以利开沟筑台。保留防风薪炭林、水源林，选留园中速生、抗性强、适应性广、非咖啡病虫害寄主的散生独立树作荫蔽树。

(3)定标

定标是指按种植咖啡树的形式、密度和规格，在园地内具体定出种植穴的位置。坡地在定标工作中要尽量做到每一条种植带的走向等高水平，避免出现断行、插行，以保证梯田和环山行的质量，做到充分利用土地合理安排咖啡树种植位置。在5°以下的平地或缓坡地上，可采用“十”字线定标法，在5°以上的坡地、山坡地要采用等高基线定标法。

(4)修梯田、留表土、挖植沟(槽、穴)

5°以上坡地修筑等高梯地，梯地面宽1.8~2.0 m，梯地内倾3°~5°。自上而下开挖定植沟，规格为口宽60 cm，深50 cm，底宽40 cm，表土和底土分开堆放。开沟作业于雨季前结束。

此项工作应在定植前2个月完成。

(5)回表土、施基肥

一般每株施有机肥3~5 kg，磷肥0.1~0.2 kg($P_2O_5$18~36 g)。于雨季来临前，将有机肥、磷肥与表土拌匀回填定植沟内，回填后沟面应高于台面15 cm以上。

(6)确定种植密度

依据品种特征特性和地貌条件合理密植。株行距(1~1.2)m×2 m，亩植280~330株。山头及梁子地段适当密植。

6.4　咖啡苗木定植技术

定植是将咖啡苗从苗圃移栽到大田的一项作业，直接关系到咖啡树的成活、生长以及整齐度的关键性工作。它涉及的内容主要包括选择适宜的定植季节、掌握定植技术和植后的初期管理。

6.4.1　定植时间和天气

适宜的定植时间，应是既能达到最高的定植成活率，又可使苗木冬季到来之前有较大的生长量，为安全越冬和速生打下基础。因此，应该利用有利的气候条件或积极创造条件，争取及早定植。

6.4.1.1　抗旱定植

有灌溉条件的地块，可在气温回升后2~4月进行抗旱定植，春季抗旱定植，生长期长，当年生长量大，能提高使咖啡树开花结果。特别是咖啡隔年苗尤其适宜抗旱定植，正常情况下，在第二年即有少量结果。

6.4.1.2　雨季定植

云南咖啡植区多数无灌溉条件，可在6~7月定植，但不宜超过8月中旬，定植时间过晚则咖啡树当年生长量很小，根系不发达，对低温和干旱的抵抗力较弱，容易在冬春干旱季节造成死亡。

定植除掌握有利季节外，还要密切注意定植时的天气，最好是在阴天或毛雨天，土壤湿润时定植。如晴天定植宜在11:00前和16:00后进行，并淋足定根水。烈日下、大雨天、大风天气不宜定植。

6.4.2　定植技术

6.4.2.1　定植流程

选苗→运输→挖定植穴、施基肥→定植→查苗补缺→建立园地档案。

6.4.2.2　主要工作要点

(1)选苗

选择品种纯正，苗木健壮，叶色浓绿，经过1个月以上炼苗时间的优质苗木；当年苗株高10~15 cm，真叶4~5对；隔年苗株高不超过30 cm，真叶6~8对，以无分枝为宜。

(2)苗木处理

为了运输方便，在取苗木前1周内不准浇水，并在取苗前将不纯正的劣质苗木清除干净，防止劣苗质苗木混入大田中定植；取苗前1周用杀虫剂混杀菌剂喷雾，预防病虫害，防止病虫传入大田，可以减少防治成本。

(3) 运输

搬运以减少苗木损伤和浪费。就地育苗，当天取当天定植完；远距离运苗苗木时，卸苗后要整齐直立摆放，并适当搭荫蔽物和适量浇水，同时及早定植。

(4) 挖定植穴、施基肥

在种植沟的中心位置，按0.8~1.2 m的株距挖穴，挖穴深度与营养袋高度一致。每穴放0.5~1 kg有机肥和100 g磷肥，与表土均匀混合。

(5) 定植

定植前用利刀切去营养袋底部1~2 cm，再垂直划破营养袋，后拆除塑料袋，但营养土要保留完好。将苗放入种植穴中央，定植高度是营养袋口的土面与台面齐平，逐层回土压实。回土时不能损坏营养袋土。

由于苗木在营养袋中生长时间长，营养袋子小等原因，苗木根系往往在营养袋底部盘旋弯曲，难以扎入土层底部，同时也造成水分、养分运输障碍，因此，必须将弯曲的主根剪掉或切除，以便苗木正常生长。

(6) 查苗补缺

定植一周后逐行检查，对死苗及时用同龄同类苗进行补植，以达到咖啡园齐苗全苗，确保有效株数。

(7) 建立园地档案、小区档案

记录种植面积、品种、株数、定植时间、管理措施、管理人员、产量、病虫害及自然灾害等。

有条件的咖啡园，还可采用覆盖技术，覆盖材料有植物秸秆或塑料薄膜，起到保水、保温和抑制杂草的作用，用植物秸秆覆盖还可以增加土壤有机质，对咖啡生长较好。

6.5 咖啡园植被的建立与管理

6.5.1 咖啡园荫蔽树的作用

6.5.1.1 改善咖啡园小气候

在干热季节，降低咖啡园气温和地温，提高相对湿度，使咖啡树的生长环境和气候得到改善，减少强光对咖啡的伤害，提高咖啡的光合作用能力。在冬季，荫蔽树对下层空间以及地面具有增温效应，形成咖啡避寒小环境，可减轻冬季寒害的发生。提高土壤含水量，起到抗旱和保湿作用，防止或减少水土流失；抑制杂草生长，土壤不见阳光，杂草生长缓慢。

6.5.1.2 降低枯枝或干果率

咖啡枯枝干果与缺钾生理失调、植物生势弱导致褐斑病菌侵染和不抗日灼等因素有关。咖啡开花结果的自控性差，只要条件适宜，即使生长势弱也能大量开花坐果，造成枯枝干果甚至死亡，这是对植株造成较大损伤的原因之一。适当荫蔽可以提高咖啡钾素含量，并合理控制开花结果量，消除大小年现象，从而大大降低枯枝或干果率。商品咖啡豆质量高，咖啡树寿命长。

6.5.1.3　有效抑制病害虫害

咖啡旋皮天牛、咖啡灭字虎天牛、咖啡黄天牛、炭疽病、褐斑病等病虫害是危害咖啡树的主要病虫害，在荫蔽条件下由于咖啡营养生长与生殖生长比较协调，不易出现枯枝落叶，加上园内环境湿润，对天牛类害虫、炭疽病、褐斑病等病虫害具有一定的抑制作用。

6.5.2　咖啡园荫蔽树种植方法

宜在雨季(5~7月)种植，可在新咖啡园的行间或台埂种植，种永久荫蔽树每公顷150株左右，临时荫蔽树株距0.2~1.0 m。老咖啡园可在阳坡、山顶、山脊、路边和无水灌溉地补种永久荫蔽树，阳坡可适当增加种植密度，如图6-2所示。

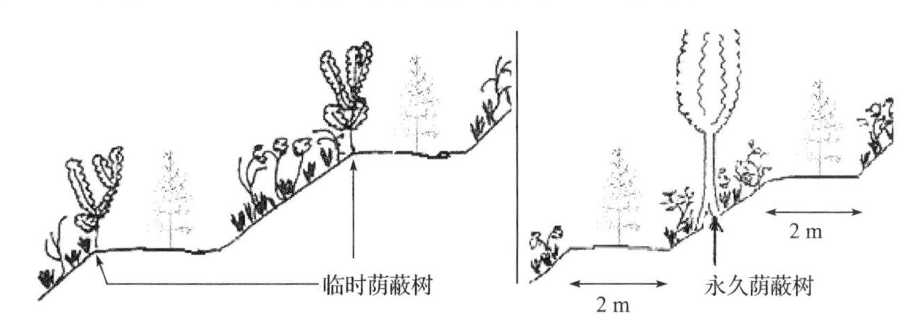

图6-2　临时荫蔽树与永久荫蔽树布局图

6.5.3　咖啡园荫蔽树的管理

咖啡园内的荫蔽树，在雨季开始前进行修剪或疏枝以便透光，树高2.5 m时打顶，保持冠幅面大而稀疏。剪下的叶(枝、干)均可作覆盖材料，也可在咖啡株间挖30 cm深的沟压青。

6.5.3.1　山毛豆、猪屎豆类

山毛豆的花期11~12月，根能固氮。当树长至60 cm高时，选留1个主干，修剪其余的枝干，培养单一主干为永久荫蔽树。当树高2.5 m时打顶，增加冠幅。

猪屎豆春天开花，根能固氮。雨季树高1.4 m时，距地50 cm留1个枝条，其余修剪，剪口平滑，剪下的枝叶用于死覆盖或压青。旱季不修剪，3年需重新补植。

6.5.3.2　南洋楹、辣木、菠萝蜜、澳洲坚果类

南洋楹花期7~8月，根能固氮，喜暖热多雨气候。苗高约30 cm时定植。南洋楹树高2.5 m时打顶，增加冠幅，在国外的咖啡园南洋楹是一种好的永久性荫蔽树。

辣木属辣木树科，多年生常绿小乔木至大乔木，喜光照，主根很长，耐干旱。适宜亚洲、非洲热带和亚热带地区，年降水量250~1300 mm适应良好，也适应砂土、黏土和微碱性土等各种土壤，适宜生长的气温是25~35 ℃，也耐受轻微的霜冻。严寒使地上部分死亡，但新芽仍可重新萌发成植株。通过种子或扦插繁殖，生长很快，幼苗期若不进行剪枝，则第一年就可以长到4 m的高度，树干直径可达30 cm。辣木含有丰富的营养，欧美等国家已视辣木为新时代的健康食物。

澳洲坚果及菠萝蜜病虫害少，生长和管理粗放，可在咖啡园内间种，也可做行道树。咖啡园内间种，树高2.5 m时打顶。每年采果后修剪疏枝，保持树冠稀疏，是好的永久性

荫蔽树，也可增加经济收入。

注意事项：

①无论是乔木层，还是草本层，其余种植密度以不影响咖啡为原则。

②以豆科植物为首选，并且要求树冠要稀疏透光，否则要注意修剪。

③要注意荫蔽树整形，确保乔木干高达 2~3 m，留出咖啡生长空间。

④要控制荫蔽度，经过修剪使荫蔽度达 20%~30%，最多不超过 50%。

⑤要求与咖啡没有共同的病虫害，以免交叉感染。

6.5.4 目前我国咖啡园的主要间套种模式

6.5.4.1 咖啡+橡胶树

起源于热带雨林的橡胶，在其生长周期中需要充足的光照，由于其树体高大，适合与咖啡开展间套作。据记载，德宏垦区在 20 世纪 70 年代经历了数次大的寒害，与单作咖啡相比，与橡胶树林进行间套作的咖啡受影响较小，此外，由于橡胶树在 1 月下旬才落叶，不但使得前期的低温对咖啡的负面影响显著降低，而且咖啡获得了将近 1 个月的全光照环境，有效促进了咖啡的花芽分化，故而在不同的间套作模式中，橡胶与咖啡间套作能使咖啡获得较高的产量。据报道，德宏遮放农场应用咖啡+橡胶树栽培模式，土地利用率达到 142.6%，并且 6 年间平均产带壳咖啡 3000 kg/hm^2 以上，最高达 5133 kg/hm^2。同时这种间作模式可以减少病虫害的发生，咖啡的枯枝干果少，产量较稳定。

6.5.4.2 咖啡+龙眼树

小粒咖啡为浅根系，冠幅小，属于经济寿命偏短的小灌木，龙眼树为深根系，冠幅大，属于经济寿命较长的高大乔木，二者具有较好的互补性。据报道，咖啡与龙眼树间作，综合效益每年每公顷可增加 3 万元，而且两种作物可长期共存，收益期长。同时这种复合栽培模式改变了小环境的气候，栽培区域的平均最高气温和最低气温均有不同程度的降低，日温差范围缩小，地表 20 cm、15 cm、10 cm 和 5 cm 处的气温分别下降了 1.8 ℃、2.53 ℃、3.67 ℃和 4.97 ℃，深层土壤的湿度上升了 1.93%，有利于咖啡与龙眼树的生长，降低了咖啡旋皮天牛与黑果病的发生率。

6.5.4.3 咖啡+香蕉

香蕉在我国南方许多省份均有种植，在咖啡与香蕉间套作的模式中，香蕉占据的是上部空间，符合其喜光的习性，咖啡位居下部，能够获得一定程度的荫蔽。按照常规的田间管理，一般将咖啡高度控制在 1.7~2.0 m，位于中层；而将香蕉(采用中把蕉)株高控制在 2.5~3.5 m，位于上层，同时控制香蕉的冠幅，最下层为吸芽，形成了多层次的作物空间结构，有利于改变园地的生态环境，增加咖啡园湿度，减少咖啡旋皮天牛、灭字虎天牛及黑果病发生率，咖啡丰产且豆粒饱满，套种的香蕉也能较早投产。据调查，咖啡套作香蕉较成功的模式为每公顷定植咖啡 4350~4500 株，套作香蕉 600~705 株，每株香蕉吸芽留芽数控制在 1~2 个。此种模式咖啡产量比咖啡单作增产 4.41%，天牛危害株率从 29.4%减少到 9.6%。平均产值从 5370 元/hm^2 增加到 13 830 元/hm^2，经济效益显著。

6.5.4.4 咖啡+澳洲坚果

澳洲坚果营养丰富，具有能减少心脑血管疾病的发生等药用价值，近年来颇受市场青睐。澳洲坚果前期产量较低、效益不明显，与咖啡间作能弥补此项不足。该模式中，咖啡的株行距为 1.0 m×2.0 m，定植株数为 330 株，套种的澳洲坚果株距 4.0～5.0 m，行距 6.0～8.0 m，每亩可定植 17～28 株。当澳洲坚果树形成较大的冠幅后，可根据所需的荫蔽度，间伐近旁的咖啡树，为咖啡树营造白天不受日灼、夜间不受低温影响的高产稳产的生态环境。澳洲坚果与咖啡的间套作模式，咖啡产量达到 6750 kg/hm^2，并且还避免或减轻了咖啡幼龄树"冷热病"及其他病虫害的发生。

6.5.4.5　咖啡+柚子

咖啡与柚子间套作的栽培模式，使得种植区内的土壤含水量提高 9.1%，有机质含量提高 0.36%，速效钾和水解氮含量分别提高了 7.43 和 7.01 mg/kg。值得注意的是，与单作相比，咖啡根、茎、叶的生物量提高了近 2 倍，虫害的危害率显著下降，其中咖啡木蠹蛾及咖啡旋皮天牛危害率分别降低 4%和 5%，枯枝干果率减少 2.7%左右，单位面积综合收益比单作咖啡园高出 258%。

6.5.4.6　咖啡+食用菌

咖啡与食用菌复合栽培的模式是近几年发展起来的，该模式不仅有利于食用菌的生长和高产，还能使咖啡产量与品质得到提高，园区的生态环境得到改善。据报道，一般咖啡园用于套种食用菌的有效空地面积为 3000 m^2/hm^2，以白参菌为例，可生产白参菌 1725 kg/hm^2 以上，以目前价格 20 元/kg 计算，获得效益可达 3.45 万元/hm^2 以上。此外，白参菌在生长过程产生蛋白质水解酶、酯酶、纤维二糖脱氢酶等酶类，促使土壤中的菌糠转化为有机肥料，使土壤肥力增加，对提高咖啡的产量与品质均有利。同时，咖啡园林下空间也为食用菌的生长提供了阴凉的环境，促进了菌菇的生长。

（李学俊）

思考题

1. 简述建立高产、稳产、优质、生态咖啡种植园的程序和方法。
2. 简述咖啡种植园选地应注意的问题。
3. 简述咖啡种植园规划的内容和步骤。
4. 简述咖啡种植园的开垦步骤、方法和应注意的事项。
5. 简述咖啡苗木定植的技术要点。

推荐阅读书目

1. 小粒种咖啡栽培与初加工．李学俊．云南大学出版社，2014.
2. 中国咖啡史．陈德新．科学出版社，2017.
3. 世界咖啡地图．(英)詹姆斯·霍夫曼(James Hoffmann)．中信出版社，2016.

第 7 章　咖啡园的管理

【本章提要】

本章从咖啡园耕作、咖啡园水分管理、咖啡园施肥、咖啡树整形与修剪技术、咖啡树寒害及处理措施等方面，分析了咖啡树、咖啡园土壤、植被等 3 方面管理方法，提出了相应的管理措施。

7.1　咖啡园耕作

咖啡园的耕作是采取各种措施合理调节土壤中水、肥、气、热等之间的关系，改善土壤环境，充分发挥土地的增产潜力，满足咖啡对土壤营养的需求，使咖啡树持续丰产和提高经济效益。

7.1.1　咖啡园耕作的效应

7.1.1.1　改善土壤理化性状，提高土壤肥力

咖啡园土壤耕锄可疏松土壤，加厚耕作层，增加孔隙度，提高蓄水保水能力，同时降低容重，改善通透条件，调节地温，促进微生物活动，加快养分转化，提高土壤肥力。因而土壤耕锄是咖啡树高产优质不可缺少的重要措施。实践证明，实施耕锄的高产咖啡园土壤，在 0~20 cm 土层内，土壤三相比为 30：40：30，在 20~80 cm 土层内则分别为 40：30：30。这证明耕锄确实能改善土壤理化性状，提高蓄水保水能力和土壤肥力。

7.1.1.2　清除杂草，减少与咖啡争夺水肥

杂草是咖啡树生长的大敌，它与咖啡树争夺水分、养分，尤其幼年期，行间裸露面大，易生杂草，与咖啡树争夺水分、养分更为激烈，轻则影响咖啡树生长，延长成园投产，降低产量，重则使咖啡树早衰甚至死亡。据调查，幼龄树咖啡园精细管理成活率可高达 90%以上，不进行管理的成活率仅 30%左右。除草既可减少土壤水分不必要的消耗，又可防止杂草媒介某些病虫危害，还可将杂草埋入土中作肥，改良土壤。要充分发挥土壤耕锄的增产效果，必须掌握咖啡根的分布、生长、吸收、养分的贮存和转化规律，杂草生长情况，气候和土壤条件，以及与咖啡园施肥等方面配合，正确掌握耕锄时间、次数、深度，才能充分发挥耕锄的效果。

7.1.2　咖啡园耕作技术

咖啡园的土壤管理是指采取各种措施合理调节土壤中水、肥、气、热等之间的关系，

改善土壤环境，充分发挥土地的增产潜力，满足咖啡对土壤营养的需求，使咖啡树持续丰产和提高经济效益。土壤管理的主要措施包括以下几方面：

7.1.2.1 修筑梯田

咖啡种植地多位于丘陵山地，因此，保持水土就成为重要措施。修筑梯田即可截断径流面，减弱水力冲刷，梯田面有截水滞流，使雨水浸入土层，增加土层水分贮量，既保水，又因水肥协调而利于咖啡树生长。要求5°以上的坡地应修筑等高梯田，梯田面宽1.5~2 m，种一行咖啡；5°以下缓坡地筑2.5 m以上大梯田，种2~3行咖啡树，梯田内倾3°~5°，外筑田埂，以保持水土及保肥。修筑完成的梯田可起到“三保一护”的作用，即保水、保土、保肥、护苗。

7.1.2.2 深翻改土

(1)深翻熟化

深翻熟化的土壤，对咖啡树的生长有明显的促进作用，深翻土壤，使土壤熟化，可提高产量和质量。主要措施是扩穴改土和深耕。

在一般土壤条件下，深翻改土后，侧根生长量比不深翻的多3~4倍，地上部分生长量也增加1/3。深翻改土可以改善土壤理化性状，增加土壤养分和水分，提高保水能力和促进微生物活动，从而形成良好的土壤条件，促使根系向深处生长，根量明显增多，特别是深层更加明显。由于深翻改土，植株吸收营养面积增大，促进了咖啡生长和结果量。由于咖啡根系在土层50 cm以下，除主根外，基本无侧根、须根，因此深翻改土以30~40 cm深即可。应注意在坡度较大的丘陵地，对深翻改土要采慎重态度，不宜过多地翻动土层，以免雨季造成滑坡。深翻改土宜在定植两年内完成。深翻工作一般结合中耕除草、压青和施肥同步进行，一般雨季结束要求中耕松土一次，以达到保水、保温和增强抗旱能力。

(2)幼树的扩穴改土

雨季末(一般在11月)，第一年先在定植穴的内面(台面靠壁方向，开挖深40~50 cm，宽60 cm的穴，填入绿肥，杂草、农家肥、钙镁磷0.2 kg或石灰。第二年在定植穴的外面用相同的方法改土，引导根系向外围伸展。

(3)成年咖啡园的深耕

雨季末(一般在10月)进行1次深翻，深度25~30 cm，不伤及主根及主干。深翻改土结合平整台面进行。结合深翻改土，用园外和保护带上的绿肥结合农家肥加磷肥进行压青施肥。

7.1.2.3 土壤改良

(1)间、套种固氮树种

在台面和保护带上间套种小饭豆、猪屎豆、黄豆、花生及光叶紫花苕等固氮树种，增加土壤有机质及氮肥。

(2)施用石灰调解pH值

酸性土壤应施用石灰进行改良，每亩撒施石灰40~60 kg，使土壤pH值符合咖啡树生长要求。

(3)培土

在咖啡根际进行培土，以加深根系分布和固定根系。

(4) 水土保持工程

保持咖啡园台面内倾3°~5°，既有利于咖啡园地保水保肥保土，又有利于排涝。

7.1.3 咖啡园除草

7.1.3.1 咖啡园杂草的种类及危害特点

小粒咖啡是浅根性作物，新植咖啡园、低产咖啡园和山地咖啡园等的根系更浅，且根系不发达，荫蔽度低，空地面积大，杂草生长快，根系发达，从土壤中吸收大量的水分、养分。云南咖啡园杂草普遍而严重，据初步调查，云南咖啡种植园区发生危害杂草种类超过130种，危害面积50%左右，严重危害面积20%左右，发生危害高峰期为3~10月。主要杂草有胜红蓟、鬼针草、小飞蓬、马唐、牛筋草、狗尾草、稗草、藜、皱果苋、马齿苋、竹节菜、龙葵、赛葵等。

咖啡种植区大多位于热带、亚热带地区，热带、亚热带地区的共同特点是气温较高，四季分明，但具有明显的干季和雨季之分，一年四季杂草丛生。总的来说禾本科杂草危害最重，阔叶类杂草危害次之。一年生杂草危害面广，在新植咖啡园危害重。多年生杂草在3年以上咖啡园大范围发生危害，尤以老龄咖啡园和山地多年生咖啡园危害较重。受气候条件、前期作物和长期管理方式的影响，杂草在不同气候区域、不同土壤类型、不同海拔高度及不同种植年限等形成相对稳定的杂草群落结构。如湿热种植区以鬼针草、藜、马齿苋、竹节菜、龙葵等为主要杂草组成的群落结构占主体；干热种植区以禾本科杂草、胜红蓟、小飞蓬、香附子、皱果苋、赛葵等为主要杂草组成的群落结构占主体；新植咖啡园以鬼针草、小飞蓬、马塘、牛筋草、狗尾草、稗草、竹节菜等为主要杂草组成的群落结构占主体；老龄咖啡园以香附子、藜、赛葵、胜红蓟等为主要杂草组成的群落结构占主体；高海拔山地咖啡园以胜红蓟、白茅、青蒿、飞机草等为主要杂草组成的群落结构占主体。

咖啡园杂草的发生高峰期为春季和夏季，此时由于雨水多、气温高，有利于杂草的发生，如果防除不及时，杂草茂盛生长，容易形成群落。秋季杂草发生相对减少，但遇水分充足时，仍会有新的杂草发生。秋季田间多为大、老龄杂草为主，杂草较高大，能把地面完全覆盖，特别是以根、茎繁殖的多年生杂草发生严重，对咖啡植株水肥和光热掠夺也最严重，所以咖啡园除草时间要早，才能减轻杂草的发生与危害。

7.1.3.2 农业防控措施

(1) 人工割除

咖啡园保护带上的草不连根铲除，保留咖啡园护坡上原有的绿草，在7月杂草种子没有成熟时割草，9月中旬再割一次，其间如果台面草深以致影响咖啡生长或施肥时，进行浅耕，深度3~8 cm。

(2) 中耕除草

中耕除草是最直接的除草方法，目前在咖啡种植园广泛应用。咖啡园一般在4~10月进行中耕除草，一年3~5次。咖啡是浅根性作物，中耕实行浅耕，对恶性杂草还应连根拔除或铲除，如竹节草、马齿苋铲除后应带出咖啡园。中耕除草可提高土壤通气性，促进微生物活动，增进土壤肥力，有效控制杂草与咖啡竞争水分、养分。但是中耕除草费工，劳动强度大，工效低，成本高。

(3)合理施肥

通过选择合理的施肥时间和施肥方式，促使咖啡育苗期良好生长和咖啡植株快速恢复，使咖啡在与杂草竞争中占优势地位，是控制杂草危害的有效措施之一。咖啡园施肥多选择在5~10月，施肥方式建议采取穴施，而不要使用撒施。

(4)间套作

间套作物可以抑制杂草，又能增加收人，近年来生产上亦多有应用。目前新植咖啡园多采用间套种黄豆、玉米等短期作物，既有效控制了咖啡园杂草，又能在咖啡投产前增加收入，达到以短养长的目的。成林咖啡园多间套种荔枝、龙眼、香蕉、澳洲坚果等热带果树，不但可有效控草，增加单位面积的经济效益，适当荫蔽还能提高咖啡品质和产量。

7.1.3.3 化学除草

关于咖啡园使用除草剂的意见，国内外的观点有分歧，应因地制宜、全面考量后谨慎使用。化学除草具有高效和经济的特点，但也易引起环境污染等缺点。小粒咖啡为常绿灌木，植株矮小，分枝细长，杂草多生长在咖啡园空地、地缘等，杂草的生长位置与果树枝叶生长位置有一定的距离，利用这种位置的差异，将除草剂喷施在杂草上，而不会喷到咖啡枝叶，可以安全、有效地除草。

(1)除草剂选择

咖啡园应用的除草剂使用最多的是灭生性除草剂，如百草枯类除草剂(商品名称为克芜踪、对草快、一把火等)、草甘膦类除草剂(商品名称为农民乐、春多多、快而净、农达、杀草宝、农旺、飞达等)等。百草枯类除草剂是触杀型除草剂，无内吸性，杀死杂草的地上绿色部分，对杂草根系的伤害少，所以除草后的持效期较短，由于草根存活，利于咖啡园的水土保持。具有内吸传导性除草剂能被叶片吸收后传导到杂草各部位，对根系有较大的杀伤作用，所以除草后的持效期较长。针对以上除卓剂的特点，咖啡园除卓可根据具体情况合理选用除草剂。如山地咖啡园，易产生山体滑坡等次生地质灾害，要注意水土保持，应选用百草枯类除草剂除草。咖啡园一年生杂草或阔叶草较多，可选用百草枯类除草剂。咖啡园多年生杂草或禾本科杂草较多，则可用草甘膦类除草剂等。

(2)除草时期及除草剂种类

①杂草萌发期防除　咖啡园杂草大量萌发时间多在2~4月，因田间气温、湿度差异有可能提前或延后。4~5月田间杂草长至5~8叶，高度8~15 cm，此时田间大部分杂草萌发，是使用除草剂的好时机，用压缩式喷雾器均匀喷雾于杂草叶片。

②杂草旺长期防除　杂草旺长期多在5~8月，高温高湿，杂草生长快，可选择在大部分杂草开始开花结籽前使用除草剂防除，均匀喷洒于杂草叶片，持效期较长。

③老熟杂草或多年生杂草防除　9、10月咖啡园的老草较多，杂草多进入开花结籽期。特别是多年生杂草，如铺地黍、狗牙根等。此时除草可选用克无踪、农达等除草剂，施药方法与夏季除草方法相同。此时天气逐渐转凉，田间气温低，杂草生长相对减慢，使用除草剂除草后，能保持较长的效果。

7.1.4 咖啡园地面覆盖

地面覆盖分为活覆盖和死覆盖两种。死覆盖是用植物的枝、叶、秆或塑料膜覆盖在咖啡树冠外的台面。活覆盖是用低矮的豆科或草本植物种植在咖啡树冠外的台面。

7.1.4.1　活覆盖

咖啡园可用活体植物覆盖，活体植物要定期修剪，以豆科作物为主，如地花生等能固氮的豆科植物是较好的活覆盖材料。覆盖有利于改善肥力和水土保持。但由于咖啡树的根系分布较浅，活覆盖常常产生水肥竞争而影响咖啡树生长和产量，因而要选择适宜对象。在肥料缺乏的地区，为提供绿肥改土，在咖啡幼龄期可种活覆盖。种植时在距咖啡树 50 cm 以外行间种植为宜，并注意绿肥作物的管理。

7.1.4.2　死覆盖

主要是盖草。咖啡树是喜湿的浅根作物，清除的杂草，易腐烂的作物茎干和枝叶均适宜做死覆盖(压青)。上层有荫蔽，地表有覆盖，咖啡树的生长环境良好。

死覆盖材料既不与咖啡发生水肥竞争，又可使土壤保持一定温度，还可减少土壤水分蒸发从而保持土壤水分。死覆盖促进土壤微生物的活动；杂草腐烂后成为土壤有机质，又可改善土壤理化性状和提高土壤肥力，有利于咖啡根系生长发育和吸收养分，促进咖啡生长和增产。同时，采用死覆盖还可抑制杂草的生长。死覆盖的方法：距咖啡树主干 10 cm 外的台面环状或带状覆盖，覆盖物选用容易腐烂的植物，覆盖厚度 10 cm；如覆盖材料多，冠幅下所有空地可长年进行死覆盖。旱季覆盖物易燃，要注意防火。

7.2　咖啡园水分管理

7.2.1　咖啡树需水规律

咖啡树是处于热带中、下层的小乔木(灌木)，适生于荫蔽湿润的环境，根系分布浅，叶片较大，不具旱生结构，其生长发育对水分有较高的要求。咖啡树对水分的需求量与季节、树龄大小有关。幼苗期咖啡树对水分的需求最敏感，供水不足可导致咖啡树幼苗死亡，咖啡树成龄后抗旱能力有所增加，但供水不足会严重影响咖啡的品质和产量。一年中，夏、秋季节咖啡树对水分的需求量最大，冬、春季节对水分的需求较少，但冬、春季节水分亏缺将影响咖啡树当年长势及开花。

7.2.2　咖啡园水分调控技术

7.2.2.1　灌溉

根据咖啡树对水分的需求，旱季过长会影响其生势和开花。云南省受季风的影响，干旱季节长，水在一定程度上成为咖啡树生长、丰产的一个限制因素。但由于云南省咖啡植区旱季长短不同，旱情也不同，应根据各地的干旱情况适时进行灌溉，以保证咖啡树的正常生长和结果。在保山潞江坝，年降水量只有 700 mm 左右，且旱季集中在 2~5 月，此时正是咖啡开花时期，应每月灌水一次，用水量每株不少于 10 kg，灌水过后，土壤水分适合及时中耕，保证咖啡正常结果。

近年来旱地栽培保水剂的应用较为广泛，广泛用于橡胶树、香蕉等作物的育苗、幼苗栽培、成龄树的管理当中，咖啡方面的应用标准可参照相关的热带作物执行。

7.2.2.2　排水

咖啡树对土壤积水较敏感，应及时进行排水。我国咖啡产区气候差异很大，多数植区降雨集中，在降水量较多或集中的咖啡植区，特别是地势低洼的地块，要修排水沟。

(1)修筑台地

在地势低洼易积水地区，可修筑平台，台面1.5 m左右咖啡树内侧留出50 cm挖排水沟。

(2)降低地下水位

在地下水位较高的地区，可挖深沟降低水位。根据咖啡树根系的生长深度，可挖1 m的排水沟，使地下水降到80 cm以下。

(3)排除地表积水

在低洼易积水地区，可在周围挖排水沟，即可阻止园外水流入，又可排除园内地表积水。

7.3 咖啡园施肥

7.3.1 土壤类型与肥力特点

我国咖啡产区以云南省为例，湿热区土壤类型主要砖红壤和赤红壤性土，由于气温高、雨量大，土壤微生物分解活动旺盛，土壤有机质积累少，养分淋溶作用强烈，土壤pH值多为酸性至微酸性反应，在施肥时如pH值低于4.5时，需施适量石灰以调节土壤pH值。而怒江和金沙江等干热区，降水量小，土壤蒸发量大，土壤类型多为微酸性至中性反应，部分地区如石灰岩发育的土壤，其pH值略有偏高，则需施酸性和有机肥以调节土壤pH值。

咖啡树对营养元素的吸收与土壤的酸碱度有关，土壤pH值在5.5~6.5时，咖啡根系对营养元素的吸收效率最高。土壤偏酸(pH值小于4.5)，根系对营养元素的吸收受抑制，施肥时选用的肥料应注意根据土壤酸碱性而定。偏酸土壤可用生石灰调节土壤酸碱度。

小粒咖啡主产区的土壤呈酸性和弱酸性，与长期施用尿素、碳酸氢铵和氯化铵等氨态氮肥导致的土壤酸化有关。pH值5.5~6.5弱酸性最适宜咖啡生长，pH值<4.5导致咖啡根系发育不良，降低很多阳离子的有效性，进而导致钾、镁、钙、磷和钼等元素的缺乏，pH值>6.5不利于优品质咖啡的形成。小粒咖啡主产区pH值适宜的比例较低，越是小粒咖啡规模化种植区，土壤酸性越强，与长期大量施用化肥密切相关，保山、文山和怒江地区则可成为大力发展咖啡种植的潜力区。pH值也可能与海拔有关，海拔升高导致气温降低，从而降低土壤微生物对有机物的分解作用，增强土壤的溶淋作用，最终使pH值降低。根据不同地区土壤产生酸化的原因，通过配施石灰和有机肥、钙镁磷碱性肥料、土壤调理剂等措施可对土壤进行改良。

土壤有机质最主要、最直接的作用是改良土壤结构，促进团粒状结构的形成，从而增加土壤的疏松性，改善土壤通气性和透水性，促进作物的生长发育。保山、文山和怒江等是土壤有机质缺乏区，有机肥的增施十分必要，可有效提高土壤的氮素含量、增加土壤肥力，避免土壤板结。根据不同的成土母质，保山地区应多施有机肥，氮磷钾肥则少量多施；怒江、文山地区应增施有机肥改善土壤结构，防止土壤黏结成块，影响耕作。

土壤有效磷含量的高低决定了施磷肥效果的大小，土壤的盐分(有效磷和速效钾)含量和 pH 值高，导致土壤的缓冲性能差，保水保肥力低，不利于咖啡树的生长发育和产量形成。土壤有效磷在沙质土中易被固定，即使含量低于 60 mg/kg，也不易淋溶损失，在实际生产中，不同地区的咖啡树施磷量可根据土壤磷素淋失及土壤磷素与土壤中氧化性铁和铝、石灰性物质的固定作用等情况进行磷素的及时补给。少数地区存在钾素缺乏，与主栽区的施钾量普遍较高息息相关。黏重质地的土壤速效钾含量一般高于质地轻的土壤，针对土壤有效磷和速效钾含量高的地区可采用化学改良(磷石膏)、水利工程措施，培育抗盐碱、耐盐碱的咖啡品种，也可施用硫黄，降低土壤的 pH 值和盐分含量，从而改良碱性土壤，以适应咖啡的生长发育需求。普洱土壤的研究指出，pH 值呈酸与弱酸性、碱解氮中偏高、有效磷低至缺乏，有机质中偏低、速效钾中偏高，这与目前普洱咖啡种植户对有机质和钾肥的重视度和施用力度相关。秸秆还田能显著提高土壤有机质、有效磷和速效钾含量，因此咖啡果皮、叶片等发酵腐熟还田，也是避免资源浪费、补充地力的可行措施。在咖啡地养家禽可提高生物多样性，同时也可增加土壤速效养分含量，改善土壤结构，增加土壤氮磷含量。施用矿物钾肥、新型增钾型生物有机肥能显著增加土壤速效钾、缓效钾和作物叶钾含量，实现增钾提质。

小粒咖啡不同主栽区的土壤肥力有差异，可能与当地咖啡种植的重视程度、施肥水平、农民的生产成本、劳动力情况等诸多因素有关，因此，可根据当地的生产投入状况，进行一些政策帮扶措施，奖励农民的增产与创收，降低生产成本，从而提高农民的种植积极性。

7.3.2 营养元素与咖啡树生育的关系

7.3.2.1 咖啡必需的营养元素

咖啡是多年生热带作物，植株全年生长发育，新梢生长量大，结果枝年年更新。果实生长发育的时间较长，从开花到果实成熟需 8~12 个月，需要消耗大量养分，若养分供应不足，易导致咖啡果实饱满度差，植株枯梢和早衰，因此，咖啡植株正常生长需要有充足的养分供应。咖啡必需的营养元素有 16 种，它们是碳、氢、氧、氮、磷、钾、钙、镁、硫、铁、硼、锰、铜、锌、钼、氯。其中碳和氧来自空气中的二氧化碳；氢和氧可来自水，而其他的必需营养元素几乎全部来自土壤。由此可见，土壤不仅是咖啡植株生长的介质，而且也是咖啡植株所需的矿物质养分的主要供给者。实践证明，咖啡产量水平常常受土壤肥力状况的影响，尤其是土壤中有效态养分的含量对咖啡产量的影响更为显著。

7.3.2.2 营养功能与咖啡树生育的关系

(1)氮元素及其营养功能

氮素是构成生命物质的重要元素，也是影响咖啡植株代谢活动和生长结果十分重要的元素。它是蛋白质、核酸的主要成分，蛋白质构成了细胞质、细胞核和酶。氮素又是构成遗传物质的核酸和生物膜的磷脂的必要组分。进行光合作用的叶绿素和参与植株生长反应及调节生长发育的辅酶、植物激素、维生素等，也都含有氮素。植株中的大量氮素以有机态存在，在根部有极少量的铵态氮和硝态氮。咖啡生长需要氮素较多，氮肥充足，咖啡植株生长健壮，枝叶茂盛，叶色浓绿；缺氮，植株生长矮小纤弱，叶片失绿黄化。

(2)磷元素及其营养功能

磷亦是构成生命物质的关键元素之一，它是磷脂和核酸的必要成分，亦是许多辅酶的组分(如辅酶Ⅰ、辅酶Ⅱ、辅酶A等)；磷在光合作用和呼吸作用中起重要作用，在氮素代谢过程中亦不可缺少；同时，磷元素还是构成腺苷三磷酸(ATP)的重要成分，ATP是生命活动的直接能源。咖啡植株中磷的分布与氮相似，以分生组织最为丰富，咖啡的花、种子、新梢、新根生长点和细胞分裂活跃的部位，聚集较多量的磷。适量供磷可促进根系、新梢生长和花芽分化。磷还能增强咖啡植株的抗寒、抗旱能力。咖啡植株对磷的吸收量较少，但缺磷，咖啡叶片出现斑痕和不规则的橙黄色斑点，落叶增多。咖啡叶片缺磷的临界含量大约是1.0 g/kg，低于该值，易出现缺乏症。磷和氮、镁养分之间存在正相关关系，磷元素的缺乏会影响植株对氮、镁养分元素的吸收，因此应注意养分的平衡供应。

(3)钾元素及其营养功能

咖啡对钾的需求量较大，钾虽不是植物体内有机体的组成物质，但却是其进行正常生理活动的必要条件。它参与物质运转、调节水分代谢，同时，钾素还是多种酶的活化剂，对碳水化合物、蛋白质、核酸等的代谢过程起重要作用。在植株中，钾素以离子状态存在，具有高度移动性，因此，咖啡植株缺钾首先表现在老叶上，缺钾的典型症状是老叶叶缘焦枯。咖啡叶片缺钾的临界含量为10 g/kg，低于该值，易出现缺乏症。据报道，巴西连续3年的钾肥试验结果表明：与不施钾肥的对照相比，施用钾肥的处理，咖啡产量提高46%，钾肥有明显的增产效果，当叶片钾含量低于10 g/kg时，产量即下降。

(4)钙元素及其营养功能

钙能稳定生物膜结构，保持细胞的完整性。植物中绝大部分钙以构成细胞壁果胶质的结构成分存在于细胞壁中。钙能促进细胞伸长和根系生长。钙又是许多种酶和辅酶的活化剂；钙能促进光合产物运转，防止金属离子毒害，延缓植株衰老。此外，钙还能调节土壤酸度，改善土壤性状，有助于植株对其他养分的吸收。钙在植株体内是一个不易流动的元素，因此，老叶中的钙含量比幼叶多。咖啡植株对钙元素的需求量较大，但是生产上咖啡植株缺钙的现象不多。通常，在土壤酸度太高的情况下，才易导致缺钙。

(5)镁元素及其营养功能

镁的主要功能是作为叶绿素a和叶绿素b卟啉环的中心原子，在叶绿素合成和光合作用中起重要作用。镁作为核糖体亚单位联结的桥接元素，能保证核糖体稳定的结构，为蛋白质的合成提供场所。叶片细胞中有大约75%的镁是通过上述作用直接或间接参与蛋白质合成的。镁是羟化酶、磷酸化酶和辅酶的重要组成部分，植物体中一系列的酶促反应都需要镁或依赖于镁进行调节，镁对许多酶有启动作用。当植物缺镁时，其突出表现是叶绿素含量下降，并出现失绿症。由于镁在韧皮部的移动性较强，缺镁症状常常首先表现在老叶上，如果得不到补充，则逐渐发展到新叶。咖啡叶片中镁的含量低于2 g/kg，表明镁供应不足。咖啡缺镁的典型症状是枝条中下部叶片叶脉间失绿黄化，严重时整株黄化。

(6)硫元素及其营养功能

硫是半胱氨酸和蛋氨酸的组分，因此，也是蛋白质的组分，它与氮、磷相似，亦是生命物质的必要组分。咖啡植株体内中的呼吸作用，细胞内的氧化还原过程，均与硫有密切关系。缺硫，咖啡植株生长受阻、矮化、叶片薄、叶色黄化。咖啡缺硫现象未见报道，可能与广泛施用含硫物质，灌溉水和空气中含硫等因素有关。

(7) 硼元素及其营养功能

硼不是植物体内的结构成分。在植物体内没有含硼的化合物，硼在土壤和植株体中都呈硼酸盐的形态(BO_3^{3-})。硼能促进细胞伸长和细胞分裂，促进生殖器官的建成和发育，硼对由多酚氧化酶活化的氧化系统有一定的调节作用。咖啡植株缺硼的典型症状是新叶较小、较长，叶缘不对称，叶面粗糙；老叶叶片变厚变脆、畸形，枝条节间短，出现木栓化现象。

(8) 锌元素及其营养功能

锌是许多酶的组分。例如，乙醇脱氢酶、铜锌超氧化物歧化酶、碳酸酐酶和 RNA 聚合酶都含有结合态锌。锌参与生长素的代谢和光合作用中 CO_2 的水合作用，能促进蛋白质代谢，促进生殖器官发育和提高抗逆性。缺锌时，植株体内吲哚乙酸(IAA)合成锐减，生长受抑制，尤其是节间生长严重受阻，叶片变小，节间缩短，通常称为“小叶病”或“簇叶病”。叶片表现脉间失绿或白化症状。

(9) 铁元素及其营养功能

铁虽然不是叶绿素的组成成分，但叶绿素的合成需要有铁的存在。电子显微镜技术的应用使人们发现，缺铁时叶绿体结构被破坏，从而导致叶绿素不能形成。严重缺铁时，叶绿体变小，甚至解体或液泡化。由于缺铁影响叶绿素的合成，而且铁在韧皮部的移动性很低，所以缺铁后老叶中的铁很难再转移到新生的幼叶中去，使新生的幼叶出现缺铁失绿症。这与氮、磷、钾等缺素症状完全不同。铁还参与植物细胞的呼吸作用，因为它是一些与呼吸作用有关的酶的成分。如细胞色素氧化酶、过氧化氢酶、过氧化物酶等都含有铁。咖啡缺铁的典型症状是在叶片的叶脉间和细胞网状组织中出现失绿现象，在叶片上明显可见叶脉深绿而脉间黄化，黄绿相间相当明显，严重缺铁时，叶片上出现坏死斑点，叶片逐渐枯死。

(10) 锰元素及其营养功能

锰在植物代谢过程中的作用是多方面的，如直接参与光合作用，促进氮素代谢，调节植物体内氧化还原状况等，而这些作用往往是通过锰对酶活性的影响来实现的。锰能提高植物的呼吸强度，增加 CO_2 的同化量，也能促进碳水化合物的水解。缺锰和缺镁症状很类似，但部位不同。缺锰的症状首先出现在幼叶上，而缺镁的症状则首先表现在老叶上。锰过多，妨碍植株对镁元素的吸收。

(11) 铜元素及其营养功能

铜是植物体内许多氧化酶的成分，或是某些酶的活化剂。含铜的酶类主要有超氧化物歧化酶、细胞色素氧化酶、多酚氧化酶、抗坏血酸氧化酶、吲哚乙酸氧化酶等。各种含铜酶和含铜蛋白质有着多方面的功能。铜对叶绿素有稳定作用，促进蛋白质的形成，铜还能增强植株的抗寒、抗旱性。缺铜时，影响咖啡嫩枝的生长，产生变形和坏死现象。

上述 11 种营养元素，以及未列出的碳、氢、氧、钼、氯等都是咖啡植株生长发育必需的营养元素，每一种营养元素对咖啡植株都很重要，不能互相代替。咖啡叶片营养诊断结果表明：咖啡植株对氮、磷、钾、钙、镁 5 种常量元素的需求量由高到低排列顺序是：氮>钾>钙>镁>磷，即咖啡植株对氮、钾养分的需求量较高，对磷素养分的需求量较低。若土壤含量不足或不能及时供应，可以通过施肥满足咖啡植株生长发育的需要。通常情况下，土壤的中微量元素基本能满足咖啡植株生长发育的需要，但随着咖啡种植年限增加，根际土壤中一些特定养分由于咖啡根系的选择性吸收易导致这些营养元素含量逐渐减少，甚至枯竭，因此，应注意补充中微量元素肥料。据报道，施用硼、锌、镁、锰、石灰等化学肥料，有利于咖啡植株生长发育，增施硼肥可以明显提高咖啡鲜果产量，施用螯合物(如乙二胺四乙酸的铜盐、铁盐、锰盐和锌盐)也有一定的增产作用。

7.3.3　咖啡营养与需肥规律

7.3.3.1　咖啡幼龄树需肥特点

咖啡幼龄树是指新定植而未结果或结果很少的咖啡幼树或更新后未结果的成龄咖啡树。一般小粒种咖啡指 1~3 年生树龄，但春植(2~3 月定植)的‘卡蒂姆’(F_6)品种第三年正式投产须按成龄树管理。咖啡幼龄树的生长发育以营养生长为主，主要处于扩大根系，形成树冠阶段，施肥以氮肥为主，适当补施磷、钾肥，施肥宜少量多次，勤施或薄施肥料。一般定植后 1 个月，植株恢复生长时施第一次肥，以后每隔 2 个月左右施水肥一次，每年施肥 4~6 次。

7.3.3.2　咖啡成龄树需肥特点

咖啡植株定植后第二年即有少量植株开花结果，第三年开始进入投产期。进入投产期的咖啡植株需要大量的氮、磷和钾素营养，以满足咖啡植株营养生长和生殖生长对养分的需求。此外，还要注意增施硼砂、硫酸锌等微量元素肥料，以维持植株体内的营养平衡。云南热区气候和土壤类型复杂多样，施肥种类还应根据土壤性质而定，例如，云南普洱市和西双版纳傣族自治州等湿热地区的咖啡园土壤多数偏酸，应注意施用石灰调节土壤酸碱度，提高土壤钙元素含量和增加土壤有效氮、磷、硫的含量。而云南干热河谷地区的咖啡园，土壤钙含量基本能满足咖啡生长发育所需，一般不施钙肥；相反，在局部碳酸岩发育的土壤植区，由于土壤的石灰含量过高已导致部分咖啡植株叶片出现黄化症状，对咖啡的产量和质量带来不利影响，因此，应通过合理灌溉、增施有机肥、施用生理酸性肥料等措施进行矫正，以减轻和消除 pH 值过高引进的症状。

7.3.3.3　成龄咖啡树不同生育阶段营养特点

咖啡叶片营养诊断能较好地反映咖啡植株的营养状况。不同生育时期，咖啡叶片养分含量有明显差异。由表 7-1 可以看出，各生育时期，咖啡叶片氮含量最高，磷含量最低，镁含量比钾、钙含量低但比磷含量高。

(1)初花期

咖啡果实采收结束，树体还处于恢复阶段，同时进入花芽分化期，低海拔地区咖啡园咖啡植株的第一批花开放，咖啡植株对营养元素的需求处于一个相对稳定的时期，氮素营养对花芽分化有促进作用，此期，叶片氮含量相对较高而镁含量处于较低水平。

表 7-1　不同生育时期咖啡叶片养分含量变化　　干重 g/kg

元素	取样日期(2006 年)			
	初花期	幼果期	第一批果实成熟期	果实采收末期
氮	30.80	37.30	32.00	29.90
磷	1.75	2.77	2.56	1.57
钾	13.60	15.90	12.80	11.20
钙	14.75	13.86	18.45	13.98
镁	2.81	5.16	3.24	3.53

(2)幼果期

幼果期是咖啡植株吸收营养元素的高峰期，咖啡植株的营养生长和生殖生长同期，为满足植株生长发育的需要，植株大量吸收营养元素。与初花期相比，叶片氮、磷、钾、镁元素含量明显提高，并达到周年的峰值，而叶片钙含量比前期低。生产实践证明，幼果期咖啡叶片的营养元素含量更能代表咖啡植株总体的需肥状况，这是因为，从咖啡生长发育对养分的需求考虑，幼果期咖啡植株对营养元素的需要量和吸收量均最大，气候条件和土壤水分条件也最有利于植株对养分的吸收。

(3)第一批果实成熟期

咖啡植株有少量果实开始成熟，进入果实采收期。咖啡叶片中钾、镁等移动性强的营养元素向生长活跃的器官即果实转移；氮素是植物细胞蛋白质的主要成分，叶片维持一定氮素水平，有利于光合产物的合成，从而能合成较多的蛋白质向果实转移，因此，与幼果期相比，尽管叶片氮、磷、钾、镁元素含量明显下降，但叶片氮素含量仍处于较高水平。而叶片钙含量与前期相比，呈积累趋势，达周年最高值。这是因为，钙在植株体内是一个不易流动的元素，老叶中的钙比幼叶多。

(4)果实采收末期

随着咖啡果实的成熟采收，大量营养物质被带走，咖啡植株体内的大部分养分均被消耗，由此导致叶片氮、磷、钾、钙含量持续下降，其中，氮、磷、钾含量降至周年最低水平，钙含量也降至较低水平。果实采收后期，咖啡植株需镁量减弱，因此，叶片镁含量比前期稍高。

由表7-1还看出，咖啡叶片钾元素与钙元素之间存在明显的拮抗作用，叶片钾含量高则钙含量降低，钾含量降低则钙含量增加。

7.3.3.4 投产咖啡树需肥量

咖啡树生长发育需肥量较大，据计算：咖啡园每生产1 t鲜果就带走养分量N素7.8 kg，P_2O_5素1.14 kg，K_2O素7.9 kg，CaO素2.5 kg，MgO素0.19 kg，此外还有微量元素，而维持树体自身生长养分的需求量为果实带走量3~4倍，然而放入土壤中的肥料不能100%被吸收利用，N肥的利用率约50%，P_2O_5肥的利用率约30%，K_2O肥利用率只有40%，其余养分被土壤固定或挥发或随水流失，因此在确定施肥量时要充分考虑这些因素，并根据目标产量、土壤养分、咖啡需肥规律、树体生长、肥料有效性等方面确定合理的施肥量，才能确保咖啡正常生长，并实现咖啡优质、高产、高效、安全的生产目标。

表7-2 咖啡豆矿质养分含量测试分析结果统计表

编号	海拔(m)	氮(%)	磷(%)	钾(%)	钙(%)	镁(%)	硫(%)	铁(mg/kg)	锌(mg/kg)	铜(mg/kg)	锰(mg/kg)
1	784	2.09	0.21	1.28	0.12	0.17	0.15	41.9	6.60	17.4	30.7
2	813	2.05	0.18	1.26	0.10	0.18	0.14	76.2	5.10	19.0	45.8
3	1035	2.22	0.15	0.12	0.13	0.16	0.14	39.1	6.20	13.9	24.6
4	1150	2.39	0.15	1.58	0.15	0.17	0.14	39.7	5.10	18.1	17.3
5	1221	2.25	0.14	1.41	0.13	0.17	0.15	48.8	8.00	12.6	26.0
6	1330	1.97	0.15	1.44	0.12	0.18	0.13	35.4	7.40	24.0	26.4
7	1400	2.09	0.16	1.30	0.13	0.18	0.14	46.8	10.5	17.9	23.0
8	1550	2.07	0.16	1.08	0.14	0.17	0.13	63.4	7.80	16.4	25.2
平均	1160	2.14	0.16	1.18	0.13	0.17	0.14	48.9	7.09	17.4	27.4

7.3.4 咖啡园施肥技术

科学施肥，对提高咖啡豆产量和品质不可或缺，就是要做到“缺什么补什么，吃饱不浪费”，也就是要配方施肥。避免肥料投入不足或施用过量，从而保证咖啡植株营养平衡。合理施肥可以提高咖啡产量，改善咖啡品质，节省劳力，节支增收。要做到对咖啡树科学合理施肥，主要是要把握好施肥种类和施肥量的确定(施什么，施多少)，施肥时间的确定(什么时候施)，施肥的方法(怎么施)三个方面。

7.3.4.1 施肥种类和施肥量的确定

根据土壤特性及咖啡树生长发育特点确定施肥种类和施肥量。

(1)肥料的种类

所施肥料的种类见表 7-3。

表 7-3 肥料的种类

种类	名称	说明
有机肥	羊粪	晒干羊粪
	咖啡果皮沤肥	咖啡果皮沤堆发酵而成
	厩肥	猪、牛、羊、鸡、鸭等畜禽的粪尿与秸秆垫料堆成
	绿肥	栽培或野生的绿色植物体作肥料
	沼气肥	沼气液或残渣
	微生物肥料、根瘤菌肥料	能在豆科植物上形成根瘤的根瘤菌剂
	腐殖酸类肥料	甘蔗滤泥、泥炭土等含腐殖酸类物质的肥料
	有机—无机复合肥	有机物质和少量无机物质复合而成，加入适量的微量元素
无机肥	氮肥	尿素
	磷肥	过磷酸钙、钙镁磷肥、磷矿粉
	钾肥	氯化钾、硫酸钾
	钙肥	生石灰、石灰石
	镁肥	钙镁磷肥、硫酸镁
	复合肥	二元、三元复合肥
	叶面肥	微量元素：含有铜、铁、锌、镁、硼、钼等微量元素的肥料

注：按 GB 4284—2018《农用污泥污染物控制标准》、NY/T 394—2013《绿色食品 肥料使用准则》的规定执行，禁止使用含重金属和有害物质的城市生活垃圾、污泥、医院的粪便垃圾和工业垃圾。

禁止使用未经国家有关部门批准登记和生产的商品肥料。

(2)施肥量确定的方法和依据

咖啡树对营养元素的吸收与土壤的酸碱度有关，土壤 pH 值在 5.5~6.5 时，咖啡根系对营养元素的吸收效率最高。土壤偏酸(pH 小于 4.5)，根系对营养元素的吸收受抑制，施肥时选用的肥料应注意根据土壤酸碱性而定。生石灰是调节土壤酸碱度、增加土壤钙元素最有效、快捷和经济的方法。石灰施用的时间为雨季开始前或雨季结束后，如果台面有蕨类植物，说明土壤呈酸性，每公顷撒施 900~1200 kg 石灰于台面。石灰撒施 1 个月后才能施其他化肥。每个咖啡种植点最好进行土样分析，确定有效的石灰施用量，一般每隔 3~4 年重复施石灰一次(土壤酸碱度与肥料的选择详见表 7-4)。

表 7-4 土壤酸碱度与肥料的选择

肥料种类	pH 值			
	小于 5.0	5.0~5.4	5.5~5.6	大于 6.0
氮肥	硫酸铵、尿素	硫酸铵、尿素	硫酸铵、尿素	任何氮肥均可
磷肥	钙镁磷肥	钙镁磷肥	钙镁磷肥	普钙
钾肥	氯化钾	氯化钾	氯化钾、硫酸钾	任何钾肥均可
钙肥	石灰、钙镁磷肥	石灰、钙镁磷肥	石灰、钙镁磷肥	石灰、钙镁磷肥

云南省种植的小粒种咖啡定植第一至第二年以营养生长为主，第三年及以后进入投产为营养生长与生殖生长并进期，在施肥量和施肥比例上要根据树龄、营养状况、发育阶段进行有针对性的施肥。我国咖啡生产上还未推行咖啡测土配方施肥，主要凭人为经验进行，应在咖啡种植企业和农户中推广营养诊断与测土配方施肥技术。

咖啡树叶片营养诊断指导施肥：采用测土配方施肥的咖啡树，如果叶片还表现明显的缺素症，就要进行叶片分析。叶片取样方法：采果结束后或在旱季，取树冠中层结果枝的顶端顺数第三和第四对充分展开的叶片(图 7-1)。100 hm^2 以下的基地取 300~600 片叶片。取下的叶片用湿卫生纸包裹放入密封塑料袋，及时送样分析。

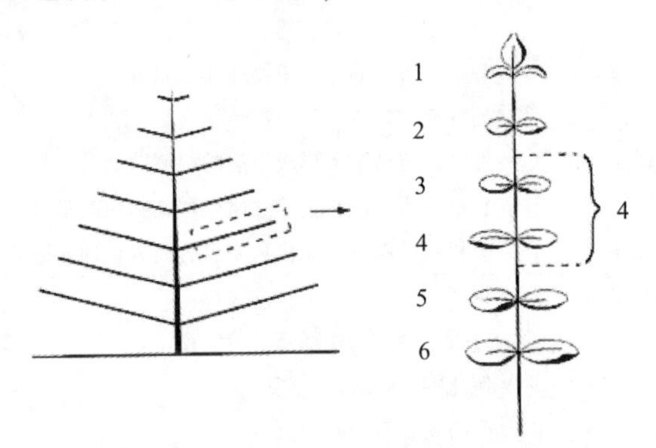

图 7-1 咖啡叶片营养诊断取样示意

结果的咖啡树(中层结果枝的取叶部位)。叶片各元素的含量与咖啡树的生长有密切相关(表 7-5)。

(3)测土配方施肥

测土配方施肥是以土壤测试和肥料田间试验为基础，根据作物需肥规律、土壤供肥性能和肥料效应，在合理施用有机肥料的基础上，提出氮、磷、钾及中、微量元素等

表 7-5 咖啡树叶片中营养元素含量参考数值

营养元素	参考数值(mg/kg)	营养元素	参考数值(mg/kg)
氮	25 000~30 000	铁	50~150
磷	1500~2000	锰	50~150
钾	15 000~26 000	铜	6~15
硫	1000~2000	锌	10~15
钙	7000~13 000	钼	0.15~0.20
镁	2000~4000	硼	40~100

肥料的施用数量、施肥时期和施用方法。测土配方施肥技术的核心是调节和解决作物需肥与土壤供肥之间的矛盾。同时有针对性地补充作物所需的营养元素，作物缺什么元素就补充什么元素，需要多少补多少，实现各种养分平衡供应，满足作物的需要；达到提高肥料利用率和减少用量，提高咖啡豆产量，改善咖啡豆品质，达到节省劳力、节支增收的目的。

如何实现测土配方施肥技术：专业部门对土壤和叶片进行测试分析后，提出肥料配方，由企业按配方进行生产并供给农民，在农业技术人员指导下科学施用。也可由种植户直接购买或定制配方肥，再按具体方案施用。施肥量要根据土壤分析来确定，表 7-6 为咖啡园土壤营养元素含量参考数值。

表 7-6　咖啡园土壤营养元素含量参考数值

营养元素	参考数值	单　位
氮 N	90~120	碱解氮(mg/kg)
磷 P	20~40	速效磷(mg/kg)
钾 K	0.2~0.4	交换性钾(meq%)
钙 Ca	1.5~5.0	交换性钙(meq %)
镁 Mg	0.4~2.0	交换性镁(meq %)
锌 Zn	2~10	速效锌(mg/kg)
硼 B	0.5~2.0	速效硼(mg/kg)
钠 Na	<1.0	meq %
阳离子交换量(CEC)	10~20	meq %
盐基饱和度(Sat)	60~80	
Ca/K	3~14	
Mg/K	2~5	
Ca/Mg	1.2~5	
钾的比例	3~6	K%=(100×K)/(K+Ca+Mg)×100%
Ca/CEC	40~60	%
Mg/CEC	10~20	%
K/CEC	3~5	%
pH 值	5.5~6.5	

7.3.4.2　施肥时间

咖啡树每年施肥 4 次，其中土壤施肥 3 次，叶面施肥 1 次。土壤施肥在有灌溉条件的咖啡园于 3 月、5 月、7 月各施 1 次；没有灌溉条件的咖啡园于雨季 5 月、7 月、9 月各施 1 次，叶片施肥于 10 施 1 次；第一次土壤施肥为催芽肥，第二次土壤施肥为保果肥，第三次土壤施肥为壮果肥，第四次叶面施肥为保暖过冬肥(具有促进花芽分化、提高抗旱力和促进籽粒饱满的作用)。

7.3.4.3　施肥方法

咖啡植株主要靠根系从土壤中吸收生长发育所需的营养元素，在施肥技术上以土壤施肥为主，但枝叶和果实也有一定的吸收养分的能力，因此可通过叶面施肥，促进咖啡植株对营养元素的吸收，叶面施肥常用于快速矫正营养缺乏症，微量元素肥料常采用叶面施肥。

(1)土壤施肥法

根据咖啡根系的分布特点，将肥料施在根系密集区域，保证根系充分吸收养分，发挥肥料的最大效用。幼龄咖啡植株根系浅，分布范围不大，以浅施、勤施为主，随着咖啡树龄的增大，施肥的深度和范围也应逐年加深和扩大。幼龄树一般在树冠滴水线处挖施肥沟进行沟施。成龄咖啡树一般在距植株主干一侧 30~40 cm 处，挖长 40 cm，宽深各 20 cm 的施肥沟，施肥前将准备好的氮、磷、钾肥按一定比例(15∶15∶15 或 10∶5∶20)混合均匀，撒施于沟内，肥料与沟土拌均匀，施肥后覆土，施肥沟的位置在四个方位交替轮换施用。沙质土、坡地及高温多雨地区，肥料要适当深施勤施。黏性土施肥浓度可适当增大，以减少施肥次数。旱地施氮肥要深施或混施，特别是粒肥深施是目前提出的减少氮素损失、提高氮肥利用率的各种方法中效果最大且较稳定的一种，与氮肥表施相比，将氮肥混施于土壤耕层中，也能减少氮素损失。混施和深施的主要作用是减少氨挥发和径流损失，也可能减少反硝化损失。有灌溉条件的咖啡园，施肥后及时灌水，有利于降低氮素损失，提高氮肥利用率和增产效果。磷肥在土壤中移动性差，磷肥淋失很小，土壤对磷肥有固定作用，宜集中施用和深施，这有助于减少磷的固定作用，使更多的磷肥保持在有效状态，磷肥与农家肥作基肥一次施入更能发挥肥效。钾肥在土壤中易淋失，根据生长季节的不同，可采用撒施、条施、沟施、穴施和叶面喷施。在进行土壤施肥时，施肥位置要交替进行。

(2)叶面施肥法

叶面施肥是根外施肥的主要方式之一，是把肥料用水溶解后稀释成一定浓度，直接喷施到叶面上，让叶片直接吸收利用。叶面施肥法虽不能取代土壤施肥法，但它对迅速改善植株营养状况具有重要作用，叶面施肥主要用于补充植株营养和纠正缺素症。

①喷施时期和时间　叶面施肥一般选在新叶、新梢、花期和幼果期叶片组织未老熟前进行，以新梢生长期、花期和幼果期施用效果最好，叶片老熟后喷施效果会降低。肥液在叶片上停留的时间愈长，效果愈好，如果喷施肥液后叶面能保持湿润 30~60 min，有利于加快吸收速率和提高利用率。喷施最佳时间宜选在上午 10:00 前和下午 16:00 后进行。根据树势酌情施用，长势正常的咖啡树在 10 月喷施一次磷酸二氢钾、硼、钼肥叶面肥，可促进花芽分化，促进翌年开花结果，并增强咖啡树的抗寒和抗病能力。

②喷施部位和喷施次数　叶面喷施以喷叶背面为好，叶片的背面气孔比正面多得多，海绵组织间隙大，茸毛也多，吸收肥液多且速度快，所以喷肥要喷匀，叶背一定要喷到。大中量元素(氮、磷、钾、钙、镁等)可根据需要多次喷施，微量元素在连续喷施 2~3 次后，若缺素症状消失，停止喷施，避免发生肥害。

③喷施浓度　叶面施肥所用的肥料要求严格掌握喷施浓度，特别是微量元素肥料，浓度过低，施肥效果不明显，浓度过高容易产生肥害。咖啡生产上常用的叶面肥有尿素、磷酸二氢钾、硫酸镁、硫酸锌、硼砂或硼酸等，施用浓度分别是：尿素 0.2%~0.3%、磷酸二氢钾 0.3%~0.5%、硫酸镁 0.3%~0.5%、硫酸锌 0.1%~0.3%、硼酸或硼砂 0.1%~0.2%。

尽管叶面施肥优点多，效果好，但终究只是一种辅助施肥手段，绝不能代替土壤施肥。因此，要在土壤施肥为主，尤其是增施有机肥的基础上，配合叶面施肥，才能取得最大经济效益。

7.3.4.4 国内常用的施肥方案

(1)肥料的种类及施肥量

咖啡园施肥种类及施肥量可参考表7-7，具体要结合施肥地点采取合适的方案。

表7-7 咖啡园施肥量参考标准

肥料种类	施肥量[g/(株·a)]				说 明
	定植肥	1~2龄	2~3龄	3龄后	
优质有机肥	2kg以上	1000	1000	2000	以腐熟垫栏肥计
尿素	—	50	60~100	80~100	—
过磷酸钙	150	50	60~100	60~80	酸性重可用钙镁磷肥
氯化钾或硫酸钾	—	40	60~100	80~100	
硫酸镁	—	—	—	50	缺镁地区用
硫酸锌	—	—	—	5~10	缺锌地区用
硼砂	—	—	—	5~10	缺硼地区用

(2)施肥时间及方法

只要土壤潮湿全年均可施化肥。 般雨季是常规施肥的最佳时期，分3~4次(2~3月、5~6月、7~9月、10~11月)施完。未投产树越冬期施(11月至翌年2月)，投产咖啡树采果后施入(2~3月)，施肥以有机肥和磷肥为主，在咖啡树株间或冠幅外围挖长40 cm、宽20 cm、深20~30 cm的施肥沟，肥料与沟土拌均匀，施肥后覆土，施肥沟的位置四个方位逐次轮换。施肥部位在咖啡树冠幅(滴水线)下环状或半环状处，挖3~5 cm浅沟均匀撒施，施后盖土。如果是半环状施肥，施肥位置每次要交换。叶面肥在叶背喷叶面肥料，在晴天11:00前，16:00后喷施效果较好。

(3)施农家肥

常用的农家肥有牛、羊、猪和鸡等动物粪便，使用前要进行发酵处理；同时咖啡鲜果皮发酵后也是很好的有机肥，杂草等植物压青或地面死覆盖也能转化为农家肥。农家肥是有机肥料，含有各种营养元素，在施化肥的同时，增施农家肥，可使土壤疏松通气，促进新根生长，使咖啡树长势旺、健壮、产量高、抗性强。动植物残体沤制的农家肥是最好的肥料，咖啡树可长期施用。蔗糖泥，每株每年施500 g干塘泥(1000 g湿塘泥)，能提供咖啡树所需的全钾量的20%~30%，同时补充锌肥和硼肥，但蔗糖泥中氮和磷含量极低，铁和锰含量太高，不能长期使用。

7.3.4.5 国外咖啡施肥方案

国外主要咖啡生产国对咖啡需肥规律及施肥技术研究较早，也比较系统，因此已制订出一整套适合本国国情的咖啡施肥技术标准和施肥方案，以下介绍主要咖啡生产国推荐的施肥标准。

(1)印度施肥标准

印度根据不同农业气候区进行的精心设计的田间试验、长期的肥料试验、产量和土壤分析资料，制订出合理的施肥方案。大面积的肥料试验表明，氮、磷、钾的最适用量分别是90~160 kg/hm^2，80~120 kg/hm^2和160 kg/hm^2，按投入与产出最佳效果计算，氮、磷、钾的经济施肥量以154 kg/hm^2，116 kg/hm^2和154 kg/hm^2较好，实现投入少产出高的目的(表7-8至表7-10)。

表 7-8　印度一般施肥方案($N:P_2O_5:K_2O$ 养分：kg/hm^2)

定植年限	开花前(3月)	开花后(5月)	季风中期(8月)	季风后期(10月)	总量
1	15：10：15	15：10：15	—	15：10：15	45：30：45
2~3	20：15：20	20：15：20	—	20：15：20	60：45：60
4	30：20：30	20：20：20	—	30：20：30	80：60：80
5	40：30：40	40：30：40	20：0：0	40：30：40	140：90：140
产量超过 1 t/hm^2	40：30：40	40：30：40	40：30：40	40：30：40	160：120：160

表 7-9　印度目标产量的施肥量

咖啡豆产量(kg/hm^2)	施肥量($N:P_2O_5:K_2O$，养分：kg/hm^2)	咖啡豆产量(kg/hm^2)	施肥量($N:P_2O_5:K_2O$，养分：kg/hm^2)
200	90：40：90	750	145：68：145
400	110：50：110	1000	170：80：170
500	120：55：120		

表 7-10　印度土壤 pH 值与不同肥料的施用

肥料	pH<5.0	pH5.0~5.5	pH5.5~6.0	pH>6.0
氮肥	硝酸铵钙与尿素混合年施 3~4 次	硝酸铵钙与尿素或硫代硝酸铵交替施用	硫代硝酸铵或尿素或硫酸铵	任何氮肥均可施用
磷肥	过磷酸碱性盐年施 2 次	磷矿石粉与磷酸二钙或硝酸磷肥交替施用	磷酸二钙或硝酸磷肥	过磷酸钙、三元过磷酸钙、磷酸二铵或磷酸一铵
钾肥	氯化钾年施 2 次	氯化钾或硝酸钾交替施用	任何钾肥或软钾镁($K_2SO_4MgSO_4$)	发现缺钾可施任何钾肥
钙肥	碳酸钙或碳酸镁钙，在缺镁地区可施白云石质石灰石			

(2)巴西施肥标准

巴西主要根据土壤和叶片分析资料提出施肥建议，但一般以叶片分析资料为主要依据。据报道，当叶片 N 含量大于 2.5%和 K 含量大于 1.5%时植株枝条回枯数接近于零。在追施 N、P、K 的同时，穴施有机肥对咖啡生长较为有益。一般每年施肥 4 次，第一次在雨季开始时，最后一次在雨季结束时施用(表 7-11、表 7-12)。

表 7-11　巴西根据叶片分析制订的施肥方案

养分含量(%)		施肥量[g/(株·a)]	产量反应
氮肥(N)	2.0~2.6	400~200	高
	2.6~3.0	200~100	中
	>3.0	100~0	低
钾肥(K_2O)	1.5~2.0	360~180	高
	2.1~2.5	180~60	中
	>2.5	60~0	低
磷肥	根据土壤磷素丰富度酌情施用		

表 7-12　巴西不同土类的施肥量

营养元素	土类	施肥量[g/(株·a)]
N	第四纪砂土	400
	沙质砖红壤	100
	红色砖红壤	200
P_2O_5	第四纪砂土	100
	沙质砖红壤	25
	红色砖红壤	25
K_2O	第四纪砂土	300
	沙质砖红壤	75
	红色砖红壤	150

(3)肯尼亚施肥标准

肯尼亚根据土壤与叶片分析资料，制订施肥方案(表 7-13、表 7-14)。

表 7-13　肯尼亚根据产量制订的氮量

日标产量(t/hm^2)	每公顷施氮量(kg)	备　注
<1.0	80	种植密度为每公顷 1330 株，株行距 2.74m
1.0~1.5	140	
1.5~2.0	140~200	
>2.0	最多可达 300	

表 7-14　肯尼亚不同磷、钾含量下的氮磷钾比例

土壤钾含量(mg)	土壤磷含量		
	低：$<15\times10^{-6}$	中：$<15\times10^{-6}\sim30\times10^{-6}$	高：$>30\times10^{-6}$
低：<0.2 当量	15 : 15 : 15	16 : 18 : 16	18 : 0 : 18
中：0.2~0.4 当量	15 : 15 : 6.4	25 : 10 : 10	施硝酸铵钙/硫代硝酸铵
高：>0.4 当量	11 : 8 : 6	25 : 5 : 5	氧化钾/硫酸钾

(4)哥伦比亚施肥标准

哥伦比亚一般土壤含钾量较低，同时许多地区普遍缺镁和硼，因此根据顶部第四对叶和老叶营养诊断结果进行指导施肥。在哥伦比亚最佳的施肥时期为花期和结果期，分 4 次进行施用(表 7-15)。

表 7-15　哥伦比亚叶片诊断与处理

营养元素	含量(%)	诊断和处理
N	<1.8	严重缺氮，落叶
	1.8~2.5	叶片褪绿
	2.5~2.8	施 N 素 50~60g/株
	2.8~3.0	平衡
	3.0~3.3	不施 N 素
	>3.3	N 素过剩

（续）

营养元素	含量(%)	诊断和处理
P_2O_5	<0.09	严重缺磷，施 50 g/(株·a)
	0.09~0.11	缺磷，施 40~50 g/(株·a)
	0.11~0.12	中等，施 40 g/(株·a)
	0.12~0.13	最适，施 40 g/(株·a)
	0.13~0.15	最适，施 40 g/(株·a)
	>0.15	
K_2O	<0.3	出现枯斑，施 150 kg/hm^2
	0.3~0.8	严重缺钾，施 150 kg/hm^2
	0.8~1.2	缺钾，施 100~120 kg/hm^2
	1.2~1.8	临界水平，施 100~120 kg/hm^2
	1.8~2.5	正常，施 80~100 kg/hm^2
	2.5~3.0	过剩，施硫酸镁
	>3.0	很高，施 Ca 和 Mg 肥

(5)科特迪瓦施肥标准

科特迪瓦在第四纪砂土地区，单株氮、钾最低用量为 30 g 和 60 g，最大用量为 50 g 和 100 g。另外，每株施 10 kg 堆肥或农家肥作为无机肥料的补充。

(6)中非施肥标准

中非施肥标准、施肥量见表 7-16。

表 7-16 中非小粒种咖啡施肥量

营养元素	树龄	施肥量[g/(株·a)]
N	4	60~120，分 4 次施
P	5~6	40~60，施 1 次
K	>4	60~100，分 2 次施
Mg(<0.3%)		40~50，分 2~3 次施

以上各咖啡生产国的施肥标准有很大的差异，主要由于各国咖啡产区的土壤成土母质都不同，因而土壤理化性状和营养含量存在很大的差异，因此，准确的施肥量要根据土壤和叶片分析结果进行确定。

7.3.4.6 合理施肥，提高肥料的利用率

科学合理施肥，就是要做到“缺什么补什么，吃饱不浪费”，即要配方施肥。配方施肥一定要遵循有机与无机相结合，大量、中量、微量元素配合，用地与养地相结合，投入与产出相平衡的原则。

7.4 咖啡整形与修剪技术

咖啡是一种需要精细管理的经济作物，不但要赋予优良的中耕及水肥管理，而且要实行很精细的修枝整形。在有低温寒害影响的地区，修枝整形问题表现更为突出。小粒种咖啡有两个不利于生产管理的特性，就是顶端优势特强和生殖生长特别旺盛。当顶端受伤后

会引起下芽、腋芽大量萌动，形成丛生枝、徒长枝等枝条，加剧养分消耗，失去养分平衡，影响咖啡结果量和质量。严重的会引起咖啡收果后的大量枯枝(有的在未收果时就发生果枝一起枯死的现象)，甚至引起整株枝干枯死。为了防止这种情况的发生，有效措施之一就是进行合理的修枝整形，调节生殖生长与营养生长的关系，使其有最佳的营养、生殖状态，达到高产、稳产。

7.4.1　整形修剪

7.4.1.1　小粒种咖啡整形修剪的作用

通过整形修剪技术，促使咖啡树冠通风透气，树冠结构合理，促进光合作用；有利于主干及骨干枝的生长发育，分枝层次分明，形成丰产树形；有利于减少病虫害；同时有利于咖啡树整株营养的合理分配，促进开花坐果及营养生长，因此整形修剪是咖啡树生长中不可少的措施之一。

7.4.1.2　小粒种咖啡树的主要树体结构

栽培小粒种咖啡的树形有两种：单干形和多干形(图 7-2)。

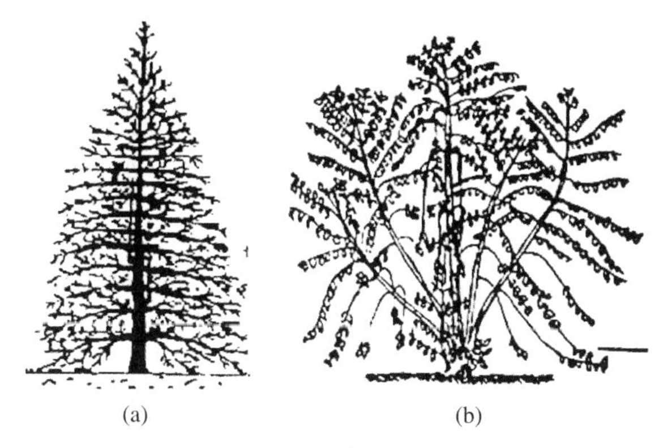

(a)　(b)

图 7-2　咖啡树体结构

(**a**)单干形　(**b**)多干形

(1)单干形

每棵咖啡树只培养一条主干。这类树型应将树体控制在一定高度，使养分集中供应，促进主干和一分枝发育、增粗，形成强健的骨架。以后每年不断在一分枝上抽生二、三分枝，以代替一分枝结果。单干形多用在新种植的咖啡树上，该树形一分枝数量有限，后期二、三分枝也是主要的结果枝条。一般在投产几年后应培养多干形树体，促进咖啡树丰产、稳产。

(2)多干形

每棵咖啡树培养 2~3 条主干。该树型的一分枝数量较多，应促进主干和一分枝发育、增粗，一分枝为主要的结果枝条。该树型应注意主干的合理轮换，一分枝的培养，可达到咖啡树丰产、稳产。

7.4.1.3　单干树整形与修剪

(1)单干树形的培养方法(见小粒种咖啡多次去顶示意)

①一次去顶发。当咖啡树高 1.8~2.0 m 时打顶形成单干树。由于目前多数种植‘卡蒂姆’系列品种生产上多采用一次去顶形成单干树。

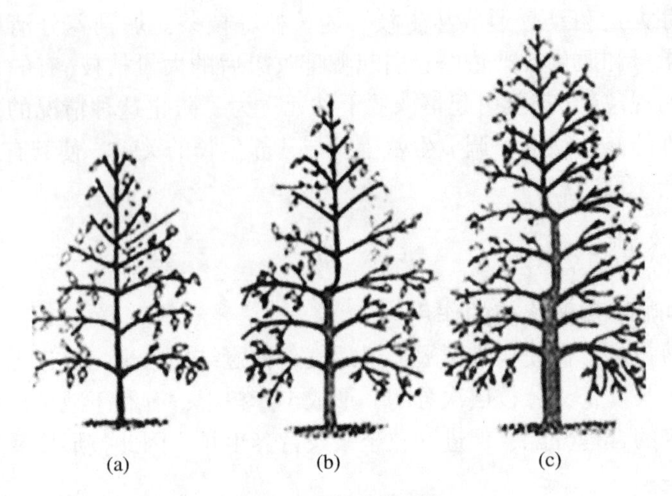

图 7-3 多次去顶发

②多次去顶发(图 7-3) 在保留的单干上分 2~3 次去顶，形成单干树。第一次去顶高度 1.2 m，第二次去顶高度 1.8~2.0 m，铁皮卡、波邦等高干品种适宜多次去顶法。

(2)单干树的修剪

修剪时间安排，幼龄咖啡树在 3~10 月，投产咖啡树在采收结束至 10 月，一级分枝不能修剪，二级分枝在离主干 10~15 cm 处开始保留。修剪是枝条的去留主要做到以下几点：

根据二级分枝的萌发情况，交叉保留二分枝；每条一级分枝可保留 3~5 条二级分枝，每条二级分枝保留 1~2 条三级分枝(图 7-4)。

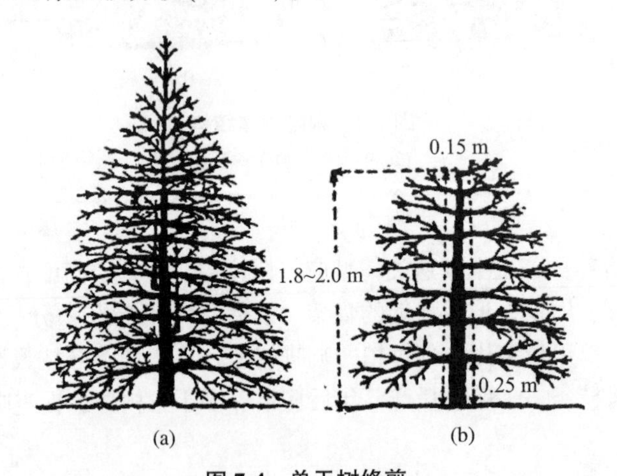

图 7-4 单干树修剪

(a)整形修剪前 (b)整形修剪后

去除地表 20~25 cm 以下的第一分枝，以促进空气流通。

不可过度剪除第一分枝形成的支干，因为无法再生。

剪除主干 10~15 cm 内的二分枝，形成烟囱式通气通道。

剪除所有不定枝(凡向上、向下、向内生长不规则的枝条)，这些是无法结果的。

剪除弱枝、病虫枝、干枯枝。

7.4.1.4　多干树的整形修剪

多干树整形的目的是培养多条主干长出大量健壮的一级分枝作为主要结果枝。主干不去顶，待顶芽生长变缓，产量下降时，更新主干。多干整形的修剪技术较简单，主要是定期换主干，剪去结果后的枯枝、弱枝、多余的徒长枝及病虫枝。多干整形有两个步骤：即多干培养和多干轮换。

(1)多干培养

①弯干法　将种植后一年的苗木主干向地面拉弯成45°，用绳子固定，促进基部抽生出直生枝，选留3~4条，育成新干。老干在结果1~2年后截去，此法较斜植法费工，且需用固定主干的材料(图7-5)。

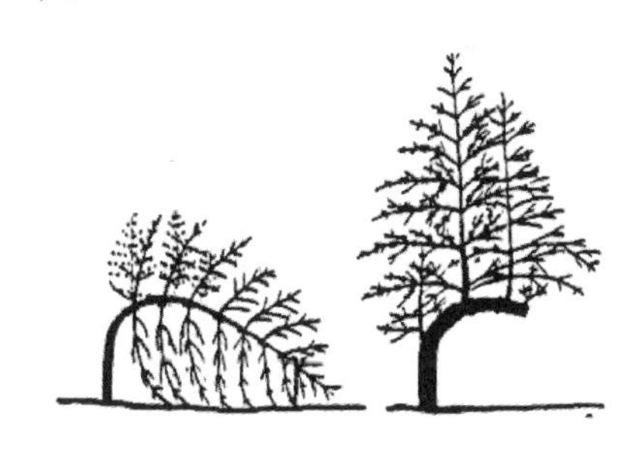

图7-5　弯干法

②斜植法　定植时，将苗木斜植于大田，苗木与地面形成10°~45°斜植，选留从基部抽生的3~4条直生枝作为主干，把原主干的最上一条直生枝处截去，生产上较普遍采用此法(图7-6)。

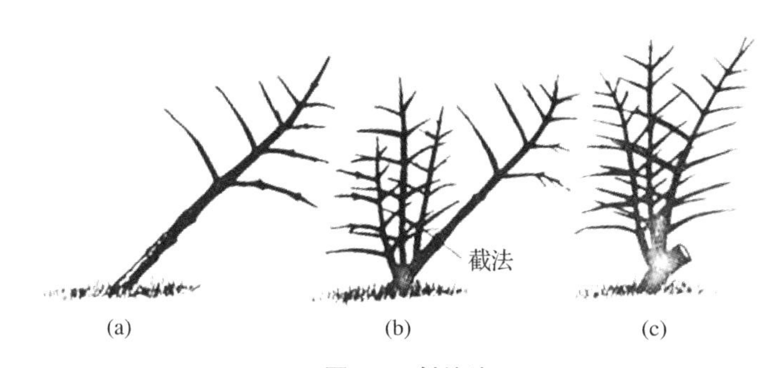

图7-6　斜植法
(a)定植时　(b)植后抽直出枝　(c)截去旧干

③截干法　此法适用于2年生苗木，在离地面25~30cm处截干，以后长出多条直生枝培养成新主干(图7-7)。

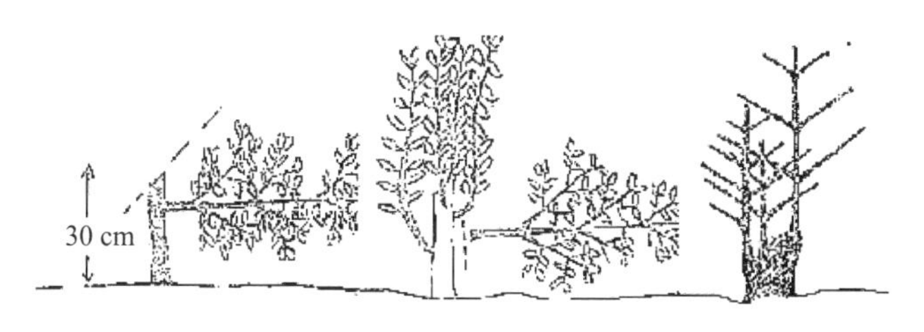

图7-7　截干法

(2) 多干轮换

多干整形的植株，在结果3~5年后，由于主干继续生长，结果部位逐年升高，老干生长量逐年减少，产量下降，因此，必须更换主干，使植株保持足够的结果主枝。多干轮换主要采用一次截干和多次截干法轮换，培养新主干代替老主干结果。

①一次轮换　主干结果4~5年后，产量下降，此时于收获后，把主干一次截去，截主干高度一般离地面30 cm，锯口面向外倾斜，待新干萌发后，保留从基部萌发的新干4~5条，培养成新干。

②分次轮换　每年将结果能力低的1~2条老干截去，培养1~2条新干代替老干结果。一般在截干前一年，于老干基部保留直生枝1~2条，到截干当年采果后，在直生枝长出部位上方锯去老干。

(3) 多干修剪

多干整形也需修剪，以保持树冠内通风透光，新培养主干健壮，结果多。修剪的主要对象是截干后长出的多余的直生枝，截干后，萌发出的直生枝，除要培养的新干外，多余的直生枝要及时除掉。另外，要剪除部分内侧枝、枯枝和病虫枝，适当控制主干高度。

幼龄咖啡树多采用单干整形，结果多年的衰老树、弱树或主干衰弱的咖啡树可采用多干整形。

7.4.2 咖啡枯梢树、低产树的改造

枯梢树往往发生在枝条大量结果后，植株消耗大量养分，此时，若水肥不足，管理又跟不上，就会枝条生长量小，叶子褪绿，经冬季低温干旱期，引起落叶、枝枯，形成树冠中部空虚。枯梢严重的，结果多的枝条全部干枯，结果少的枝条受到影响；严重枯梢的，叶片全部落光，枝条大部或全部干枯，个别主干也会干枯。

7.4.2.1 枯梢树的改造

枯梢破坏树形，使产量下降，不经过改造是难以恢复产量，改造后也需1~2年后才能恢复到正常产量。改造时间宜早不宜晚，2月中、下旬气温回升时即可进行改造，早改造，早长枝，加速当年生长量，使下年多结果。改造时可根据枯梢的情况有针对地进行。

(1) 上部枯梢

原上部枝条结果多，上部枝条大多数枯死，不枯的枝条叶片大部分脱落。从枯枝部位处截干，使其萌发直生枝，然后选留一条粗壮直生枝代替主干，长至离地面高160~180 cm再进行去顶，控高以后，要及时除掉多余直生枝。

(2) 中上部枯梢

在枯梢部位最下一对枯枝的地方截干，选留新生的直生枝1~2条，培养成老干的延续的主干。原主干下部正常的一级分枝可继续留用，以使来年有一定产量。

(3) 中下部枯梢

可采用弯干法或截干法改造。

①弯干法　将树干拉弯，促使抽生新直生枝，选留1~2条。

②截干法　单干及多干树形都可以采用。多干树形可采用一次截干更新或多次轮换两种形式。方法是在树干离地面30 cm左右截干，选留直生枝作新干。

(4)下部枯梢

多出现在没有控制高度的植株，任其长高，高出300 cm左右，影响群体受光，下部枝条处于隐蔽，枝条廋弱，最后干枯，结果部位升高，只有顶部枝条结果，成了伞状树形，产量下降，对管理工作增加困难。下部枯梢的植株可进行截干更新，更新方法见下一节。

7.4.2.2　枯梢树的管理

(1)灌水或喷水

截干后应进行灌水或喷水，保持土壤有一定水分，截干后1个月萌发新芽，早发芽，早生长，加大当年生长量，为翌年打下基础。

(2)深翻改土

截干后，土壤水分适当时进行深翻，深挖30~40 cm，可切断部分老根，长出新根。

(3)修剪

在改造枯梢树的咖啡园，对留下的植株进行一次修剪，将所有枯枝、病枝、无结果能力的老枝、弱枝、过密枝等剪去，当腋芽大量萌发时留够下年结果枝，其他腋芽全部抹去。截干后1个月左右大量萌发直生枝，留2条健壮芽培养主干，多余直生枝条及时抹去。

(4)其他管理

施肥、除草、松土、灌水、防治病虫害等措施和正常的咖啡园相同。

7.4.3　咖啡树更新

咖啡结果后第三年至第五年是盛产期，第六年产量开始下降，生长势逐渐衰退，一般在结果后6~7年更新复壮，若管理好可延缓更新期，管理跟不上，大量结果之后，一级分枝干枯，严重地破坏了树形，一般管理是难以恢复原来的产量，可采取更新换干复壮来恢复原来的产量水平。

7.4.3.1　更新方法

(1)上部分枝条全枯的

在离地面25~30 cm处切干，切口倾斜度为45°，切口向外，切口糊黄泥或油漆保持水分，30 cm以下有枯枝的全部剪除，有正常枝的全部保留。30 cm以上有正常枝条的，切口部位可提高到40~50 cm处切干，在活枝条上端5 cm处切干。活枝条可萌发出多条二级分枝，可使下年有部分产量。

(2)成片一次更新

当年没什么产量或产量很低，树的长势不好，枝条全部枯死的可成片一次更新。

(3)轮换更新

密植咖啡，行距太窄，荫蔽度过大，或咖啡园有部分枝条干枯，但还有一定的产量的，可采用隔2行更新1行，每年更新1/3留2/3的方法进行更新。更新1行留2行，增加了光照和营养，从而提高了植株的生长和产量。

7.4.3.2　更新时间

有条件灌溉或浇水的咖啡园，以早更新为好，收果结束之后，2月中旬或3月上旬

(平均气温 15 ℃上)切完干。无灌溉条件的地区可在雨季初进行，争取尽早切干，早萌发直生枝，这样可使当年生长量加大，为翌年提高产量创造条件。

7.4.3.3 更新咖啡园的管理

①灌溉供水　截干后和新芽萌发前要求土壤水分充足，能灌溉的咖啡园应进行灌溉，以利于枝条的抽生。

②深翻改土　截干后土壤水分适宜时，深挖 25~30 cm，疏松土壤，同时切断部分老根，促进新根生长。

③抹芽　新芽萌发时，选留 1~3 条生长在切口下 1~2 cm 以上的健壮的直生枝留作干枝，枝与枝之间要有间隔(最好为相对而生)，其余的新芽应及时抹除。

④施肥　施肥可参照新定植的咖啡来进行。

⑤防虫　更新之后的咖啡，基部主干暴露在外，易受害虫(尤其是天牛)的危害，当新芽抽出后，可用药剂或涂剂(硫黄 1 份，生石灰 1 份，水 25~30 份)来进行喷主干或涂主干。注意不要涂在新抽出的芽上。

⑥中耕除草　更新之后，地表裸露，杂草生长较快，结合浅中耕，及时清除园内杂草，以保持土壤疏松、透气。

⑦摘顶控高　单干更新后，待植株高 180~200 cm 时摘顶控高。

7.5 咖啡树寒害及处理措施

云南省哀牢山以东地区常常周期性地遭受寒流袭击，因此除选择避寒环境外，还要搞好防寒工作。当冬季中午降温 7~8 ℃、下午露点气温小于 5 ℃、盛行偏北风或西北风时，当晚最易发生霜冻。云南咖啡种植区发生霜冻比较严重的年份有 1953 年、1973—1974 年、1975—1976 年、1986 年春(倒春寒)、1999 年、2013 年、2019 年，平均霜冻周期为 13~20 年。霜冻年给咖啡树的生长和产量造成很大伤害和损失。霜冻无论轻重，都对咖啡杯品质量影响极大(褐色豆比率增加)。

7.5.1 咖啡树寒害症状

咖啡树寒害表现为嫩叶枯焦、顶芽及嫩梢枯死、叶片和枝条枯死、咖啡果果皮枯焦、咖啡豆褐色豆比例增加等症状。

7.5.2 咖啡树抗寒栽培措施

秋冬季节，注意气象信息，掌握天气变化，早做防寒准备，可有效防御咖啡树低温霜冻灾害。

(1)选择避寒环境栽培

掌握低温霜冻发生的规律，咖啡种植地避开闭塞环境和低凹的沟谷，因这些地形冷空气易下沉，出现霜冻机会多，受冻强度大。新种植区，选择背风向阳的平地、山坡地或地势开阔、空气流通的地方种植。

(2)培育选用抗寒品种、加强抚育管理

目前生产上尚无表现优良的抗寒品种，培育抗寒品种也是提高咖啡树抗寒能力的主要措施之一。在生产管理中，要注重培养树型健壮，提高咖啡树的抗寒能力。

①选择抗锈的咖啡品种。促使咖啡树生长健壮，提高咖啡树的抗逆性。

②适量增施肥料，提高咖啡抗寒能力。进入冬季前，施磷、钾、硼等肥料，促进枝叶生长健壮，提高抗寒能力。

(3)保护咖啡树体，提高抗寒能力

①覆盖　秋季对幼龄咖啡树进行地膜覆盖；严寒前对未木质化的幼龄咖啡树可用整株搭草棚架、层遮光网防寒；高大的咖啡树可用废旧塑料袋做成网罩，或用稻草帘、多层遮光网等防寒物覆盖。

②根颈培土　对已老化的咖啡树，12月中旬前进行培土，保护近地5~30 cm的主干，是老咖啡树行之有效、节约型的防寒措施。根颈培土利于咖啡树灾后换干。无论是否霜冻，立春后将培于主干的土恢复台面。

③灌水和熏烟是常规防冻措施，可因地制宜使用。

④适当荫蔽，种植荫蔽树。

7.5.3　霜冻树的处理方法

(1)处理的时间

发生寒害的咖啡树及霜冻树在冻害发生1~1.5个月后进行处理。

(2)处理的方法

①一年苗龄的咖啡树连片受冻重新挖沟种植；如果是缺株，补苗即可。其他树龄的弱树，重新挖沟种植。

②严重受冻树，地表上5~20 cm的树干存活，在其树干枯死与活组织交界处切干，并涂封切口，以后长出多条直生枝培养成新主干。

③地表50 cm以上的树干成活，在受冻树部位下切干。

④主干一分枝回枯距主干5~10 cm，按枯枝树的截干法处理；一分枝存活有足够的长度，只要修剪死亡的枯枝即可。

(3)受害树的管理方法

①有条件的种植地，旱季15~20 d灌水1次。

②春季土壤潮湿，每株树施尿素20~30 g，促使直生枝的抽生；如选留的直生枝陡长枝叶色淡黄，喷尿素等叶面肥。

③切干后保持台面内顷，施有机肥，进行地面覆盖。

④如果选留的新主干近地表，扒开主干周围的土壤，避免土壤高温灼伤直生枝。

（赵维峰、杜华波、周艳飞、李学俊）

思考题

1. 结合实地生产情况制订咖啡园的施肥方案。
2. 论述中低产咖啡园改造的方法。

推荐阅读书目

1. 中国小粒咖啡病虫草害 . 李荣福，王海燕，龙亚芹 . 中国农业出版社，2015.
2. 小粒咖啡水肥光耦合理论与调控模式 . 刘小刚 . 科学出版社，2018.
3. 咖啡研究六十年 1952—2016 年 . 黄家雄，罗心平 . 科学出版社，2018.
4. 咖啡低温寒害防御指南 . 曾仲仁 . 云南科学技术出版社，2013.

第8章　咖啡病虫鼠害防治技术

【本章提要】

本章介绍了危害咖啡树根、茎、叶、果实的主要病害和虫害，并对鼠害进行论述，分析了主要病虫害的发生规律，提出病虫害的综合防控策略。

咖啡病虫害是制约咖啡产业可持续发展的重要因子之一，轻则导致咖啡植株生长不良，影响咖啡的产量和质量，重则导致咖啡植株死亡。据相关资料显示，咖啡产量因病虫害造成的直接经济损失达40%以上，在没有采取防治措施的咖啡园，损失甚至超过70%。全世界已知小粒咖啡病害有50余种，中国已报道小粒咖啡病害10余种；虫害超过900种，在我国咖啡产区有11目47科150余种。在防治病虫害过程中应贯彻“预防为主，综合防治”的植保方针，落实“见害虫就捉，见病枝就剪除”的原则，以改善咖啡园生态环境、加强栽培管理为基础，综合应用各种措施对病虫害进行防治。

为摸清云南小粒咖啡病虫害的种类、分布、发生及危害情况，编者对云南小粒咖啡主产区保山、普洱、临沧、德宏地区的咖啡种植园进行了普查，开展云南小粒咖啡的主要病虫害种类调查，了解其分布及危害程度，为科学合理的防治措施提供一定的理论基础，同时为云南咖啡产业持续、快速的发展奠定基础。

咖啡病虫害是制约世界咖啡产业健康发展的重要因子之一。国内外学者针对咖啡病虫害的种类、危害情况、防控方法及危害机制等开展了大量的研究工作。

8.1　危害咖啡树枝叶的病害

8.1.1　咖啡锈病

8.1.1.1　病原及分布

病原驼孢锈菌(*Hemileia vastatrix*)，属担子菌亚门(Basidiomycotina)冬孢菌纲(Teliomycetes)锈菌目(Uredinales)柄锈菌科(Pucciniaceae)驼孢锈菌属(*Hemileia*)。

1861年，首次在维多利亚湖附近(东非)发现咖啡锈病；1869年，在锡兰(今斯里兰卡)首次大暴发，导致该国许多咖啡种植园破产，对社会和经济影响很大。之后该病很快传播到其他亚洲国家，后来又传播到其他咖啡种植地区，1920年传至非洲，1970年传至巴西，1976年传至中美洲，1983年传至哥伦比亚。目前，咖啡锈病在世界咖啡产区几乎都有分布，是威胁咖啡安全生产的主要病害，并以流行猛烈、传播迅速、损失惨重而著称。咖啡锈菌在我国于1922年首次发生于台湾，1942—1947年于广西龙津一带及海南发生，之后扩展至云南各地。

8.1.1.2 危害症状

咖啡锈病主要侵染叶片、有时也危害幼果和嫩枝。叶片感病后，初期出现许多浅黄色水渍状的小斑，周围有浅绿色晕圈，病斑扩大后，叶背面产生橙黄色粉状孢子堆。后期病斑扩大连在一起，形成不规则的大斑，晚期干枯成深褐色，严重时，大量落叶、枝条干枯，甚至整株枯死(图8-1)。咖啡锈病对产量的损失在10%~40%。

图8-1 咖啡锈病症状

8.1.1.3 病原形态

转寄主目前只发现夏孢子、冬孢子、担孢子，而性孢子和锈孢子尚未发现，也未发生。咖啡锈菌生活史尚未完全阐明，在自然中仅靠夏孢子侵染咖啡树，靠菌丝体在病叶内越冬越夏，病叶是锈菌唯一的生存场所。

(1)夏孢子

咖啡叶背的黄色粉末即锈菌夏孢子，孢子均由叶背气孔伸出，孢子密集排列，相互倾轧呈椭圆形、肾形、拟三角形或不规则形。一般有明显的驼背，其背脊上密生短刺，而腹部无刺。孢子大小(30.0~42.5) μm×(20.5~31.2) μm，平均34.9 μm×23.75 μm。夏孢子萌发时一般产生1~3个芽管(图8-2)。

(a)

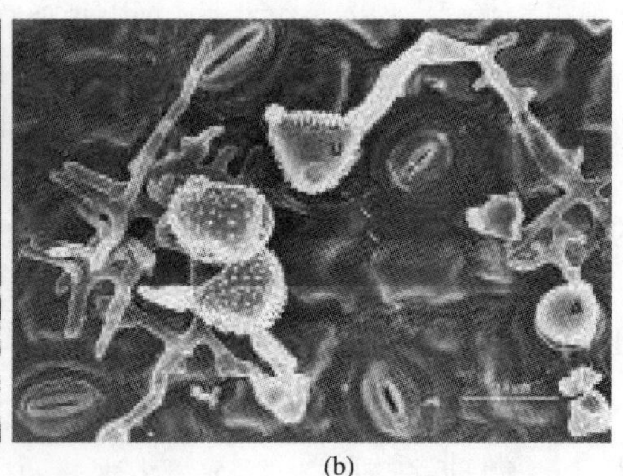

(b)

图8-2 咖啡锈菌夏孢子及其萌发

(a)夏孢子 (b)夏孢子萌发

(2)冬孢子

比夏孢子略小，为陀螺形或不规则形，黄色，外表光滑，有一乳突，体积(26.4~30) μm×(16.0~24.7) μm。常出现于夏孢子堆中，但不普遍。无休眠期，接触水立即发芽，伸出棍棒状粗大的担子梗(图8-3)。

(3)担孢子

梨形或卵圆形，橙黄色，大小为(14.7~15.7)μm×(11.6~12.3)μm，担孢子形成即可

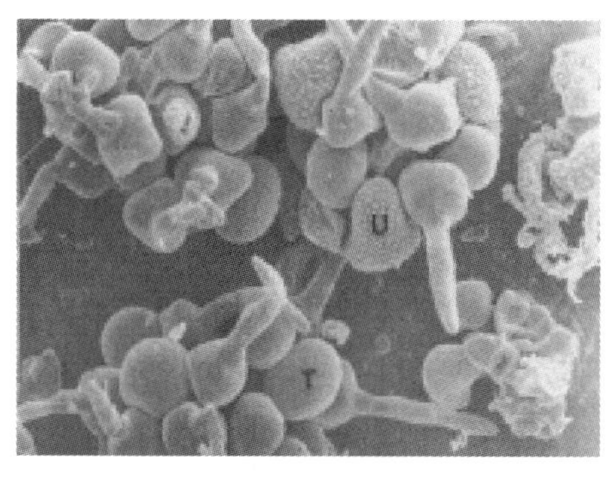

图8-3　咖啡锈菌冬孢子

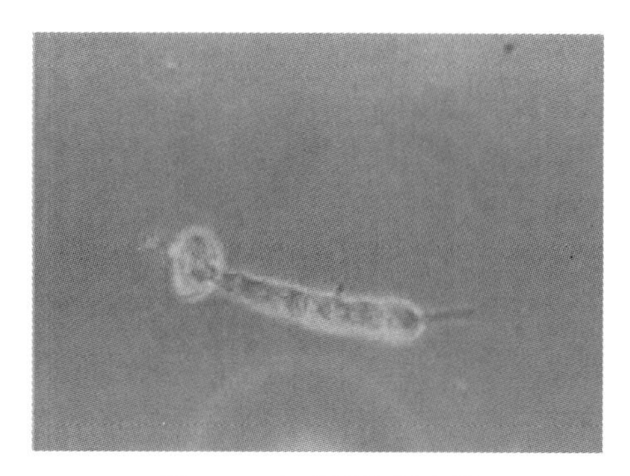

图8-4　咖啡锈菌担孢子

萌发，芽管粗短，不能侵染咖啡(图8-4)。

8.1.1.4　发病规律

(1)病害流行特征

品种的感病性、病菌生理小种类型、咖啡的树龄和活力、咖啡园是否有荫蔽、树冠的茂密程度、气候条件等因素影响咖啡锈病的发病率和严重程度。在气候最有利于咖啡锈病流行发生时，在老树或管理不佳的咖啡树上发展更快。树冠茂密时如果肥料不充足，更容易发生锈病；荫蔽可减少锈病发生。荫蔽度、树冠密度和单株营养状况之间的相互作用非常复杂。因树冠密度和落叶程度不同，虽荫蔽度相似，但锈病在相邻植株间发病程度不同。

(2)侵染过程

咖啡驼孢锈菌夏孢子的萌发需要液态水，最适萌发气温为21~25 ℃，最高气温为28 ℃，最低气温为15 ℃。孢子萌发10 h内，通常在萌发芽管的末端产生附着胞，附着胞大多产于叶片下表面气孔开口处，并经气孔进行侵染。全光照的咖啡气孔开关频度要较荫蔽条件下高很多，因而受锈病侵染的频率要高。不过，品种间的气孔开关频度的差异与锈病抗感性无关。咖啡锈病的潜育期既受寄主因素的影响，又受环境条件影响。当环境最适时，在感病品种上的潜育期最短(2周左右)，而在干冷条件下，在中抗品种的老叶上潜育期最长(可达数月)。条件适宜时，侵染后1~3周症状初显，侵染后2周至2月形成夏孢子，夏孢子萌发再度侵染，以此完成病害循环(图8-5)。平均潜育期与最高日平均气温及最低日平均气温相关，可以此预测不同气候条件下咖啡锈病的发病程度。潜育期的长短对咖啡锈病的流行进程有很大的影响。

8.1.1.5　咖啡锈菌的生理专化现象

咖啡驼孢锈菌存在生理小种，印度学者Mayne于1932年首次报道咖啡锈菌存在生理分化现象，并先后鉴定出4个生理小种。1955年，美国与葡萄牙合作成立咖啡锈病研究中心(CIFC)，收集世界各生产国主要咖啡种质，根据种质对锈菌生理小种的抗/感反应，分为不同生理种群，并用来作为锈菌小种的鉴别寄主谱，至目前发现小种类型近50个。1998年，中国热带农业科学院植物保护研究所陈振佳通过在我国咖啡植区采集咖啡锈病标样，在CIFC进行生理小种鉴定，发现云南咖啡植区有Ⅰ(v2，5)，Ⅱ(v5)，ⅩⅤ(v4，5)，ⅩⅩⅢ(v1，2，4，5)和ⅩⅩⅣ(v2，4，5)5个生理小种。云南省德宏热带农业科学研究所分别于2010—2016年从CIFC相继引进咖啡锈菌生理小种鉴别寄主，并鉴定出云南咖啡锈菌生理小种14个(表8-1)。

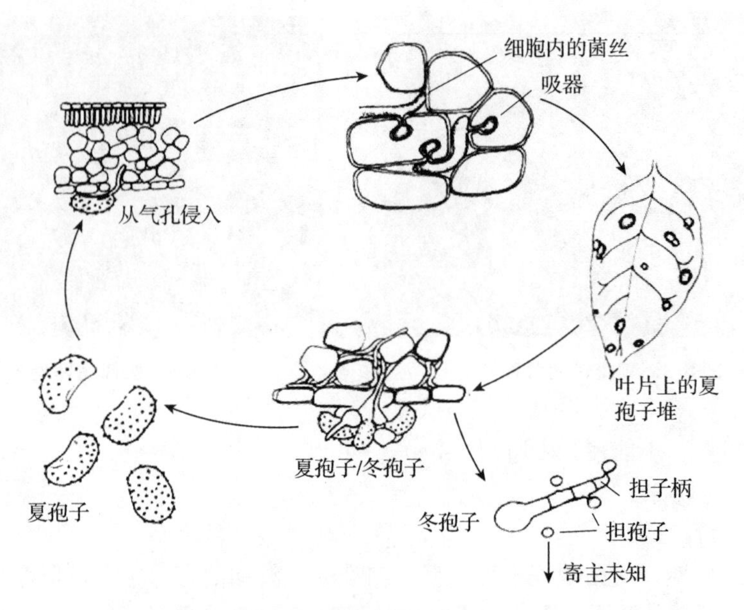

图 8-5 咖啡锈菌生活史

表 8-1 目前云南咖啡锈病病原菌 *Hemileia vastatrix* 生理小种及其相关毒力基因

生理小种	毒力基因	生理小种	毒力基因
Ⅱ	v5	XXXV	v2，4，5，7，9
Ⅰ	v2，5	XLⅠ	v2，5，8
XXIV	v2，4，5	XLⅡ	v2，5，7，8 or v2，5，7，8，9
Ⅷ	v2，3，5	XXXIX	v2，4，5，6，7，8，9
XXⅢ	v5，7or v5，7，9	New race	v2，5，6，7
XXXIV	v2，5，7 or v2，5，7，9	New race	v1，2，5，7or v1，2，5，7，9
XXXⅦ	v2，5，6，7，9	New race	v1，5，7 or v1，5，7，9

咖啡锈菌生理小种鉴别使用的寄主有 19 个，其中小粒种咖啡或四倍体杂种咖啡共 15 个，二倍体咖啡共 4 个，详见表 8-2。根据咖啡叶片过敏性坏死反应有无和其强度划分的病斑类型，用以表示咖啡种质抗锈病程度，按 10 个类型记载(表 8-3、图 8-6)，其中 0~3 为抗病(R)，4~5 为中抗(MR)，6~7 为中感(MS)，8~9 为感病(S)。根据锈菌与鉴别寄主相互作用产生的抗病或感病反应模式，确定不同菌株所属的生理小种类型。

表 8-2 咖啡锈菌生理小种鉴别寄主及其抗病基因

咖啡种类	鉴别寄主		带有抗病基因
小粒种咖啡及四倍体杂种	849/1	Matari	*SH*?
	128/2	Dilla & Alghe	*SH*1
	63/1	Bourbon	*SH*5
	1343/269	H. Timor	*SH*6
	87/1	Geisha	*SH*1，5
	32/1	DK 1/6	*SH*2，5
	33/1	S. 288-23	*SH*3，5

（续）

咖啡种类	鉴别寄主		带有抗病基因
小粒种咖啡及四倍体杂种	110/5	S. 4Agaro	*SH*4，5
	1006/10	S. 12Kaffa	*SH*1，2，5
	644/18	H. Kawisari	*SH*5，?
	H 419/20		*SH*5，6，9
	H 420/2		*SH*5，8
	H 420/10		*SH*5，6，7，9
	832/2	H. Timor	*SH*5，6，7，8，9，?
	7960/117	Catimor	*SH*5，7 or *SH*5，7，9
二倍体咖啡	*C. racemosa*(369/3)		*SH*?
	C. excelsa Longkoi(168/12)		*SH*?
	C. congensis Uganda(263/1)		*SH*?
	C. canephora Uganda(829/1)		*SH*?

图 8-6　咖啡锈菌侵染型分级示意

表 8-3 咖啡锈病侵染型级别及其症状描述

侵染型	症状描述
0	叶片表面不产生任何病症
1	有微小褪色斑，常有小的瘤痂出现，有时用放大镜或迎阳光下看到
2	较大褪色斑，常伴有瘤痂，无夏孢子产生
3	常有不同体积下的褪绿斑混合，包括很大的褪色斑，无夏孢子产生
4	常有不同体积的褪色斑，混合，在大斑上有一些夏孢子生成，占所有病斑面积 25%以下，偶有少量瘤痂发生，有时病斑早期出现坏死
5	同 4，担孢子生成更多，产孢面占总病斑面 50%以下
6	同 5，产孢面积增加达 75%以下
7	同 6，孢子很丰盛，产孢面积达 95%
8	常有带不同产孢等级病斑混合，有时伴有少量瘤痂
9	病斑带有极丰盛的孢子，边缘无明显褪绿圈

8.1.1.6 防治方法

(1)农业措施防治

①种植抗病品种，选用抗锈品种种植。经全国热带作物品种审定委员会审定的抗锈品种如‘德热 132’、‘德热 3 号’或经专业机构对抗病性完成鉴定对锈病具有抗性的品种，如‘萨奇姆’系列品种、‘德热 48-1’、‘德热 296’等。

②加强抚育管理，提供适宜的荫蔽，防治咖啡园早衰，

③合理施肥，适时修枝整形，断顶，促进营养生长，控制过度结果损伤树势。

(2)化学防治

在 9~10 月监测咖啡锈病，当监测病叶率大于 5%时为喷药防治阈值，采用三唑酮、戊唑醇、嘧菌酯等杀菌剂进行喷雾防治，通常喷药频率为每个月 1 次，每个产季喷施 2 次为宜，不同药剂交替使用，药剂及施用量见表 8-4。

表 8-4 咖啡锈病田间施药防治常用农药品种和用量

中文名	英文名	化学分类	每亩用药量（有效成分）(g)	剂型	每亩制剂用量
氢氧化铜	copper hydroxide	铜制剂	125	50% WP	250 g
三唑酮	triadimefon	三唑类	65	50% WP	130 g
丙环唑	propiconazol	三唑类	12.5	25%SC	50 mL
戊唑醇	tebuconazole	三唑类	15	25%EC	60 mL
嘧菌酯	azoxystrobin	甲氧基丙烯酸酯类	15	25%SC	60 mL

8.1.2 咖啡炭疽病

8.1.2.1 病原及分布

病原为围小丛壳菌[*Glomerella cingulata*(Stonem.)Spauld & Shrenk]，属子囊菌；胶孢炭疽菌(*Colletotrichum gloeospoioides* Penz.)为无性型。咖啡上常指咖啡刺盘孢(*Colletotrichum coffeanum* Noack)。

咖啡炭疽病是一种发生很普遍的病害。几乎所有栽培咖啡的地区均有该病发生。在适

合发病的条件下，造成僵果、落果，降低产量。

8.1.2.2　危害症状

该病除了危害叶片外，还可侵害枝条和果实。引起枝条回枯和僵果。病害多发生于叶片边缘，在叶片上下表面呈不规则的淡褐色到黑褐色病斑。病斑受叶脉限制，直径约 3 mm，后期病斑可汇成一大病斑。这些病斑中央灰白色、边缘黄色；后期完全变成灰色，其上有黑色小点排列成同心轮纹(图 8-7)。果实感病后，初期有下陷的黑色病斑，果肉紧贴在种豆上，使脱皮困难，严重时造成落果。

图 8-7　咖啡炭疽病症状

8.1.2.3　病原形态

病菌菌落圆形，边缘整齐明显，培养初期为白色，后期转为不同程度灰褐色，菌落上散生大量粉红色或橘黄色孢子团。分生孢子单胞，无色，圆柱形，两头钝圆，大小为 $(14.0\sim15.1)\ \mu m\times(5.2\sim5.5)\ \mu m$。附着胞呈圆形、梨形或不规则形，大小为 $(5.67\sim6.30)\ \mu m\times(6.64\sim7.43)\ \mu m$(图 8-8)。

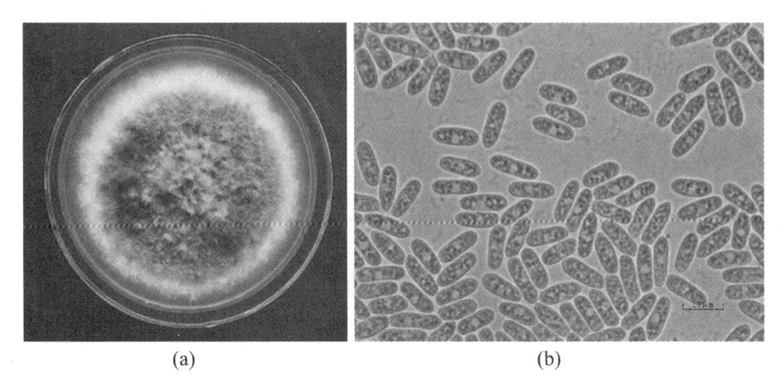

(a)　　(b)

图 8-8　咖啡炭疽病菌形态

(a)病菌菌落　(b)分生孢子

8.1.2.4　发生规律

分生孢子萌发时对湿度要求很高，在饱和的相对湿度或有水膜的情况下，气温为 20 ℃时，持续 7 h 才能萌芽。孢子萌芽后，芽管直接由叶表皮、果实和枝条的伤口侵入。病害在冷凉及高湿季节，特别是在长期干旱后的雨季，发生较严重。一般从 11 月中旬开始出现病害，3~4 周后病情发展较快，翌年 1 月过后病情才逐渐稳定下来。

8.1.2.5　防治方法

(1)农业措施防治

要加强抚育管理，包括合理施肥、中耕除草、行间覆盖、结合修枝整形清除枯枝落叶，提供适度荫蔽条件，使咖啡植株生长旺盛，增强抗病力。植株种植抗病品种。

(2)化学防治

用 1%波尔多液、50%多菌灵可湿性粉剂 500~600 倍液；70%甲基托布津可湿性粉剂

800～1000 倍液；65%代森锌可湿性粉剂 500 倍液或 40%氧化铜 100 倍液。在发病严重季节，每隔 7～10 d 喷药一次，连续喷 2～3 次，对防治枝条回枯和叶炭疽病有较好的效果。

8.1.3 咖啡褐斑病

8.1.3.1 病原与分布

病原菌为咖啡生尾孢(*Cercospora coffeicola* Berk . & Cook)，属半知菌纲(Deuteromycetes)链孢霉目(Moniliales)黑霉科(Dematiaceae)尾孢属(*Cercospora*)真菌。有性态为咖啡生球腔菌[*Mycosphaerella coffeicola*(Cook)J. A. Stev. &Wellman]，属子囊菌亚门真菌。

咖啡褐斑病是一种广泛分布的病害，是苗期极为常见的病害。在苗圃和管理不善的咖啡园均有不同程度的发生。该病主要危害叶片和浆果，在适合发病条件下，可使浆果病斑累累，甚至脱落，影响咖啡产量和品质。

8.1.3.2 危害症状

叶斑发生于叶片两面，初期为小的褪绿斑，后扩大为直径至 1 cm 左右的近圆形病斑，边缘褐色，中间为灰白色；在苗期则为红褐色。病斑扩大时，有明显的边缘和同心轮纹，叶斑背面有黑色煤状物，有时数个病斑连在一起，但仍然有个白色的中心点。病斑由于有主脉穿过可能出现支角。病斑周围有黄色晕圈。病斑多见于上层叶片(图 8-9)。该病也可侵染咖啡浆果，通常病斑外围有黄色或红色晕圈，病斑不下陷。太阳灼伤的果实或受到其他生理胁迫的果实尤易感病。该病但会减弱幼苗和幼树的生势，导致落叶。

(a) (b)

图 8-9 咖啡褐斑病症状

(a)感病幼苗落叶 (b)感病叶片

8.1.3.3 病原形态

在叶片背面产生子实体，3～30 根分生孢子梗成一束，一些孢子梗有分枝，并有隔膜，大小为(20～275)μm×(4～6)μm。分生孢子透明，细长，体直或轻微卷曲，有明显的核，具多片隔膜，大小为(40～150)μm×(2～4)μm。尚未发现有生理小种(图 8-10)。

8.1.3.4 发病规律

湿润条件下易于产生孢子。在未落叶片病斑上分生孢子可存活 2 个月左右，而在落叶上该病菌可存活 9 个月，为旱季结束时侵染源。侵染时分生孢子萌发，并穿入叶片下表面上的气孔进行侵染。病菌分生孢子在有游离水且气温为 15～30 ℃可以萌发，萌发的最适

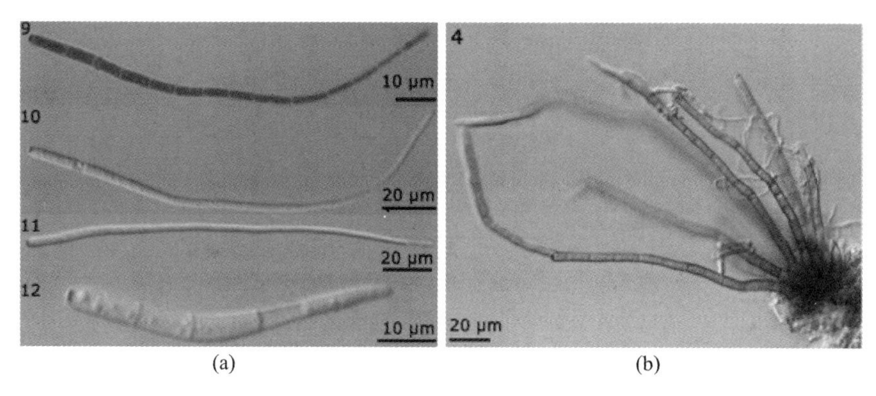

(a)　(b)

图 8-10　咖啡褐斑病病原菌形态

(a)分生孢子　(b)分生孢子梗

气温为 27 ℃，该气温下 2 h 即可形成萌发管。该病潜育期 25 d 左右，条件适合，3 周后病斑上开始生产新的分生孢子。伤果更易受侵染，其中晒斑往往被侵染，浆果上的潜育期较叶片上的短。

该菌是弱寄生菌，在寄主受到不良环境影响，抗病力削弱的情况下严重发病。通常土壤瘠薄或管理粗放的咖啡植株，以及无荫蔽条件的咖啡园发病较重。相对湿度高的苗圃也有利于该病的发生。该病近距离主要通过雨滴传播，远距离则主要通过风传分生孢子来实现。

8.1.3.5　防治方法

(1)农业措施防治

加强咖啡园栽培管理，合理施肥特别是补充钾肥和钙肥，适度荫蔽，采果后清除枯枝。小粒种咖啡各品种对该病感病性不一。'卡杜埃'较抗病，'卡蒂姆'、'萨奇姆'等品种较易感该病。

(2)化学防治

成龄咖啡园只要加强管理，不必进行药剂防治；苗圃小苗需进行药剂防治，由于该病潜育期长，需在初叶期喷施保护性杀菌剂，可选用铜制剂、百菌清、代森锰锌等药剂。

8.1.4　细菌性叶斑病

8.1.4.1　病原及分布

病原为丁香假单胞菌咖啡致病变种(*Pseudomonas syringae* pv. *garcae*)，属细菌假单胞目。

云南咖啡种植区苗圃、咖啡园均有不同程度的发生。

8.1.4.2　危害症状

感病初期叶片上出现暗绿色水渍状小斑点，随后扩大成不规则形的大小约 1.5 cm 的褐色病斑，病斑边缘不规则略呈波纹状，并带模糊的水渍状痕，其外围有黄色晕圈。在潮湿环境下，病斑背面出现菌脓，严重时引起落叶枝条干枯，幼果坏死(图 8-11)。

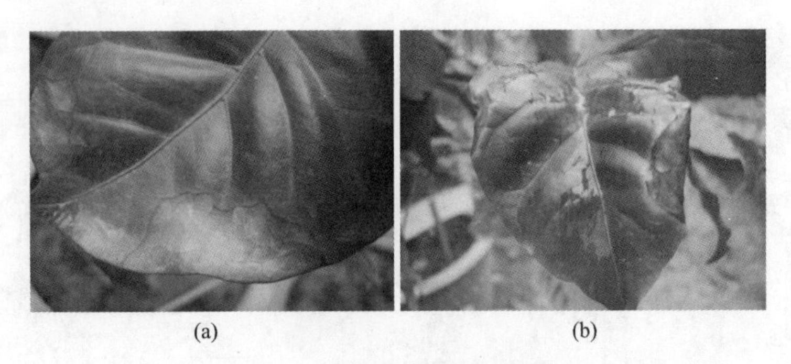
(a)　(b)

图 8-11　咖啡细菌性叶斑病症状

(a)老叶病斑　(b)嫩叶病斑

8.1.4.3　病原形态

在 NA 培养基上形成灰白色圆形菌落，稍隆起，有光泽，不透明，表面光滑，边缘微皱(图 8-12)。格兰氏染色反应阴性，氧化酶反应阳性，精氨酸双水解酶反应阳性，在 KBA 培养基上产荧光色素，菌体短杆状，两端钝圆，鞭毛极生 1 至数根(图 8-13)。

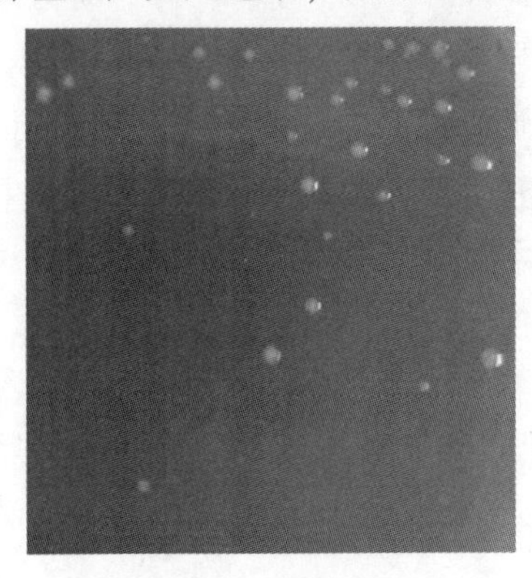

图 8-12　病菌菌落形态

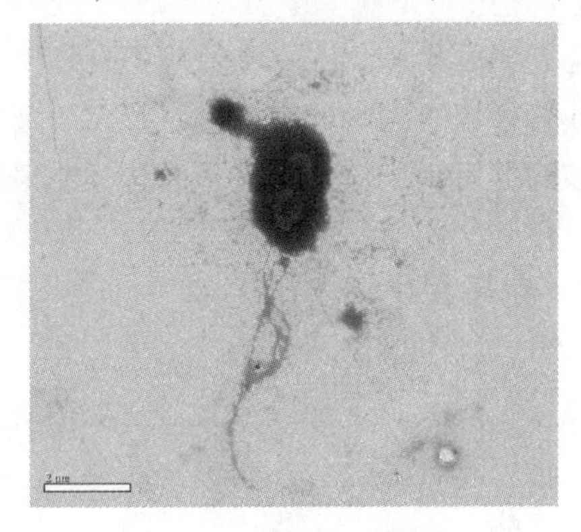

图 8-13　菌株电镜照片

8.1.4.4　发病规律

该病以树上和脱落在地面的病叶为初侵染源，通过风雨传播，并通过伤口或气孔侵入，风雨是影响该病流行的主要气象因素。品种、树龄、长势也有影响。

8.1.4.5　防治方法

(1)农业措施防治

种植抗病品种，小粒种咖啡部分携带 *SH1* 基因的品种(‘瑰夏’)对该病具有抗性，搞好田间卫生，清除枯枝落叶和坏死的幼果，并集中销毁。

(2)化学防治

选用 72%农用链霉素可湿性粉剂 1000~1200 倍液、1%申嗪霉素悬浮剂 1000~1200 倍液进行喷施，每 7~10 d 喷 1 次，连续喷施 2~3 次。

8.1.5　咖啡美洲叶斑病

8.1.5.1　病原与分布

病原为咖啡美洲叶斑病菌(橘色小菇)[*Mycena citricolor* (Berkeley and Curtis) Saccardo)，属担子菌纲口菌科。同物异名：*Agaricus citricolor* Berkeley and Curtis、*Omphalia flavida* Maublanc &. Rangel、*Stilbum flavidum* Cooke(无性型)。

咖啡美洲叶斑病最早在美洲发现，在哥斯达黎加、巴拿马、尼加拉瓜、危地马拉、萨尔瓦多、古巴、洪都拉斯、特立尼达和多巴哥、多米尼加、波多黎各、牙买加、海地、墨西哥、玻利维亚、巴西、委内瑞拉、哥伦比亚、美国(夏威夷)西印度群岛等地有发生。在国内，于1997—1998年在云南普洱、江城等咖啡园内有发生，目前部分咖啡园有发生，但危害较轻。

8.1.5.2 危害症状

病叶上病斑大小为3~10 mm，多数为4~6 mm，典型的病斑为圆形，黄褐色至浅红褐色，病部正面稍凹陷，病斑中央往往残留着芽孢入侵叶片时留下稻秆颜色的芽孢体。病健交界明显，形状如鸡眼(又称鸡眼病)。当两个以上病斑连接时，病斑形状不规则形。干旱季节，病部的坏死组织会脱落，留下空洞。叶脉上的病斑向两边稍伸长，凹陷，浅灰色，病部有散生的乳黄色晕圈，晕圈外有狭窄的暗色边缘。枝条上病斑症状为长椭圆形，黑褐色，中间浅灰，病部稍凹陷。受害果实产生近圆形斑点，后期病部变灰白色至浅红褐色(图8-14)。

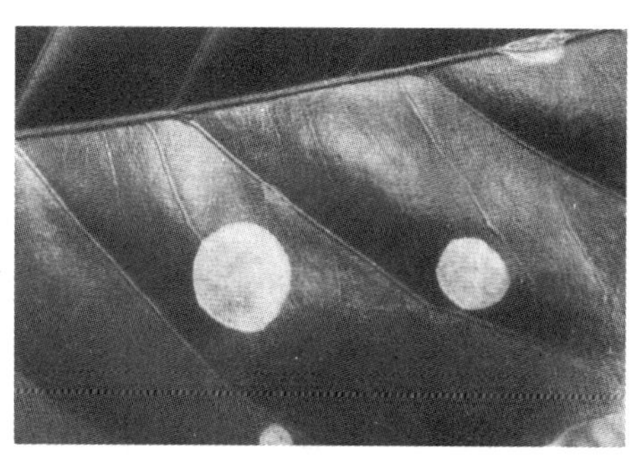

图8-14 咖啡美洲叶斑病

8.1.5.3 病原形态

菌丝无色，有分隔，菌丝细胞双核并具典型的锁状联合体菌丝。在PDA培养基中，菌丝初呈白色，成放射状紧贴着培养基表面向四周扩展，气生菌丝少，培养后期产生黄色色素，然后产生黄色的芽孢。该菌的子实体为微小的伞菌，菌盖纤细，膜状，呈钟形。菌盖直径1.5~2.5 mm，菌褶分明、呈辐条状、数量较少、蜡质，颜色为硫黄色。菌柄大小为(10~15) mm×0.25 mm，直立，基部不膨大。担孢子透明，卵形，大小为(4~5) μm×2.5μm。无性型的产芽体由杆(梗)和头(胞芽)构成。梗为黄色，尺寸约为2.0 mm×0.1 mm，圆柱状，成熟时常卷曲。胞芽为坚初的拟薄壁组织，扁圆状，直径平均为0.36 mm，被覆突出的细丝。

8.1.5.4 发病规律

胞芽是具有侵染性的繁殖体，病斑内极少出现子实体，因此，担孢子不是该病的主要流行因子。该病在咖啡园中局部集中分布，扩散速率慢，主要通过风雨传播。侵染咖啡的病菌往往来自荫蔽树下，以这些荫蔽树为野生寄主，成为侵染源。尚无证据表明该病菌可长距离扩散。胞芽扩散后在潮湿条件下于叶片上萌发，产生大量的侵染性菌丝。该病在荫蔽度大、降水量大的地方最为普遍，受伤叶片更易受该病菌感染，该病可感染咖啡果，但尚未发现咖啡豆可传播该病。

8.1.5.5 防治方法

(1)农业措施防治

适当降低荫蔽度，增加咖啡园通风透光性，加强咖啡园卫生管理。

(2)化学防治

选用三唑类杀菌剂或铜制剂在发病初期进行喷雾防治。

(3)生物防治

采用哈茨木霉、芽孢杆菌和井冈霉素等生防菌(制)剂进行防治。

8.1.6 咖啡枝枯病

8.1.6.1 危害特点

此病是一种常见病，能使植株的一分枝骨干枝落叶枯死，严重的整株枯死，在海拔低、无荫蔽条件的咖啡树，因产量高，管理不善的咖啡发生较重。

8.1.6.2 危害症状

此病先发生在中层结果枝上，在果实要成熟时，先是结果枝上的叶片变黄，迅速脱落；随后果实表面出现似灼焦状的褐斑，并逐渐干枯；最后整条果枝干枯，果实变黑。病株仅在顶部的新梢上残留少量带褐斑的叶片(图 8-15)。

图 8-15 咖啡枝枯病症状

8.1.6.3 病原形态

咖啡枝枯病是咖啡树的一种生理性病害，是因咖啡结果过多，植株养分(特别是糖分)消耗过多，又供给不足而发生此病。

8.1.6.4 发病规律

此病的发生与林地有无荫蔽、结果数量、土壤肥瘠、肥水管理水平等有密切关系。一般是无荫蔽、施肥(特别是钾肥)少、管理差、结果过多、枝条瘦弱、咖啡锈病落叶严重的植株发病较重，因此在那些无荫蔽、结果过多或管理差的咖啡园严重发生。

8.1.6.5 防治方法

①创造适当的荫蔽环境。在无荫蔽咖啡园采用多干轮换整形，保持植株的营养生长与生殖生长的平衡，控制结果量。

②咖啡园台面覆盖厚草，保护根系，调节地上部分与根系之间的平衡。在咖啡盛果期适当增施钾肥。

③注意防治咖啡锈病、褐斑病和炭疽病，可减少该病的发生。

8.2 危害咖啡树根颈的病害

8.2.1 咖啡茎干溃疡病

8.2.1.1 病原与分布

此病为镰刀菌引起的病害。国内外咖啡种植区均有分生，是中非咖啡植区的重要病害，曾是马拉维咖啡生产的限制因素，1999 年云南特大寒害年份德宏无荫蔽的咖啡幼树发生严重危害。

8.2.1.2　危害症状

典型症状是根茎交界部位出现溃疡。也常在植株中部某节茎干或一分枝基部发生严重时受害部位呈缢缩状俗称“吊颈子”。

8.2.1.3　病原形态

学名 *Gibberella stilboides* Gordon ex Booth，属子囊菌亚门球壳目肉瘤菌科赤霉菌属；其无性世代为 *Fusarium stilboides* Wr. 属半知菌亚门瘤座菌科镰刀菌属。

该菌在自然条件下容易产生子囊壳，而且在培养条件下也可以诱导产生子囊壳，该菌无性型在马铃薯蔗糖琼脂培养基上的菌落为浅白色，菌丝稀疏，为白色；其后变为紫色，半生有深蓝色的离散子座，其中一些子座产生子囊果原始细胞。小分生孢子为单细胞，香肠状，弯曲，大分生孢子细胞为纺锤体，镰沟状。厚坦孢子卵圆形制球形，光滑或粗糙，数量少，多生于大分生孢子内(图 8-16)。

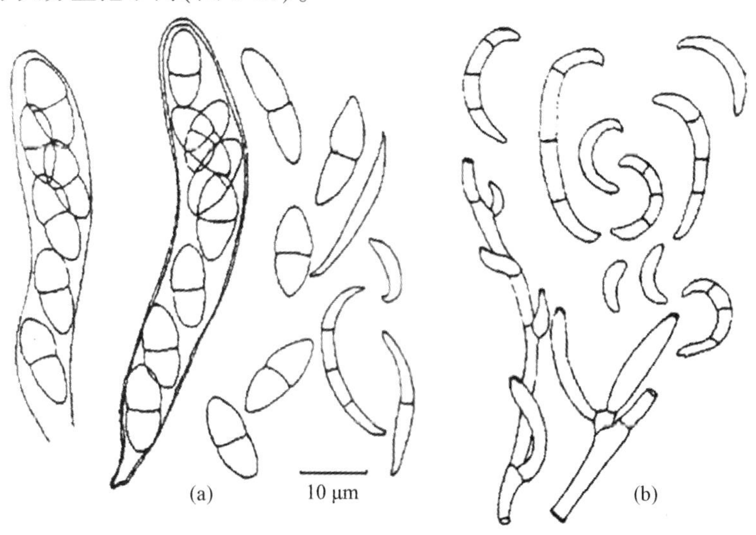

图 8-16　赤霉菌属

(a)子囊壳、子囊孢子和分生孢子　(b)分生孢子和分生孢子梗

8.2.1.4　发病规律

此菌在咖啡茎干木栓化组织上以腐生形态存活，当植株受不良环境刺激或损伤时而受侵染。病菌侵入树皮的木栓形成层危害，引起树皮爆裂，形成溃疡病灶，最后造成整株死亡。种植 1~2 年生的幼龄咖啡树，因树龄小，根茎木栓化程度不高，抗逆能力差，冬季植株正北面受辐射寒害或正阳面(西晒)受日灼出现木质部损伤变黑，易受病原菌的入侵。在雨量稀少，气温长期干旱的年份，无荫蔽条件和栽培管理差的咖啡幼树发生枯萎病较重。

8.2.1.5　防治方法

①旱季对咖啡幼树进行死物覆盖，提高其抗逆能力。适度荫蔽，植株生势强，可减轻冬季气温剧烈变化对咖啡茎干的影响。

②冬春季节采用石灰水涂干(石灰水剂配制比例：水 20 份，生石灰 5 份，食盐 0.5 份)，以减轻幼树茎干受辐射寒害和太阳灼伤的程度；在定植当年 10 月结合松土除草，在根茎处垒高土护干，避免根茎裸露受害。

③选用溴菌腈、腐霉利、乙磷铝喷雾防治，着重喷咖啡树茎干，特别是根茎交界部位。

8.2.2 咖啡幼苗立枯病

8.2.2.1 病原与分布

咖啡立枯病是发生在咖啡育苗过程中常发生的一种重要病害。咖啡立枯病在亚洲、美洲、非洲种植咖啡的国家普遍发生，我国各咖啡植区均有分布。该病引起催芽床上咖啡幼苗倒伏枯死。特别是大规模育苗基地，出现了成片幼苗发病死亡，带来一定的损失；该病除危害咖啡外，还危害茶叶、可可、橡胶树等。

8.2.2.2 危害症状

发病初期在幼苗茎基部或茎干上的病斑扩展，形成环状缢缩，造成顶端叶片凋萎，全株自上而下青枯、死亡。病部树皮由外向内腐烂，重者死至木质部。在病部长出乳白色菌丝体，形成网状菌索，后期长出菜籽大小的菌核，灰白色至褐色。

8.2.2.3 病原形态

病原物为丝核菌属立枯丝核菌 *Rhizoctonia solani* Kühn，属半知菌亚门。菌丝有隔膜，初期无色，老熟时浅褐色至黄褐色，分枝处成直角，基部稍缢缩。病菌生长后期，由老熟菌丝交织在一起形成菌核。菌核暗褐色，不定形，质地疏松，表面粗糙。有性阶段为瓜亡革菌 *Thanatephorus cucumeris*(Frank.) Donk，属担子菌亚门。自然条件下不常见，仅在酷暑高温条件下产生。担子无色，单胞，圆筒形或长椭圆形，顶生 2~4 个小梗，每个小梗上产生 1 个担孢子。担孢子椭圆形，无色，单胞，大小为(6~9)μm×(5~7)μm，危害 160 多种植物(图 8-17)。

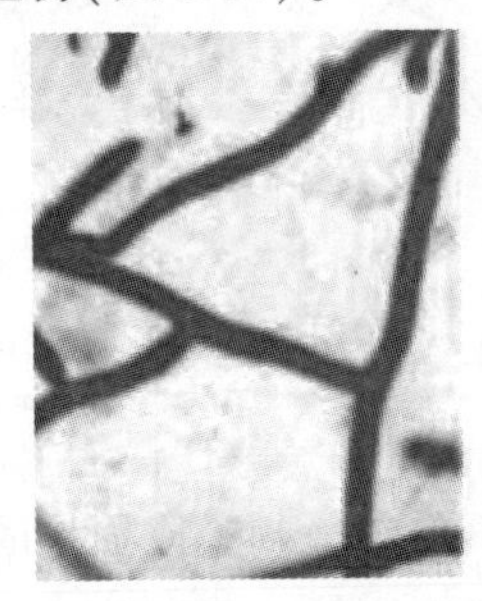
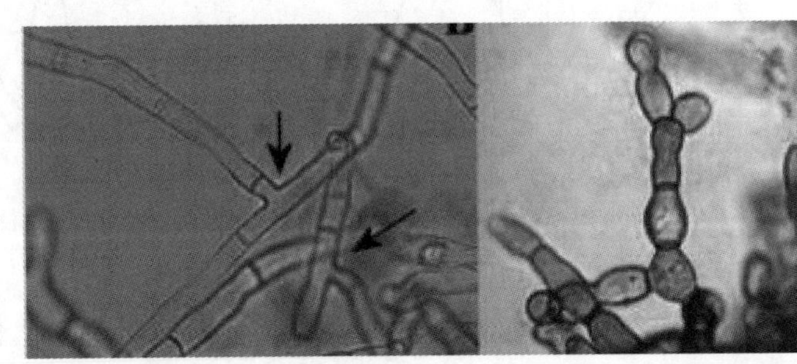

图 8-17 立枯丝核菌

8.2.2.4 发病规律

在高温高湿，地势低洼排水不良或淋水过多，苗床过分荫蔽，苗木拥挤、连作的土地或地表有很多枯死的植物残屑处，都有利于发病，且蔓延迅速。

8.2.2.5 防治方法

①苗圃地不连作，高畦育苗、避免苗圃积水。

②播种或插条不宜过密，适当淋水。

③在播种覆土前或插条前用代森铵、代森锰锌、多菌灵等杀菌剂喷洒畦面，进行土壤消毒。

④发现病苗及时清除，并喷药防治。选用代森铵、代森锰锌、多菌灵、波尔多液等喷洒，控制病害蔓延。

8.2.3 咖啡根病

8.2.3.1 病原与分布

咖啡树有4种根病，即根茎龟裂病、褐根病、黑根病和镰刀菌根病。这些根病在世界不同植区常有发生，特别是海拔高的种植园发生较重，可达到9%，造成一定的损失。在我国云南的景洪、瑞丽和海南的万宁、澄迈咖啡园已有褐根病发生。

8.2.3.2 危害症状

根病树一般表现为生势衰弱、树冠叶片萎蔫和枯枝多，直到整株死亡。根茎龟裂在病部树皮下面能见到乳酪状白色菌丝体，在新近杀死的树基部丛生浅褐色蘑菇状子实体，此病常与褐根病和黑根病混淆，最明显的区别是前者在根或根茎部位出现根茎龟裂，有时裂开很长，发病广，可危害中粒种咖啡和咖啡园的荫蔽树。褐根病分布广，但发病率不高，病根黏泥沙多，凹凸不平，不易洗掉，菌膜平铺在病根上，呈黑褐色，有铁锈色绒毛状的菌丝，病根木材干腐质硬而脆，并布有蜂窝状褐纹，皮木间有白色或黄色绒毛状菌丝体，根颈处有时烂成空洞，高温多雨季节还会长出菌膜和子实体。地上部分表现树冠稀疏、枯枝多，叶片变成暗黄绿色，严重时整株死亡。黑根腐病的病根上铺展有宽的扇状菌丝体。在病死根上能见到小球状黑色子实体。在镰刀菌根病的根部无特征性菌丝体。但在被害茎部的木质部看到紫褐色变色(图8-18)。

(a) (b)

图8-18 咖啡褐根病

(a)咖啡褐根病症状 (b)咖啡褐根病横切面

8.2.3.3 病原形态

根茎龟裂病菌为蜜环菌[*Armillaria mellea* (Wahl. exFr.) Kummer]；褐根病菌为有害层孔菌[*Phellinus noxius* (corn.) Cuum]；黑根病病菌为锥孢座坚壳菌[*Rosellinia bunodes* (Berk. et Br.) Sacc]；镰刀菌根病菌为腐皮镰孢菌[*Fusaruim solani* (mont.) App. et Wolleuw]。它们分别属于担子菌亚门、子囊菌亚门和半知菌亚门。

8.2.3.4 发病规律

根病的发生与垦前林地中存在的侵染源多少有密切的关系。因此，凡属森林地或混生杂木林地开垦的咖啡园发病最多。机垦林地、彻底清除杂树头根茎的咖啡园，发病率比人工开垦、清除树头不彻底的林地较小；土壤类型也与发病有关，黏质通气差的土壤发病较高。在新开垦的森林地通常易发生根茎龟裂病、褐根病或黑根病，林地残留的树桩和根系提供初侵染菌源。干旱等降低整株生势的因子常诱发镰刀菌根病。该病的野生寄主较多。

8.2.3.5 防治方法

①开垦时彻底清除侵染来源。清除的方法可用机垦，清除带病树头和树根，对无法拔起的大树头或在山坡无法机耕的，可用炸药爆破，或用除草剂毒杀；回穴时防止病、杂树残根回入穴内。

②发生病株立即挖根检查，用刀将病部刮除干净，伤口涂浓缩硫酸铜混合剂、甲基硫菌灵或沥清，然后回复干净土埋根。

③加强管理，避免用有根病寄主树作遮阴树。

④用生物制剂防治咖啡根病。木霉菌(*Trichoderma harzianum*)是一种能有效防治土生病原菌的真菌，其对土生病原菌表现出拈抗作用，并能抑制这些病原菌的活性。木霉菌剂的施用方法：

将一袋试剂(500 g/L 的培养体)与 30 kg 腐熟的农家土杂肥混合，放置于荫蔽处 1 d。

在每一受害植株根系周围挖半径为 15~20 cm，深为 3~5 cm 的辐射状坑，挖坑时注意不伤到根；将 3 kg 的真菌剂施于坑中，并将翻出的土及覆盖物再填回坑中。邻近的健康植株也要施用生物制剂。

木霉菌剂的施用时间第一次撒施是在 1 月，雨停后容易鉴别出受害植株枯萎症状时进行，第二次撒施是在 1 月，土壤足够潮湿时进行。

选用恶霉灵、甲霜、恶霉灵或者农用链霉素可湿性粉剂进行防治。

8.3 危害咖啡果的病害

8.3.1 咖啡浆果病

8.3.1.1 病原与分布

病原为卡哈瓦刺盘孢(*Colletotrichum kahawae* Waller & Bridge)，同物异名：咖啡刺盘孢(*Colletotrichum coffeanum* var. *virulans*)，属炭疽菌属。该菌的有性态暂未发现。

咖啡浆果病最先报道见于 1922 年，该病在肯尼亚西部发生，20 世纪 50 年代前，仅卢旺达、刚果(布)、乌干达和安哥拉有该病发生，1955 年喀麦隆发生，1964 年坦桑尼亚北部发生，1971 年埃塞俄比亚发生，1985 年传至马拉维和津巴布韦，1986 年开始在赞比亚发生。

8.3.1.2 危害症状

病菌可以侵染从花到成熟浆果(偶尔在叶片上)的所有时期。主要危害未成熟的咖啡浆果，刚开始会产生针尖大小的斑点，之后迅速扩大呈黑褐色，病部向下凹陷，产生黑色小颗粒，此为病菌的分生孢子盘，在高湿条件下，会溢出粉红色的黏状物，为病原菌分生孢子团。有时有潜伏侵染的情形发生，即病原菌在幼果期侵入寄主，但未表现症状，而是在果实成熟过程中逐渐表现症状。若花瓣被感染，则会在花瓣上产生深褐色病斑，花朵会提早凋谢；若病原菌侵染植株枝条，则会在枝条上形成黄褐色凹陷病斑，严重时呈坏疽状或溃疡状，病部以上的组织因水分运输受阻而呈萎凋状(图 8-19)。

(a)　(b)

图 8-19　咖啡浆果病症状

(a)幼果病斑　(b)果实枯死症状

8.3.1.3　病原形态

分生孢子直接从菌丝上产孢细胞的顶端产生，分生孢子无色单胞，圆柱形或卵圆形，顶端钝圆，基部钝圆或稍尖，(12.5~19.0) μm×(3.5~4.0) μm。附着胞灰褐色，不规则棍棒形或椭圆形，(8.0~9.5) μm×(5.5~6.5) μm。菌落在培养基上升至较慢，菌落颜色易变，通常为橄榄色至深灰色，后转为浅灰色或浅褐色，气生菌丝体稀疏至茂密，绒毛状，分生孢子黏孢团无，菌核无(图 8-20)。

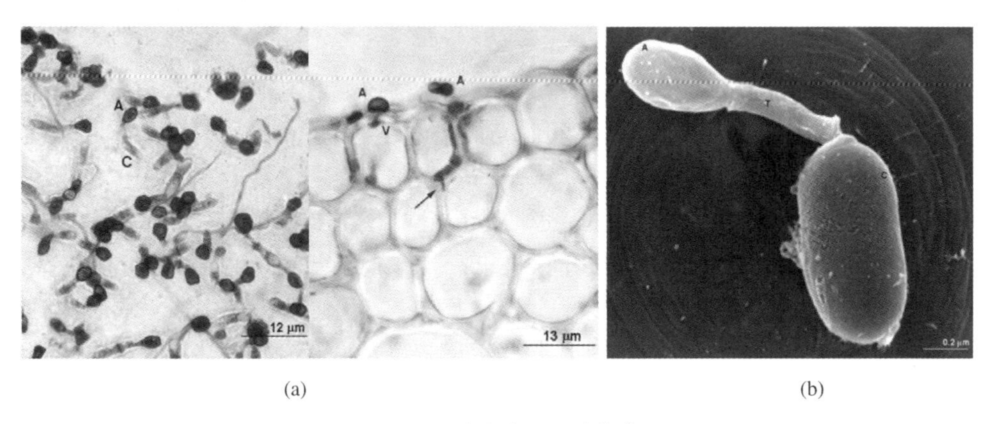

(a)　(b)

图 8-20　分生孢子及附着胞

(a)分生孢子　(b)分生孢子附着胞

8.3.1.4　发病规律

孢子的萌发需要雨、雾或露等游离水存在。孢子于水中萌发的适宜气温为 15~30 ℃，最适气温为 22 ℃。在最适气温下，5 h 内孢子即萌发并形成附着胞。在易感病的嫩果上，该病的潜伏期约为 20 d，而在已完全长大、处于抗病期的浆果上，潜伏期要长得多，可达几个月，直至浆果成熟再次处于感病状态。该病菌也可转为抗逆性强的厚壁附着胞在浆果表面存活一段时间。分生孢子由嫩枝树皮和浆果上的分生孢子座产生。在潮湿条件下，孢子从病斑散出，形成粉红色的黏质团，孢子通过雨水扩散。孢子的形成需要饱和的大气，但有游离湿气最佳。孢子通过雨水飞溅在浆果间进行水平扩散，但雨水主要在冠层自上往下流。咖啡蛀果螟蛾或咖啡果小蠹造成的伤口更易感染咖啡浆果病。该病菌分生孢子不能乘气流长距离传播，但可通过飞溅的雨滴传播数米之远，也可被鸟类、昆虫、人和机械等媒介携带。未去皮咖啡果可传播病原，但病原不能穿透成熟咖啡豆的种皮；且尚未发现去皮咖啡豆可传播病原。

8.3.1.5 防治方法

(1)种植抗病品种

'卡杜拉'、'波邦'、'SL28'、'SL34'感咖啡浆果病，不易种植，'Rume Sudan'、'K7'、'鲁伊鲁'和'卡蒂姆'('Catimor 129')品系抗咖啡浆果病。

(2)农业措施防治

修剪、控制荫蔽度保持咖啡冠层充分通风可降低空气湿度和浆果表面湿度的时间，从而一定程度上阻碍病原的侵染。有条件，可采用旱季灌溉催化的办法使浆果避开雨季的感病期。

(3)化学防治

雨季喷施药剂进行防治，采用己唑醇、环唑醇、三唑酮、百菌清和铜制剂。

8.4 根结线虫病

8.4.1 分布及危害

咖啡根系常遭受多种线虫侵害，造成不同程度的损失，是咖啡栽培中值得重视的一类灾害。据报道有7种危害咖啡的病原线虫；短小根结线虫(*Meloidogyne ecigua* Gooddi)，广泛分布于中南美洲、非洲和亚洲植区，我国云南的勐腊、瑞丽，海南的万宁、儋州已有发生。咖啡根结线虫(*M. coffeicola* Lordello et Zamith)，广泛分布于中南美洲植区，它造成的损害比短小根结线虫严重，我国植区尚未发现。南方根结线虫[*M. incognita*(Kofold et While)Chitwood]，世界性分布，危害许多种经济作物，我国云南的勐腊、瑞丽和海南的万宁、儋州已有发生，咖啡短体线虫(*Pratylenchus coffeae* T. Goodey)，在拉美、非洲、太平洋诸岛、印度尼西亚(爪哇)、中国台湾广泛发生，曾在爪哇摧毁过95%以上的小粒种咖啡，中国大陆植区尚未发现，值得注意。伤残根腐线虫(*P. vulnus* Allen . et Jensen)，分布广泛，寄主范围大。肾形线虫(*Rotylenchulus reniformis* Linfordet Olivenira)，分布于菲律宾、古巴、温德华群岛和牙买加，除危害咖啡外，还危害香蕉、腰果、杧果、番木瓜等。穿孔线虫[*Radopholus simlilis*(Cobb)Thorne.]，分布于萨尔瓦多、巴拿马、牙买加、古巴、美国、意大利、匈牙利、科特迪瓦、毛里求斯、澳大利亚、菲律宾、斐济、斯里兰卡、印度尼西亚、印度。此线虫寄生范围广泛，能侵染咖啡、香蕉、柑橘、甘蔗、菠萝、茶、槟榔、胡椒等80多种作物，能造成巨大的损害，已列为我国对外植物检疫对象。

该病表现植株生长缓慢，长势衰弱；拔起植株，可以看到在根部须根上有许多瘤状突起物(图8-21)。

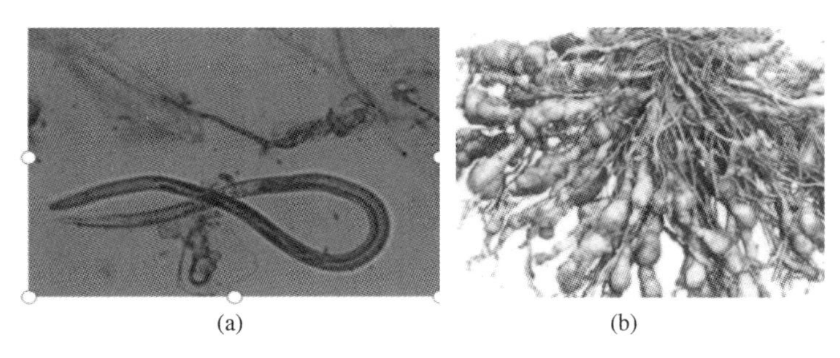

(a)　　(b)

图 8-21　根结线虫病

(a)线虫虫体　(b)线虫危害根部症状

8.4.2　防治方法

①加强植物检疫，预防穿孔线虫等我国尚未发生的重要病原线虫入侵。

②可选用化学药剂阿维菌素、阿维菌素+毒死蜱、噻唑膦等药液灌根或用淡紫拟青霉颗粒剂埋施。

8.5　蛀枝、茎害虫

8.5.1　咖啡旋皮天牛

咖啡旋皮天牛又称咖啡锦天牛、旋皮锦天牛、绒毛天牛、柚木肿瘤钻孔虫等，属鞘翅目 Coleopter 天牛科 Cerambycidae 沟胫天牛亚科 Lamiinae。

8.5.1.1　分布及危害

国内分布于云南、四川，国外分布于越南、缅甸、印度。危害咖啡、喜树、云南石梓、木菠萝、蓖麻、驳骨草、臭牡丹、柚木属、水团花属、石榴属等植物。咖啡旋皮天牛是小粒种咖啡树主要害虫之一，主要危害定植后 2~3 年生幼龄咖啡树。

以幼虫旋蛀咖啡树干基部表皮层下，向下成螺旋状取食危害树干韧皮和木质组织，木质部表留下螺旋状纹，被害咖啡树因输导组织被破坏，被连续 3~5 圈螺旋所间隔，养分水分被隔断，造成轻者植株长势衰弱，影响当年果实成熟和羿年开花结果，重者植株叶黄枯萎、叶片下垂脱落，直至整株枯死，其危害株率，轻者达 3%~5%，重者达 20%~30%，更有甚者达 70%~80%，严重危害了咖啡树的生长与产量质量。

8.5.1.2　形态特征

成虫：体长 15~27 mm，宽 5~8 mm，全身密被带丝光的纯棕栗色或深咖啡色绒毛，无其他颜色斑纹。触角端部绒毛较稀，色彩也较深。小盾片较淡，全部被淡灰黄色绒毛。头顶几无刻点，复眼下叶大，比颊部略长。触角雄虫超过体端 5~6 节，雌虫超过 3 节，一般基节粗大，向端部渐细，末节十分细瘦；雄虫 3~5 节明显粗大，第六节骤然变细，此特征当个体愈大愈明显。前胸近方形，侧刺突圆锥形，背板平坦光滑，刻点细疏，有时集中于两旁，前缘微拱凸，近后缘具两条平行的细横沟纹。小盾片半圆形，鞘翅肩部较阔，向后渐狭，略微带楔形，末端略呈斜切状，外端角明显，较长，内端角短，圆形，有时整个末端呈圆形。翅基部无颗粒，刻点为半规则式行列，前粗后细，至端部则完全消失。

卵：长 3.5~4 mm，呈梭形，两端狭小，略弯曲，初产时白色，后渐变黄白色，近孵化时变黄褐色。

幼虫：老熟幼虫体长 38 mm，呈扁圆筒形，头部及前胸硬皮板颜色较深，呈黄褐色至黑褐色，体躯的其余部分均呈蜡黄色。胸足缺，胸部以前胸节最大，为中后胸两节之和，背面有一方形移动板，其两侧和中央各有一条纵纹，中胸侧面近前胸处有明显的气门一对。腹部由 10 节组成(图 8-22)。

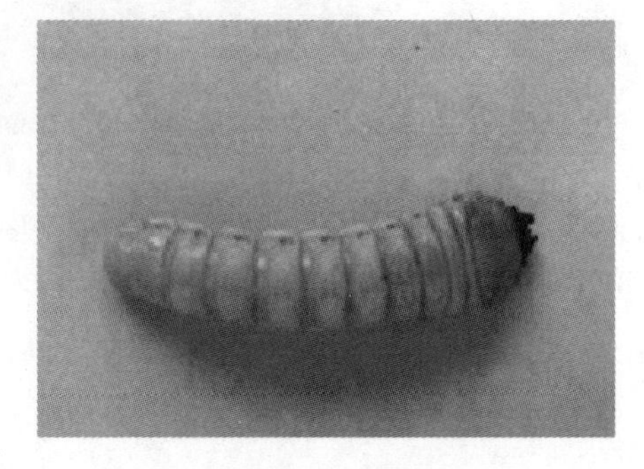

图 8-22 咖啡旋皮天牛幼虫

蛹：体长 28 mm，乳白色。腹部可见第九节，其第十节嵌入前节之内，以第七节最长，第九节具褐色端刺。

8.5.1.3 生活史及习性

咖啡旋皮天牛在云南 1 年发生 1 代，以幼虫在树干内越冬，越冬幼虫于翌年 3 月下旬开始化蛹，4 月上旬至 5 月中旬为化蛹盛期。蛹于 4 月上旬开始羽化，5 月中旬至 6 月中旬为羽化盛期。成虫 5 月中旬开始产卵，6 月上旬为产卵盛期。卵于 6 月中下旬孵化。成虫历期约 60 d，幼虫期约 288 d，蛹期为 10~15 d。成虫白天潜于寄主根部附近枯草落叶或者其他隐蔽场所，晚间 20:00 开始活动。交配前常栖息于寄主枝叶上，取食幼虫树枝杆皮部、叶脉和叶柄，经过取食 5~10 d 后互相追逐，寻找异性交配。成虫畏光，取食或交配时见光立即躲避。雌虫产卵时先把树皮咬成 1~2 mm 宽的裂口，产卵于裂口中，每处产卵 1 粒。定植 1~2 年的树干，其直径 1.5~3 cm 的植株，每树一般被产卵 1~2 粒，多的可超过 5 粒。产卵部位距地面 100 cm 以内，尤其是 10~20 cm 处最多。树的向阳面产卵多于荫蔽面，因此有荫蔽的咖啡树受害较轻。

幼虫孵化后即在树干上的皮层下钻蛀，咬成隧道于皮下危害。随着龄期的增长而逐渐向木质部深入，蛀食的坑道呈螺旋状，盘旋向上连续蛀食，坑道常连续 3~4 圈，韧皮部全被切断，只剩表皮，因此树干极易被折断，或表现树势衰弱，枝枯叶黄，每年 8、9 月危害最为猖獗，10 月进入旱季，被害植株缺乏营养和水分，幼虫也因不能摄取足够的营养停留在咖啡枝条上多处蛀孔试探，选择适宜处便蛀进枝条木质部中心，然后纵向钻蛀，其坑道长度多为 0.7~3.6 cm，宽度 0.1~0.4 cm。入侵的孔口都在枝条向地的一面。每一被害枝条一般有入侵孔 1~2 个，最多的可达 10 多个。在同一树上的枝条，其下部的入侵孔较多，占 69%，中部次之，上部最少。雌虫侵入枝条 5~6 d 后，坑道钻筑完成，并排泄真菌孢子，使坑道穴壁长满菌丝，这时雌虫即开始产卵。卵成堆产于坑道内。幼虫孵化后即取食穴壁上的菌丝，不再钻蛀新虫道和取食木质部。老熟幼虫即在原来虫道内化蛹。由于雌虫产卵期长，所以在同一坑道内往往可以同时发现各种虫态。新羽化的成虫在坑道内停留很长时间进行补充营养，其方式是扩大巢穴，即向坑道四周取食木质部，待性器官成熟后，便在巢穴内交配，然后飞出另建新巢穴。雌雄成虫不钻蛀新坑道，一生都在老坑道内生活。

8.5.1.4　防治方法

(1)农业措施防治

经常检查咖啡园，发现受害枝条随即折除，包括开始枯萎和已经枯干的枝条。2月以前要彻底折除受害枝条一次，并将折除下来的枯枝集中烧毁。

(2)化学防治

成虫未羽化前，即可在5~7月各用药剂喷树干基部一次。作涂剂的杀虫剂可选用50%杀螟丹可湿性粉剂、敌毒粉(敌百虫+毒死蜱)等按上述比例配制；喷干可用50%杀螟丹可湿性粉剂500~700倍液、30%乙酰甲胺磷乳油400~800倍液等药液喷杀茎干木栓化部位。

8.5.2　咖啡灭字脊虎天牛

咖啡灭字脊虎天牛属鞘翅目(Coleopter)天牛科(Cerambyeidae)，俗称钻心虫、柴虫等。它是危害咖啡树的主要害虫之一。

图8-23　咖啡灭字脊虎天牛危害状

8.5.2.1　分布及危害

主要是分布在亚洲咖啡产区。国内分布于台湾、海南、广东、广西、云南和四川。危害小粒种咖啡、芒果、波罗蜜、厚皮树、黄坭木及蜜花水锦等。以幼虫危害咖啡枝干。开始时在形成层与木质部间蛀食。进而将木质部蛀成曲折、纵横交错等蛀道，严重影响植株水分的输送，致使植株生势衰弱，外表呈枝叶枯黄、被害植株易风吹折断；当幼虫蛀至根部时，植株失去再生能力，而至整株枯死(图8-23)。

8.5.2.2　形态特征

成虫：体长9.5~16.5 mm，体宽2.5~4.5 mm，黑色，头胸被覆淡黄或灰色绒毛。触角长7.5 mm，黑色。前胸近球形，背板中央具有一个大圆斑，两侧各有一个小斑点。鞘翅具有灰色或浅黄绒毛斑纹，每翅有5个斑纹；两翅前端3个斑纹共同组成“灭”字纹；腹面大部分区域着生浓密黄色绒毛(图8-24)。雌雄虫额脊不相同，雄虫中央有一条细纵脊，两侧各有一个近长方形的粗糙面脊斑，雌虫有3条纵脊。雄虫触角长达鞘翅基部，雌虫触角则稍短。咖啡灭字脊虎天牛的成虫与每年5月出现的竹虎天牛成虫因个体大小及体色相近，以及两翅前端均有“灭”字斑纹，极易混淆，但后者体色比前者更黄，最明显的区别是前者额区有脊，而后者无此特征。

图8-24　咖啡灭字脊虎天牛成虫

卵：长1.5 mm，宽0.5 mm，乳白色，椭圆形，一端略细。

幼虫：老熟幼虫体长18~20 mm，体略呈扁圆筒形，全身淡黄白色。头部很小，上腭黄褐色。前胸背面硬皮板长方形，前缘有一处凹入，有一条隆起线将硬皮板分成两半，其他各节均生有肉疣，全身生有微毛。肛门开口呈“Y”形。

蛹：体长10~20 mm，宽4~5 mm，黄褐色，长椭圆形(图8-25)。

图8-25　咖啡灭字脊虎天牛幼虫

8.5.2.3　生活史及习性

咖啡灭字虎天牛在云南西双版纳1年发生3代。有世代重叠现象。在1年2代地区，多数以第二代幼虫越冬，少数以第三代成虫潜伏在树干内越冬。越冬成虫翌年2~3月间，当气温升至25 ℃以上时便陆续咬破树皮出孔活动，以幼虫越冬的成虫在3~4月间羽化出孔群飞，7~8月间第一代成虫出孔群飞。但成虫出孔时间不一致，自2月中旬至11月底，都可发现成虫。

成虫外出活动一般喜于晴天10:00~16:00，气温25 ℃以上，而早晨、傍晚或阴雨天、气温低于25 ℃时静伏不动。成虫行动活泼，喜出没于向阳暴晒地区的老咖啡树上，四处爬行寻找配偶与产卵场所。飞翔力弱，一般只做株行间短距离飞行。有假死性，有一定的趋光性。成虫自出孔后只取食水滴，未见危害植物。一生交配多次。雌虫交配后，第二天即四处爬行寻找树干裂缝处产卵，或用产卵管探测树干，遇适宜处便将皮层咬成0.5 mm深纵沟而后产卵其中，产卵后随即离开，另寻找新产卵场所。雌虫喜择树干具有一定茎粗、粗糙的咖啡树干上产卵。卵散产，一处产3~8粒成一排。成虫产卵期为3~5 d，一生产卵1~300多粒不等，产卵量多少因虫体大小和世代不同而异。未交配的成虫也产卵，但不能孵化。

初孵化的幼虫取食表皮层，然后渐渐侵入树干，有时绕茎盘旋危害，约20 d后，幼虫达3龄，然后蛀入木质部取食。幼虫蛀入树干，在外表没有明显的蛀入孔，也没有木屑或虫粪向外排，而一边向前钻蛀取食，一边向后排泄粪便填塞隧道，借以防敌害。全幼虫期所蛀食道长约40~45 cm，幼虫在茎粗2.5 cm以上的树干中危害时，其蛀食道多纵横交错，迂回曲折，蛀道由小到大，从表皮向木质部扩展。若在较细小的树干上危害时，则先环绕树干旋蛀数圈后蛀入髓部，沿树心往根部蛀食而致整株枯死。有时因幼虫绕柱树干而致断干或整株枯死。有的又从绕树干作螺旋状蛀食，被蛀害处表皮稍隆起，外面常只留一层薄皮，隧道内填塞虫粪，以致皮层不能愈合，使植株生长不良或死亡。咖啡灭字脊虎天牛的发生与咖啡树的切干与否，咖啡树的树龄、树势、坡向、咖啡园位位置及气象因素等有关。

8.5.2.4　防治方法

(1)农业措施防治

种植抗锈、高产、密集、矮生品种。咖啡灭字虎天牛喜欢危害树叶稀疏、茎干裸露、皮粗爆裂的咖啡树，因此发生锈病造成大量落叶的咖啡树虫害较重。通过调查，现在生产上普遍推广的新品种‘卡蒂姆CIFC7963’，除了抗锈高产外，还具有植株矮、树型紧凑、自身隐蔽性强等特点，对灭字虎天牛的危害有抑制作用，明显比其他品种受害轻。

咖啡灭字虎天牛是小粒种咖啡的主要害虫，其成虫喜在干燥向阳处产卵，实行套种后咖啡园荫蔽度增加，从而使咖啡免受或少受危害，同时，一定的荫蔽度使相对湿度增加，咖啡长势加强，即使遭受虫害也易于恢复，仍能正常结果。

(2) 人工防治

及时处理虫害树，人工捕杀害虫，减少虫口密度：根据该虫生物学习性、发生危害规律和年生活史，在各代次成虫离树干、出蛀前认真逐株检查、清除并烧毁有虫植株，或用弯刀刮皮去除咖啡茎干粗皮，能有效地防治咖啡灭字虎天牛的危害。其中重点抓住第二代在成虫离树干、出蛀前的时机，于 5 月下旬前，组织农民在正午阳光强烈时，对 3 年以上的成龄树逐株检查，发现顶芽、幼梢嫩叶萎蔫，叶黄枝枯或树势不正常的植株，用力推或拉主干折断有虫株，砍下或锯下折断后上下两截虫蛀主干集中剖解或烧毁。务求彻底清除咖啡地虫蛀主干，集中烧毁，不留后患，将咖啡灭字虎天牛各虫态于离树干、出蛀孔之前杀死，同时在冬季或农闲时，清除咖啡地周边咖啡灭字虎天牛的野生寄主树，杀死其中的各虫态，以减少外来虫源。

(3) 生物防治

保护利用咖啡灭字脊虎天牛的天敌昆虫。人工繁殖释放管氏肿腿蜂防治咖啡灭字脊虎，防治效果较好。可采用生物农药白僵菌、印楝素、苦参碱等生物农药进行防治。

(4) 化学防治

在 4 月中旬前涂干，用水：胶泥：石灰粉：甲敌粉：食盐：硫 = 2：1.5：1.2：0.005：0.005：0.005 的配比，混合搅拌均匀成糨糊状，均匀涂刷距地面 50～80 cm 的咖啡树干，防治第二、三代灭字虎天牛产卵和第一代卵或刚孵出尚未进入木质的幼虫。在第二代发生前清除有虫株干后，于 5 月中下旬至 7 月上中旬，全场用无公害或高效低度农药喷施。

8.5.3　咖啡木蠹蛾

咖啡木蠹蛾又名咖啡豹蠹蛾，属鳞翅目(Lepidoptera)木蠹蛾科(Cossidae)。

8.5.3.1　分布及危害

国内分布广东、海南、台湾、福建、四川和云南等省。危害咖啡、油梨、可可、茶树和番石榴等经济作物和林木，幼虫危害咖啡树干或枝条，致使被害处以上部位黄化，枯死或受风而折断。在德宏瑞丽靠近寄主等咖啡园植株受害率达到 12%～20%。

8.5.3.2　形态特征

成虫：雌蛾体圆长 18～20 mm，触角丝形。胸部被覆灰白色绒毛。胸背板两侧有 3 对青蓝色鳞片组成对园斑。翅灰白，翅脉间密布大小不等的青蓝色短斜斑点，外缘有 8 个近圆形短青蓝色斑点。腹部被白色细毛，背面各节有 3 条纵纹，两侧各有一圆斑，第三腹节以下各节有灰黑小点组成横带纹。雄虫触角基半部羽状，端半部丝状。腹部鳞毛粗密，尾部鳞毛粗长(图 8-26)。

卵：长 1.2 mm，宽 0.8 mm，长椭圆形，杏黄色。

幼虫：体长 30 mm 左右，体红色，头部深褐色。体上着生白色细毛。前胸硬皮板黄褐色，前半部有一黑褐色近长方形斑，后缘有锯齿状小刺一排，中胸至腹节各节有成横排的黑褐色小颗粒状隆起。

蛹：长圆筒形，长 18～26 mm，赤褐色。蛹头部有一尖的突起，腹部 3～9 节的背侧面有小刺列。

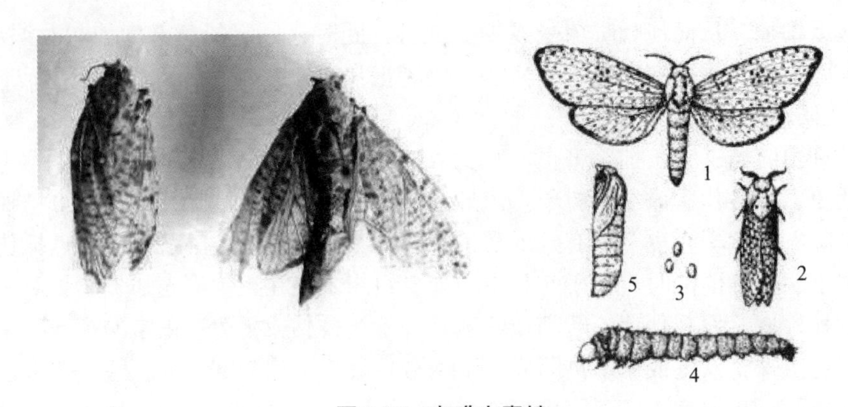

图 8-26　咖啡木蠹蛾

1. 雌成虫；2. 雄成虫；3. 卵；4. 幼虫；5. 蛹

8.5.3.3　生活史及习性

在云南红河地区 1 年发生 1 代，以幼虫在枝干内越冬，翌年化蛹，蛹期 25～28 d，成虫于 4 月开始出现。在海南 1 年发生 2 代，第二代 7、8 月化蛹，蛹期 17～19 d，初羽化成虫不活动，经数小时后才进行交配产卵活动，产期期约 2 d，卵期约 20 d 左右，平均产卵量 600 粒左右；初孵幼虫从枝条项端的叶腋间蛀入，向枝条上部蛀食，3～5 d 内被害处以上出现枯萎，这时幼虫钻出枝条外，向下转移，在不远处节间又蛀入枝内，继续危害，经多次如此转移，幼虫长大，便向下部枝条转移危害，一般侵入离地 15～20 cm 的主干部。蛀入孔为圆形，常有黄色木屑排出孔外。幼虫蛀道不规则，侵入后先在木质部与韧皮部之间枝条蛀食一圈，然后多数向上钻蛀，但也有向下蛀或横向蛀食。老熟后在蛀道内吐丝结木屑堵住两端在其中化蛹；在蛹室上方数厘米处咬开一个羽化孔，羽化前蛹体移至羽化孔，羽化时大部分蛹体露出孔外，极易识别。

8.5.3.4　防治方法

(1)农业措施防治

经常检查，结合修枝整形，如发现虫伤枝，特别是幼嫩受害枝条应从虫孔下方剪除并烧毁，以消灭枝中害虫。咖啡木蠹蛾幼虫转入咖啡主茎钻蛀通常造成主茎折断，因此要及时杀灭卵和初孵幼虫。

(2)化学防治

选用 25%杀虫双水剂 500 倍液、25%扑虱灵可湿性粉剂 1500～2000 倍液、50%辛硫磷乳油 1000～1500 倍液、90%晶体敌百虫 1000 倍液、40%烟碱 800～1000 倍液等喷树体。

8.5.4　其他：咖啡黑枝小蠹

咖啡黑枝小蠹属于属鞘翅目(Coleopter)小蠹科(Scolytidae)(图 8-27)。

图 8-27　咖啡黑枝小蠹

8.5.4.1　分布及危害

国内分布于广东、台湾；国外分布于东南亚、非洲南部。可危害咖啡、可可、油梨、杧果、台湾相思等植物。我国的中粒种咖啡遭此虫的危害较严重。多危害一年生的分枝及嫩干，危害后几周内引起枯枝落叶。据调查，在高峰期危害率可达 60%。从受害枝条外表看被害状为一小孔，而一条枝条只要有一个蛀孔就足以使枝条干枯。

8.5.4.2　形态特征

成虫：雌成虫体长 1.5~1.8 mm，长椭圆形，黑色；锤状触角，前胸近球形，前半部具同心圆排列的小突起；足胫节外缘具齿。雄成虫体长 1.1~1.2 mm，略扁平，前胸背板后部凹陷。

卵：长 0.5 mm，宽 0.05 mm，初产时白色透明，后渐变为米黄色。

幼虫：老熟体长 1.3 mm，宽 0.5 mm，全身乳白色。胸足退化呈瘤状突起。

蛹：雄蛹体长 1.25 mm，宽 0.615 mm，雌蛹体长 1.95 mm，宽 0.875 mm。在不同发育阶段体色会有所变化。

8.5.4.3　生活史及习性

海南一年发生 6~7 代，1、2 月及 5、6、7 月发生数量较多，5~6 月是危害高峰期。世代重叠，终年可见到各种虫态。雌雄性比约为 10∶1。雌成虫多在下午最热时外出，在咖啡园寻找寄主，钻入木质部后作纵向钻蛀。从受害枝条外表看被害状为一小孔，孔内有坑道，在同一枝条上有时可出现 10 多个蛀孔，虫道内卵、幼虫、成虫可同时并存，世代重叠。越冬期主要是成虫，低温期有休眠现象。成虫羽化后在原蛀道内扩大取食补充营养，性成熟后交配，然后才飞出另找新梢钻蛀。

8.5.4.4　防治方法

(1) 农业措施防治

结合修剪清除虫害枝条。1~3 月，当成虫处于越冬期时，进行全园性清除枯枝，把所有的虫害枯枝，尤其是部位的枯枝彻底清除，集中烧毁。当天剪除，当天烧毁，经试验，此法的防治可达 85%。经常清理园外防风林杂生灌木，砍除干净。

(2) 化学防治

在 5 月上旬，用农药 1∶500 倍杀螟松或 1∶400 倍马拉磷进行一次全园性喷射，对抑制虫口有一定作用。在树干上发现有虫孔时，可用药棉蘸敌敌畏堵塞蛀孔，可取得较好的防治效果。

8.6　食果、叶、芽害虫

8.6.1　咖啡蓟马

咖啡蓟马属蓟马缨翅目蓟马科(图 8-28)，危害嫩梢，所有咖啡种植区都有危害。

图 8-28　咖啡蓟马

8.6.1.1　分布及危害

蓟马以成虫和若虫锉吸植株幼嫩组织(枝梢、叶片、花、果实等)汁液，被害的嫩叶、嫩梢变硬卷曲枯萎，植株生长缓慢，节间缩短；幼嫩咖啡果实被害后会硬化，严重时造成落果，严重影响产量和品质。

(1)叶片受害

嫩叶受害后使叶片变薄，叶片中脉两侧出现灰白色或灰褐色条斑，表皮呈灰褐色，出现变形、卷曲，生长势弱，易与侧多食跗线螨危害相混淆。

(2)幼果受害

表皮油胞破裂，逐渐失水干缩，疤痕随果实膨大而扩展，呈现不同形状的木栓化银白色或灰白色的斑痕。但也有少部分发生在果腰等部位。圆形疤痕常与树状疤痕相伴。在幼果期疤痕呈银白色，用手触摸，有粗糙感；在成熟果实上呈深红或暗红色，平滑有光泽。

8.6.1.2 形态特征

蓟马为昆虫纲缨翅目的统称。幼虫呈白色、黄色或橘色，成虫黄色、棕色或黑色；取食植物汁液或真菌。体微小，体长 0.5~2 mm，很少超过 7 mm；黑色、褐色或黄色；头略呈后口式，口器锉吸式，能挫破植物表皮，吸允汁液；触角 6~9 节，线状，略呈念珠状，一些节上有感觉器；翅狭长，边缘有长而整齐的缘毛，脉纹最多有两条纵脉；足的末端有泡状的中垫，爪退化；雌性腹部末端圆锥形，腹面有锯齿状产卵器，或呈圆柱形，无产卵器。

8.6.1.3 生活史及习性

蓟马一年四季均有发生，发生高峰期在秋季或入冬的 11~12 月，3~5 月则是第二个高峰期。雌成虫主要进行孤雌生殖，偶有两性生殖，极难见到雄虫。卵散产于叶肉组织内，每雌产卵 22~35 粒。雌成虫寿命 8~10 d。卵期在 5~6 月为 6~7 d。若虫在叶背取食到高龄末期停止取食，落入表土化蛹。蓟马喜欢温暖、干旱的天气，其适温为 23~28 ℃，适宜空气湿度为 40%~70%；湿度过大不能存活，当湿度达到 100%，气温达 31 ℃时，若虫全部死亡。大雨后或浇水后致使土壤板结，使若虫不能入土化蛹和蛹不能孵化成虫。

8.6.1.4 防治方法

(1)农业措施防治

早春清除咖啡园内杂草和枯枝残叶，集中烧毁或深埋，消灭越冬成虫和若虫。加强肥水管理，促使植株生长健壮，减轻危害。

(2)物理防治

利用蓟马趋蓝色的习性，在田间设置蓝色黏板，诱杀成虫，黏板高度与作物持平。

(3)化学防治

可以使用25%噻虫嗪大功率喷雾，但要提高使用量，如 800 倍喷雾，同时可以微乳剂类的阿维菌素桶混使用。

具体防治要点：

①根据蓟马昼伏夜出的特性，建议在下午用药。

②蓟马隐蔽性强，药剂需要选择内吸性的或者添加有机硅助剂，而且尽量选择持效期长的药剂。

③如果条件允许，建议药剂熏棚和叶面喷雾相结合的方法。

④提前预防，不要等到泛滥了再用药。

8.6.2　咖啡果小蠹虫

8.6.2.1　分布及危害

(1)分布

越南、老挝、柬埔寨、泰国、马来西亚、菲律宾、印度尼西亚、印度、斯里兰卡、巴西等国家和地区有报道。此外，在美国夏威夷和加利福尼亚南部也有报道。

(2)危害

咖啡果小蠹是咖啡种植区严重危害咖啡生产的害虫，幼果被蛀食后引起真菌寄生，造成腐烂、青果变黑、果实脱落，严重影响产量和品质。危害成熟的果实和种子，直接造成咖啡果的损失。据报道，此虫危害在巴西造成的损失有时可达 60%~80%；在马来西亚咖啡果被害率曾达 90%，成熟的果实被害率达 50%，导致田间减产达 26%；在科特迪瓦咖啡果受害率曾达 50%~80%；在刚果(金)的斯坦利维尔，青果受害率达 84%；在乌干达咖啡果受害率曾达 80%；可见此虫对咖啡生产造成的危害是相当严重的，它曾给一些咖啡生产国造成了很大的损失。

8.6.2.2　形态特征

成虫：雌咖啡果小蠹成虫体长约 1.6 mm，宽约 0.7 mm，暗褐色到黑色，有光泽，体呈圆柱形。头小，隐藏于半球形的前胸背板下，最大宽度为 0.6 mm。眼肾形，缺刻甚小。额宽而突出，从复眼水平上方至口上片突起有一条深陷的中纵沟。额面呈细的、多皱的网状。腿节短，分为 5 节，前 3 节短小，第四节细小，第五节粗大并等于前 4 节长度之和。雄虫形态与雌虫相似，但个体较雌虫小，体长约为 1.05~1.20 mm，宽 0.55~0.60 mm。腹节末端较尖(图 8-29)。

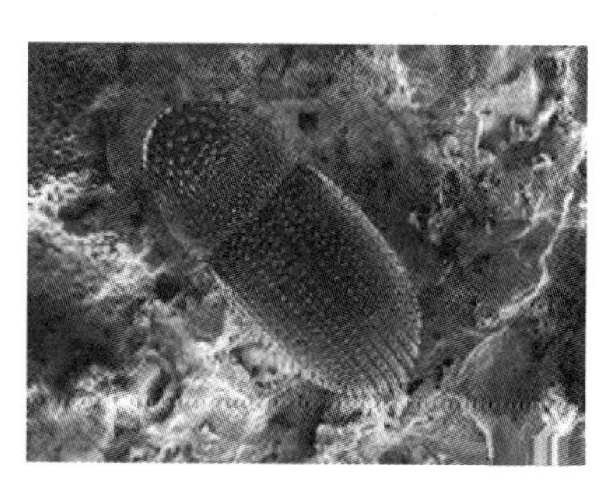

图 8-29　咖啡果小蠹虫

卵：乳白色，稍有光泽，长球形，0.31~0.56 mm。

幼虫：乳白色，有些透明。体长 0.75 mm，宽 0.2 mm。头部褐色，无足。体被白色硬毛，后部弯曲呈镰刀形。咖啡果小蠹

蛹：白色，头部藏于前胸背板之下。前胸背板边缘有 3~10 个彼此分开的乳头状突起，每个突起上面有 1 根白色刚毛。腹部有 2 根较小的白色针状突起，长 0.7 mm，基部相距 0.15 mm。

该虫与咖啡枝小蠹(*Xyleborus morstatti*)的区别：咖啡果小蠹鞘翅上有短而硬的刚毛，触角端部长圆形，有规则排列着长柔毛。前足胫节有 6~7 个小齿。咖啡枝小蠹鞘翅上覆有细长毛，触角端部卵形或近圆形，前足胫节有齿 4 个。

8.6.2.3　生活史及习性

咖啡果小蠹雌虫交配后，在咖啡果实的端部钻蛀一个孔，蛀入果内产卵。每头雌虫可产卵 30~60 粒，多者可达 80 粒。产卵后雌虫一直留在果内，直到下一代成虫羽化后才钻出。卵期 5~9 d。幼虫孵出后不离开果豆，在果豆内取食豆质。幼虫期 10~26 d，雌幼虫取食期约为 19 d，雄幼虫取食期为 15 d。蛹期 4~9 d，从产卵到发育为成虫共需 25~35 d，在 24.5 ℃时从卵到成虫平均为 27.5 d。雌虫羽化后几天仍留在豆内完成自身的发育，一

般3~4 d后性成熟，交尾后离开它发育的果实并蛀入另一果肉产卵，雌虫的数量总是占优势。

90%~100%的高湿度有利于成虫羽化。大雨也可促进成虫从落果中羽化。害虫发展的最适气温25~26 ℃。据了解，害虫发生在海拔500~1000 m之间的咖啡园，低于500 m和高于1000 m，估计发生率会下降。它喜潮湿，据在巴西和非洲几个国家的调查，在遮光、潮湿的种植园，比干燥、露天的种植园受害程度要严重得多。有些咖啡品种很敏感，如中粒种咖啡 *Coffea canephora* 受害重，而有些品种受害较轻，如高种咖啡 *C. excelsa* 和大粒种咖啡 *C. liberia*，当然该虫的选择性也不是一成不变的。

寄主：主要寄主为咖啡属植物的果实和种子，如咖啡、大咖啡等。

8.6.2.4 防治方法

(1)检疫方法

对到达口岸的咖啡豆及其他寄主植物种子要严格检验，根据该虫蛀食果实的习性，查验有无蛀孔之果实，特别注意靠近果实顶部有无蛀孔，要剖查咖啡豆，检查内部是否带虫。对咖啡豆的外包装物同样要严格查验，发现虫情应连同包装物一起进行彻底灭虫处理。

(2)化学防治

据报道使用二硫化碳熏蒸有较满意的效果，用量为每0.28 mg的种子用85 mg二硫化碳，熏蒸15 h(注意对种子发芽率有些影响)；氯化苦熏蒸用量每升用85 mg熏蒸8 h，10 mg熏蒸4 h，15 mg熏蒸2 h，50 mg熏蒸1 h，可消灭咖啡果内的成虫。

8.6.3 咖啡绿蚧

8.6.3.1 分布及危害

咖啡绿蚧属同翅目蜡蚧科害虫。又名咖啡绿软蜡蚧，广泛分布于世界整个热带地区。国内分布于广西、广东、海南、云南等。除了危害咖啡外，还危害茶叶、柑橘、橡胶树、椰子、可可、胡椒、杧果、柠檬、冬青、龙眼、人心果等；以若虫和成虫群集在咖啡嫩梢和叶背面吸取汁液，尤其以嫩叶部分受害较重。除直接吸取寄主汁液外，排泄蜜露积在叶片上，诱致煤烟病发生，妨碍光合作用，植株被害后生势衰弱，严重被害的幼果果皮皱缩，果柄发黄，幼果未成熟即脱落，使得咖啡产量减少，质量降低。

在我国，咖啡绿蚧危害咖啡的报道始见于1965年，咖啡绿蚧在广西西南部咖啡植区发生危害，调查植株受害率达到84%，其中有煤烟病植株占25%以上。过去由于咖啡种植面积起伏明显，咖啡绿蚧多为零星发生，随着咖啡种植面积的增加，尤其是在云南咖啡主要植区，2008年以来，冬春季干旱明显，咖啡绿蚧危害严重。2012年4月云南德宏热带作物研究所调查，虫害引起的煤烟病达30%以上。

8.6.3.2 形态特征

雌性成虫：体长2.5~3.25 mm，宽1.5~2.0 mm，体平、卵形，浅黄绿色。在背中有不规则灰黑色斑点环状物，中间稍微突出，边缘十分薄，皮肤软。

卵：圆形，边缘扁平，中间稍微突出。

8.6.3.3　生活史及习性

咖啡绿蚧在海南一代历期 28~42 d，若虫 3 龄。孤雌生殖，雌虫一生可产卵数百粒，卵置于母体下面。初孵化的若虫在母体下面作短暂的停留，而后分散外出，非常活跃，四处爬行，寻找适宜的场所，定居后不再移动。干旱季节和阴湿且通风不良的环境有利于其发生。雨季害虫能被真菌寄生，使虫口密度急剧下降。该虫在叶片上的分布以叶脉两侧较多，嫩枝上多分布在纵形的稍微凹陷处。低温季节绿蚧繁殖速度下降，危害程度亦减轻。

8.6.3.4　发生规律

(1) 虫源基数

由于热区冬季气温相对较高，在云南保山潞江 1~3 月平均单株虫口数在 9~86 头，到 8 月达到了 1428 头；咖啡绿蚧繁殖速度即单株虫口数量月增量与平均气温月增量呈显著正相关；繁殖速度的周年变化动态曲线呈单峰曲线；峰值出现在 6~7 月，平均为 544 头/月；咖啡绿蚧扩散传播速度即危害率月增量与繁殖速度呈极显著正相关；扩散传播速度的周年变化动态曲线呈单峰曲线；峰值出现在 2~3 月，因为此时咖啡抽生幼嫩枝叶和发芽分化及始花期，咖啡幼嫩组织多，有利于咖啡绿蚧快速繁殖与扩散传播；达到 13.5%/月，5~6 月由于虫口基数积累较大，产生的后代第一龄若虫基数较大，有利于扩散传播，达到 15.7%/月。研究表明云南保山、德宏热区咖啡绿蚧单株虫口数量的大小取决于 8 月以前的积温；9~10 月受害率增量为负增量，该虫传播停止。

(2) 气候条件

在云南潞江干热河谷区咖啡绿蚧周年虫口数量随气温上升而上升，随气温下降而下降，受气温影响明显，虫口周年变化呈单峰曲线，峰值出现在 8 月，平均达到 1428 头；但在湿热区的德宏，8 月雨季区，对该虫的发展有一定影响；最重是在 4~5 月气温高的干旱区。

咖啡绿蚧危害率的大小取决于 8 月以前单株虫口数量的大小，8 月以后尽管单株虫口数量下降但危害率仍保持较高的水平，直至 9 月达到最高点，9 月以后危害率基本保持稳定并略有下降；因此咖啡植株一旦受害后在短期内难以恢复正常生长，而受害较轻的植株仍可恢复生长，但并不表明咖啡绿蚧停止了扩散传播。

(3) 天敌昆虫

7 月进入雨季后由于雨量集中、空气湿度大、有利于绿蚧天敌寄生菌芽枝霉(Cladosporium)、球囊菌(Sphaerostilbe)和笋尖孢霉(Acrostalagmus)等的发生与寄生；很大程度上抑制了咖啡绿蚧单株虫口数量的繁殖扩大；另外绿蚧天敌中的肉食性昆虫如大红瓢虫(*R. rufopilosa* Muls.)、红环瓢虫(*R. limbata* Motsch.)、二星瓢虫(*Chilocorus tristis* Fald.)以及内寄生天敌膜翅目的小蜂科种类的“滞后现象”，进入 6~7 月后开始大量发生，对咖啡绿蚧单株虫口数量的扩展产生抑制作用；因此，8 月以后尽管月积温仍然足够，但咖啡绿蚧单株虫口数量已开始大幅度下降，但并不表明咖啡绿蚧停止生长繁殖。

8.6.3.5　防治方法

(1) 生物防治

保护和利用天敌：寄生蜂、寄生菌和瓢虫，能大幅度降低咖啡绿蚧的虫口密度，应保护利用。利用乳菇轮枝孢菌这一昆虫病原真菌防治绿蚧，在田间用 16×10^6 个孢子/mL 菌悬液对咖啡喷雾二次，每次隔 2 周，能使 30%～95%的咖啡绿蚧死亡。

(2)化学防治

推荐使用的主要杀虫剂及方法：在旱季虫害严重发生时使用药剂防治，选用 48%毒死蜱乳油 1000～2000 倍液、25%扑虱灵可湿性粉剂 1500～2000 倍液、0.3%苦参碱水剂 200～300 倍液、50%马拉硫磷乳油 1200～1500 倍液、2.5%高效氯氟氢菊酯乳油 1000～3000 倍液等喷树体。

8.7 食根及根茎害虫

咖啡根粉蚧属同翅目粉蚧科。

8.7.1 咖啡根粉蚧

8.7.1.1 分布及危害

据资料介绍危害咖啡土表下根部的粉蚧有记录的达 40 种之多；其在国内分布于广东、海南、广西、云南和台湾。国外分布于菲律宾、印度、越南、印度尼西亚和非洲等主要咖啡产区。

蚧虫危害咖啡、柑橘和石榴等作物的根部。主要以若虫和雌成虫寄生在咖啡根部，初期先在根颈 2～3 cm 处危害，以后逐渐蔓延至主根、侧根并遍布整个根系，吸食其液汁；植株根部受害部常出现一种以蚧虫的分泌物为营养的真菌，其菌丝体在根部外围结成一串串瘤疱，将蚧虫包裹保护起来，有利于其大量传播繁衍(图 8-30)；严重地消耗植株养分及影响根系生长，使植株早衰，叶黄枝枯，有利于其种群的繁衍。植株受害初期当年虽然不致枯死，但翌年则日趋衰退，不能正常开花结果，造成减产和品质下降，最后因根部发黑腐烂，整株凋萎枯死。而蚧虫除危害根部外，有时在根部以上荫蔽较好的茎干部位，蚂蚁常搬土把其包裹保护起来，长达 20～50 cm，使咖啡树势减弱。

图 8-30 咖啡根粉蚧

8.7.1.2　形态特征

成虫：雌成虫体长 2.5~3.5 mm，宽 1.2~1.5 mm，椭圆形，背面稍隆起，体呈紫色，背面密被白色蜡粉。其体边缘有短而粗钝的蜡毛 17 对，自头部至尾端愈向后越长，以尾端蜡毛最长；触角丝状，共 8 节淡黄色；胸足淡黄色，很发达，能自由行动；体腹面腺堆共 18 对；肛环有明显角质化环带，似马蹄形，上有长刺毛 6 根，两边相对排列。雄虫体长 1.0~1.3 mm，宽 0.3~0.38 mm，呈榄核行，黄褐色；触角丝状，10 节，尾端具有一对长蜡毛。

若虫：初孵化时为紫红色，外形和雌成虫相似，背面扁平，没有蜡粉，以后随虫龄发育而增加蜡粉，体边缘的蜡毛也随龄期增长而明显突出。

卵：椭圆形，紫色，常聚集成堆，外被白色蜡粉。

8.7.1.3　生活史及习性

在广西 1 年发生 2 代，以若虫在土壤湿润的寄主根部越冬，翌年 3~4 月为第一代成虫盛期，6~7 月第二代成虫盛期。世代叠置发生，一般完成一个世代约经 60 d，卵期 2~3 d，若虫期 50 d，雌成虫寿命 15 d，雄成虫 3~4 d，主要靠蚂蚁传播，同时蚂蚁取食其分泌的蜜露，并为之起保护作用。

8.7.1.4　发生规律

一般喜在土壤肥沃疏松，富含有机质和稍湿润的林地发生。幼龄树与成年树相比受害较重，易出现受害状。干旱年份该虫发生较重。该虫寄主较多，能危害胡椒、可可、杧果等，田间生长的草本植物有的也是其野生寄主。

8.7.1.5　防治方法

(1) 农业防治

咖啡根粉蚧的寄主范围广，应做好其他寄主的根粉蚧防治，消除虫源。咖啡采取间作，树势强，不利于该虫的危害发生。

(2) 生物防治

咖啡间作，咖啡树势强，天敌多能较好地控制蚧虫的危害。瓢虫对该虫的生防效果较好。目前一些咖啡生产国和地区主要采用生物防治方法来控制蚧虫危害。

(3) 化学防治

①化学农药防治蚂蚁有效地防止蚧虫的传播。

②咖啡苗定植时，用 0.3%氟虫腈颗粒剂拌土施入植穴，每亩施用量 1.5~1.8 kg。

③用 48%毒死蜱乳油 1000 倍液每株 200~300 mL 灌根，可获得理想防效。

④注意防治该虫传播媒介蚂蚁，可用 90%晶体敌百虫 500~1000 倍液喷杀防治效果好。

8.7.2　金龟子

金龟子分布较广，在云南所有咖啡植区都有分布，主要以幼虫蛴螬危害咖啡根部，咬食须根及啃食根皮，使植株生长不良甚至死亡，特别幼龄咖啡园危害较重，防治方法同根粉蚧。

8.8 仓储害虫

8.8.1 咖啡豆象

8.8.1.1 分布与危害

咖啡豆象(*Araecetus fasciculatus* De Geer)属长角象科，是可可、咖啡豆等的重要害虫，又称蛀蚀性储粮害虫，在中国主要危害玉米、薯干、大蒜、稻谷、麦类、高粱，以及粮食制品、药材、酒曲等储藏物；在其他国家主要危害咖啡豆及棉籽。据Cabal(1956)报告，贮藏1~3年的优质咖啡豆饲育成虫7 d后，咖啡豆被害率达31%~87%，劣质咖啡豆因柔软易侵入，被害率更高。据Figueired(1957)报告，在6个月内能使被害咖啡豆损失重量的30%。此虫在野外及仓内均能繁殖危害，是中国头号储粮害虫。

世界主要分布于热带、亚热带地区，后传至全球各个国家和地区。中国主要分布于福建、广东、广西、云南(很普遍)、江苏、安徽、湖北、江西、湖南、四川、贵州、山东、河南等。

8.8.1.2 形态特征

成虫：体长2.5~4.5 mm。身体卵形，暗褐色或黑灰色，被黄色及红褐色茸毛。头顶宽扁，喙短而宽。触角细长，由喙的基部附近沟内伸出；共11节，基部1~2节较粗短，第3至第8节长丝状，末端3节扁平膨大呈疏松的棒状；第1至第8节赤褐色，第9至第11节暗褐色至近黑色。前胸背板前缘较后缘略狭，前胸刻点很小而密。背板上的茸毛颇长，特别是前半部。小盾片极小，圆形，密生灰白色细毛。鞘翅背面隆起，近基角处隆起如肩状，近基部内缘两侧各有一不显著的小隆起。鞘翅上的刻点小而浅，不很明显，行间有小颗粒；所有的刻点都被茸毛部分掩盖起来，茸毛倒伏或倾斜，白色；鞘翅行间交替地嵌着有特征性的褐色、黄色方形斑点。足细长，前足基节卵圆形，腔节无脊突，第4跗节小形，隐于双叶状的第3跗节内；胫节、跗节赤褐色，腿节中部沥青色。腹末外露于鞘翅的部分狭小，近正三角形，密生褐色细毛(图8-31)。

图8-31 豆象成虫

卵：卵圆形，顶阔而圆，底略尖，表面有纵行突起，长约0.56 mm，宽约0.35 mm，白色、有光泽。

幼虫：老熟时体长4.5~6 mm，乳白色，头尾两端向腹面弯曲如弓，有皱纹，密被白色短细毛。胸足退化，仅留痕迹。头部大，圆形，淡黄色。

蛹：长3.7~5 mm，初化蛹时淡黄白色。蜕皮紧缠于腹节末端，全体着生灰白色细毛。头部及胸部宽大，末端尖小。触角细长，弯向背面。鞘翅图沿腹。

侧伸达腹面第5节，两鞘翅末端各着生一褐色肉刺。腹末左右侧各有一瘤状突起。

8.8.1.3 生活史及习性

在中国北方1年发生3~4代。在四川1年发生4~5代。在巴西1年8~10代，每代历

30~40 d。常以幼虫越冬，越冬幼虫于翌年春化蛹并羽化为成虫。成虫活泼，善飞能跳，在仓内储藏物或田间植物上产卵。每雌虫产卵 11~100 粒，平均产 52 粒；另有资料记载每雌虫产卵最多可达 130~140 粒，每日平均产卵 3 粒。在 27 ℃下，雄虫在羽化后 3 d、雌虫在羽化后 6 d 达性成熟。雌、雄均在羽化 6 d 后开始交尾，交尾后 0.5 h 开始产卵。产卵 1 粒约需 8 min。产卵前在粮粒上啮成一卵穴，然后产卵 1 粒于穴内。未交尾雌虫的卵散产在寄主表面。

在咖啡中繁殖的咖啡豆象，当气温 28 ℃，相对湿度 80%时，卵期为 5~7 d，幼虫期 46~66 d，前蛹期 1~1.5 d，蛹期 5~8 d。在气温 27 ℃、相对湿度 60%的条件下，在玉米内完成 1 代需 57 d；在相对湿度 100%时、完成 1 代需 29 d。成虫最不耐高温，50 ℃时，经 3 min 即死亡，其余各虫态，经 3 d 全部死亡。幼虫蜕皮 3 次。成虫寿命在相对湿度 50%时为 27~28 d，在 90%时为 86~134 d。

咖啡、可可、豆蔻、药材、玉米、高粱等谷物及其加工品，薯干、酒曲、干果、棉籽、姜、大蒜等。

成虫在谷粒外面生活，以粮粒为食。雌虫产卵时，先在粮粒一端用其“鼻”凿一小孔，然后在孔内产一粒卵。卵孵化为幼虫，即在粮粒内蛀蚀并逐渐蛀入内部。其卵、幼虫、蛹均在一粒粮食中发育，直至变为成虫爬出粮粒。成虫能飞，爬得很快，有假死性。到冬天，成虫爬到粮仓外面，在向阳处的石块、垃圾、树皮等底下越冬。来年春天，在仓外越冬的成虫爬回到仓库，继续危害储藏的粮食。咖啡豆象主要随被害种子、果品调运传播，也可随包装器材和运输工具传播。由于此虫活泼善飞，又能在田间危害，故不能排除自然扩散的可能性。

8.8.1.4　发生规律

咖啡豆象均以成虫在咖啡生豆内、仓库缝隙、包装物等处越冬，每年 4 月中、下旬成虫开始活动，咖啡结果时，迁飞到田间，于咖啡豆上产卵。待幼虫孵化后，蛀人咖啡果内危害，豆粒成熟后随之进入仓库。豆象生性活泼，善于飞翔。豆象多为单宿主，即专寄生于某种豆科植物，少数食性广，危害多种豆类。

8.8.1.5　防治方法

(1) 检疫方法

从疫区凋运的玉米、薯干、大蒜等寄主必须严格检疫。检验时用 2.5~4.5 mm 孔径的筛子过筛，检查筛下物内有无成虫。有条件时可对种子进行 X 射线检验，查找被害粒，检验羽化孔和被害粒内的虫体。

(2) 化学防治

清洁卫生是防治该虫最基本的方法。仓库本身，仓库用具，包装器材，运粮工具都要清洁，必要时用敌百虫烟剂，敌敌畏乳油等进行空仓清消。常用的熏蒸剂有磷化铝、溴甲烷等。磷化铝可重蒸谷物、成品。

(3) 物理防治

高温、低温杀虫。咖啡豆象成虫不耐高温，50 ℃时 3 min 即全部死亡。咖啡豆象亦不耐冷，0 ℃之下很难生存。

8.8.2 印度谷螟

8.8.2.1 分布及危害

印度谷螟，世界性分布，国内除西藏尚未发现外，其余各省(自治区、直辖市)均有分布。以幼虫危害各种粮食和加工品、豆类、油料、花生、各种干果、干菜、奶粉、蜜饯果品、中药材、烟叶等。其中以禾谷类、大豆、瓜生、红枣及谷粉等受害最重。幼虫喜食粮粒胚部，影响发芽率；蛀食干果、干菜成孔洞、缺刻，常吐丝连缀粮粒及排泄物，并结网封闭其表面，使其结块变质。

图 8-32 印度谷螟成虫

8.8.2.2 形态特征

成虫：印度谷螟(图 8-32)小型蛾子。体长 5~9 mm，翅展 13~16 mm。头部灰褐色，腹部灰白色。头顶复眼间有一伸向前下方的黑褐色鳞片丛。下唇须发达，伸向前方。前翅细长，基半部黄白色，其余部分亮赤褐色，并散生黑色斑纹。后翅灰白色。一般雄成虫体较小，腹部较细，腹末呈二裂状，雌成虫体较大，腹部较粗，腹末成圆孔。

卵：长 0.3 mm，乳白色，椭圆形，一端颇尖。卵表面有许多小颗粒。

幼虫：老熟幼虫体长 10~13 mm，体呈圆筒形，中间稍膨大。头部赤褐色，上颚有齿 3 个，中间一个最大；头部每边有单眼 6 个。胸腹部淡黄白色，腹部背面带淡粉红色。中胸至第八腹节刚毛基部无毛片。腹足趾钩双序全环。雄虫第五节腹节背面有 1 对暗紫色斑即为睾丸(图 8-33)。

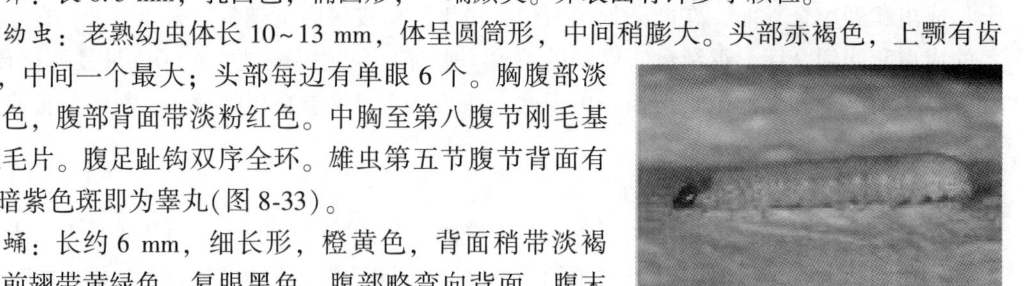

图 8-33 印度谷螟幼虫

蛹：长约 6 mm，细长形，橙黄色，背面稍带淡褐色，前翅带黄绿色。复眼黑色。腹部略弯向背面。腹末着生尾钩 8 对，其中以末端近背面的 2 对最接近及最长。

8.8.2.3 生活习性

(1)气温、湿度、粮食含水量

印度谷螟为喜温暖害虫，生长发育的适宜气温为 24~30 ℃，相对湿度 70%~80%。多雨季节和年份，储藏物含水量高，发生危害重。幼虫在 48.8 ℃下，经 6 h 即死亡。各虫态在低温下致死时间分别为：−3.9~1.1 ℃时为 90 d；−6.7~3.9 ℃时为 28 d；−9.4~6.7 ℃时为 8 d；−12.2~9.4 ℃时为 5 d。此外，光周期对成虫产卵有一定影响，在明暗 12 h 交替下产卵量是全黑暗条件下的 3 倍。

(2)食物

不同种类的食物对印度谷螟的生长发育、存活及繁殖等有显著影响。用玉米及大豆碎块、红枣、葡萄干、菊花等饲养的个体发育快，大米饲养的次之，稻谷饲养的不能正常发育和存活。曾发现印度谷螟在红枣仓库内大发生，仓内四壁、天花板、地面及红枣上布满密密麻麻幼虫。

(3)天敌

印度谷螟的常见天敌有黄色花蝽、黄冈花蝽、锡兰全平步甲、尼罗维须步甲、拟蝎、蠼螋、麦蛾茧蜂等。其中麦蛾茧蜂等对印度谷螟种群数量有较大控制潜能，在自然发生情况下，春季寄生率约为 14%，夏秋季为 9%~25%，一般每头寄主幼虫体内有茧蜂幼虫 2~14 头。

8.8.2.4　发生规律

通常 1 年发生 4~6 代；在温暖地区，印度谷螟 1 年可发生 7~8 代。辽宁南部 3~4 代。世代重叠严重。以幼虫在仓壁及包装物等缝隙中布网结茧越冬。

在武昌越冬幼虫翌年 4~5 月化蛹、羽化。在四川越冬代化蛹始见期在 3 月下旬，高峰期在 4 月上旬，羽化始见期在 4 月下旬，高峰期在 4 月底。第 1 至第 3 代化蛹盛期分别在 6 月中旬、7 月中下旬、8 月下旬，羽化盛期分别在 6 月下旬、7 月底至 8 月上旬、9 月上中旬。成虫多在夜间活动，有一定趋光性。羽化、交配、产卵活动全天均可进行，但羽化以白天较多，交配产卵以夜间较多。成虫羽化后即可交配，交配为尾接式，并可多次交配。交配后雌成虫将卵产于储藏物表面或包装品缝隙中，也可产在幼虫吐丝形成的网上，卵散产或聚产。产卵期 1~18 d，以成虫羽化后第 3 天产卵最多，每雌一生平均产卵 152.3 粒。

初孵幼虫先蛀食粮粒胚部，再剥食外皮。危害花生仁及玉米时，喜蛀入胚部，潜伏其中食害；危害干辣椒则是潜入内部蛀食，仅留一层透明的外皮。幼虫常吐丝结网封住粮面，或吐丝连缀食物成小团与块状，藏在内面取食。起初在粮堆表面及上半部，以后逐渐延至内部及下半部危害。幼虫行动敏捷，具避光性，受惊后会迅速匿藏。缺食时，幼虫会自相残杀。幼虫 5~6 龄，老熟后多离开受害物，爬到墙壁、梁柱、天花板及包装物缝隙或其他隐蔽处吐丝结茧化蛹。

一般情况下各虫态历期：卵 2~14 d，幼虫 22~35 d，蛹 7~14 d，成虫寿命 8~14 d。在 27~30 ℃下，每完成一代约需 36 d。

8.8.2.5　防治方法

①清洁卫生防治。

②日光暴晒。

③诱杀：掌握在化蛹前及越冬前，用麻袋等物盖在仓储物表面诱杀；或在成虫羽化期用性信息素诱捕器诱杀。

④微生物农药防治。Bt 对印度谷螟幼虫有较高毒力，用 2.266×10^{8} 个活芽孢/mL 浓度的 Bt 菌液感染 4 龄幼虫，处理 32 h 后死亡率达 98.24%。Bt 菌粉对粮面处理深度以 10~15 cm 为佳。

⑤磷化铝熏蒸等防治措施。

8.9　鼠害的防治

长久经营的咖啡园形成了一个稳定的生态系，给老鼠提供了一个相对稳定的食物源，也为鼠类创造了一个良好的栖息生境。长期生活在咖啡园的老鼠，为了种群的发展，已适应和依赖咖啡园，咖啡树营养成分比较丰富，翌年结果枝养分积累较高，成熟的咖啡果皮糖分水分含量较高，而咖啡果实成熟期也处在秋冬干旱季节，其他食物越来越少，所以咖啡果实和枝条成为其的食物源。鼠害发生较重的咖啡树都是靠近村寨和咖啡基地管理人员生活区，这里食源丰富，并且常有空地种植红薯、芭蕉芋等饲料作物，在这些饲料作物收获前，老鼠有充足的食物，其大量繁殖，并在咖啡地埂和咖啡树下打洞筑窝。但随着饲料作物收获后可食的东西减少，老鼠开始上树咬食咖啡，造成产量损失。另外咖啡园荫蔽度高，抗锈品种咖啡树枝叶茂盛，行与行之间树冠交接连在一起，给胆小的老鼠提供了活动安全的条件。

8.9.1 分布与危害

危害咖啡的老鼠主要是板齿鼠（*Bandicota indica* Bechstein）和黄胸鼠（*Rattus flavipectus* Milae-Edwards），后期还发现常在竹林上活动的飞鼠也危害咖啡。板齿鼠个体大，体重在500~1500 g，是危害咖啡树枝的优势种。黄胸鼠既是家栖鼠，又能在村周农田活动危害，其喜食植物性食料及含水分较多的食物，由于其种群密度较高对咖啡树和果的破坏也较重。飞鼠在树上行走轻盈如飞，活动范围广，主要危害咖啡植株高处的枝条。

8.9.2 发生规律

咖啡鼠害主要是在果实成熟期，老鼠上树偷吃咖啡鲜果，也咬吃咖啡枝，受害树下地面可见老鼠吃去鲜果皮后剩余的带壳豆；对于未结果的咖啡树，老鼠喜欢在冬期旱季咬食营养丰富的翌年结果枝。被害树可见老鼠咬断食过的枝条挂在树上，枝条被咬处口齿不明显，有点象修枝剪的剪口，树下有老鼠咬吃枝条留下的碎渣。老鼠喜欢集中在一块地危害，危害严重时到达100%。

8.9.3 防治方法

①避免在咖啡园大量种植饲料作物；同时结合栽培措施，加强咖啡树的整形修剪，改善咖啡园的通透性，防止老鼠迁入咖啡园栖息危害，并捣毁田间鼠窝。

②注意保护天敌，如蛇类、鹰类等。

③对于害鼠种群密度较低、不适用进行大规模灭鼠的咖啡园，可以使用鼠铗、地箭、弓形铗等物理器械，进行人工灭鼠。

④对于害鼠种群密度大、造成一定危害的林地，应使用化学灭鼠剂进行防治。化学杀鼠剂采用第二代新型抗凝血剂（如华法林、溴敌隆等），这类杀鼠剂对非爬行动物安全，无二次中毒现象，不产生耐药性，可以在防治中大量使用，但应适当采取一些保护性措施，如添加保护色、小塑料袋包装等。咖啡果成熟期是灭鼠的关键时期，每年进入9月在易发生鼠害的地块投药灭鼠效果显著，第一次放药后隔3个月再放一次，能取得较好的防治效果。

8.9.4 咖啡园鼠害危害实例

云南咖啡生产早期未有鼠害记录，最早报道是1990年1月在德宏瑞丽市的云南省德宏热带农业科学研究所和芒市遮放农场个别咖啡园发生鼠害，危害率分别为19.9%和29.5%；1992年在思茅地区江城县国庆乡锣锅山咖啡基地也发生鼠害，此后在云南咖啡植区不同年份均发生过局部的鼠害。2011年12月在保山驼峰咖啡庄园有限公司咖啡基地和潞江镇香树村海拔1300 m的咖啡园发现老鼠危害，调查一块受害地，危害率达到了18.2%。

（白学慧、陈红梅、丁丽芬、柴正群）

思考题

1. 分析咖啡天牛的防控策略。
2. 论述咖啡锈病的综合防控措施。
3. 简述咖啡幼苗立枯病的发生规律及防控策略。

推荐阅读书目

1. 中国小粒咖啡病虫草害．李荣福，王海燕，龙亚芹．中国农业出版社，2015.
2. 小粒咖啡病虫害防治．郑勇，李孙洋，成文章．云南大学出版社，2018.
3. 云南小粒种咖啡病虫害防控技术研究．舒梅．北京工业大学出版社，2018.
4. 咖啡种植手册．雀巢(中国)有限公司．中国农业出版社，2011.

第 9 章　小粒种咖啡的产量和品质

【本章提要】

本章从咖啡豆产量的构成、品质的评价指标、质量管理体系等方面分析了品种、栽培关键及管理措施对咖啡产量和品质的影响，提出咖啡产量与品质控制的关键技术环节，影响咖啡豆产量和品质的因素有内在和外在两种因素，内在因素由咖啡豆的种类和栽培品种决定的，外在因素由咖啡的种植环境条件、初加工技术、干燥技术、贮运等环节密切相关。

9.1　小粒种咖啡的产量

9.1.1　小粒种咖啡产量的构成因素

小粒种咖啡是收获果实的经济作物，其经济产量的考证指标有咖啡鲜果产量、咖啡豆产量及咖啡米产量，国际上通用的产量特指咖啡豆产量，即云南俗称的咖啡米。

9.1.1.1　咖啡产量的构成

单位土地面积上咖啡树群体的咖啡豆产量，即由单株咖啡豆产量和株数构成。咖啡的产量可以分解为以下几个构成因素(图 9-1)。

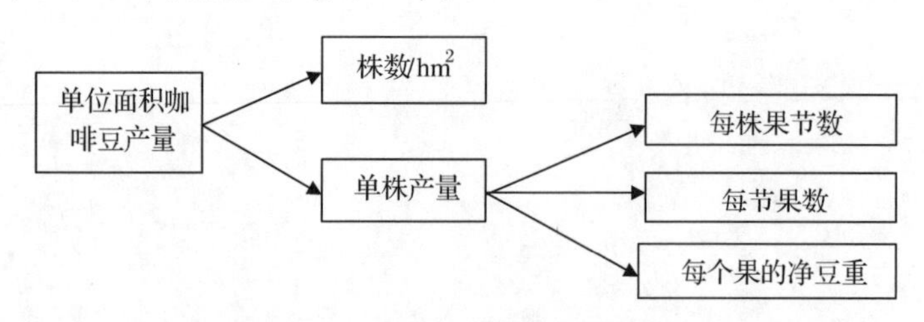

图 9-1　咖啡豆产量的构成因素

9.1.1.2　小粒种咖啡的产量性状

小粒种的产量性状包括：主茎数、分枝对数(对)、果节数、果数、果重、干豆重量(千粒重)、干鲜比等因素。产量与产量性状参数之间有显著相关性。

研究表明，咖啡浆果的数量/咖啡结果枝数量与产量呈显著相关，而咖啡浆果/叶片数与产量关系极密切，相关系数达到极显著相关。在生产中应注意选择有利于咖啡产量构成性状的品种，通过合理的栽培可获得较高的产量。

9.1.2　影响小粒种咖啡产量的因素

影响小粒种咖啡产量的因素主要有三个方面：品种、自然环境及栽培措施。

9.1.2.1　品种

优良品种是决定小粒种咖啡产量的关键，研究表明，不同的品种在生长量上、分枝习性、果实大小、出豆率上都有显著的差异性。2012 年，通过对云南主要栽培的 11 个品种的产量比较试验，表明不同的咖啡品种在鲜果产量、干豆产量、干鲜比等方面有显著差异性(表 9-1)。

表 9-1　不同咖啡品种 4 龄植株的单株鲜果产量、干豆产量、干鲜比

种质资源	鲜果产量(株/kg)	干豆产量(株/kg)	干鲜比	平均亩产(kg)	公顷产量(kg)	与对照比(%)
铁皮卡	1.89	0.46	4.15	151.66	2274.83	100.00
波邦	2.12	0.52	4.10	172.19	2582.78	113.54
S288	3.45	0.80	4.32	265.94	3989.06	175.36
P_1(CIFC7960)	3.06	0.71	4.34	234.79	3521.82	154.82
P_2(CIFC7961)	3.66	0.87	4.22	288.81	4332.16	190.44
P_3(CIFC7962)	3.34	0.73	4.56	243.91	3658.62	160.83
P_4(CIFC7963)	3.72	0.89	4.16	297.78	4466.68	196.35
P_t(Progeny86)	4.06	0.83	4.87	277.61	4164.21	183.06
T8667	3.83	0.89	4.28	297.99	4469.82	196.49
T5178	3.67	0.80	4.56	268.01	4020.10	176.72
矮卡	4.12	1.05	3.94	348.21	5223.20	229.61

9.1.2.2　环境条件

影响小粒种咖啡产量的主要环境因素包括气候因素(光照、气温、降水等)、土壤、地形地势等方面。适宜的环境条件可使小粒种咖啡持续高产、稳产。

9.1.2.3　栽培措施

栽培措施是提高产量的重要手段，合理的田间管理可以降低投入、减少病虫害的发生，保证咖啡树健康生长。

9.1.3　提高小粒种咖啡稳产高产的措施

9.1.3.1　选育选用抗病丰产品种

咖啡属热带长期经济作物，经济寿命可达 20~30 年，种植咖啡获得一两年的高产量并不难，但是咖啡是一个投入相对较大的作物，非生产期 3 年，还要应对市场价格起伏的风险，因此只有种植咖啡抗锈品种，减少防病的投入成本，实现持续的产能，才能增加经济效益。传统的波邦和铁毕卡类咖啡虽然杯品质量优秀，但是不抗锈病，生产性种植中，因锈病落叶引起的抗旱抗寒差、产量低、枯枝早，也不能增产增效。选用抗病丰产品种是实现小粒种咖啡稳产高产的主要措施。

9.1.3.2　宜地种植

小粒种咖啡的生长对环境条件要求不高，但要使小粒种咖啡持续获得较高的产量，就必须选择适宜的种植环境。实践表明，在一些咖啡种植的次适宜区，虽然也可以进行咖啡种植，但咖啡生长发育不良，产量极低，病虫害危害严重，投入和产出比低。在适宜的环境中，小粒种咖啡生长良好，生长量大，不仅能持续获得较高的产量，而且品质有保证。

9.1.3.3 按规程进行种植与生产

多年来的生产经验表明，咖啡品种再好，如果不按照咖啡栽培规程操作，种植咖啡很难获得较好的经营效益，急于求成，忽视品种选择、壮苗培育、宜林地选择、挖定植沟、施足底肥的技术措施，定植营养袋装苗时对弯根不修剪，到冬季低温时造成大量苗木死亡，或者因弯根影响水分、养分的吸收，到咖啡结果期时大量植株发生缺水缺肥，出现萎蔫枯枝，导致不必要的损失。因此要严格按照咖啡栽培规程操作，稳步发展咖啡生产。小粒种咖啡丰产栽培技术可总结为：选育壮苗、深槽重肥、合理密植、适当荫蔽、病虫害防治、覆盖免耕、截干复壮。

9.2 小粒种咖啡的品质及咖啡质量控制

9.2.1 小粒种咖啡的品质

小粒种咖啡品质的评价指标主要从咖啡豆的外形、内质(咖啡杯品)及化学成分检测三方面评定。

9.2.1.1 外形

主要包括咖啡豆的形状、大小、整齐度、色泽、气味、缺陷豆及异物等方面进行评定。正常带壳咖啡豆外观表现为：清脆、白亮、饱满。正常咖啡豆(米)外观表现为：颜色(浅绿、浅蓝、蓝绿)、种沟 Testa(颜色明亮、扁平有裂缝)、颗粒均匀等。

9.2.1.2 内质(咖啡杯品)

通过嗅觉、味觉与触觉的经验值，将咖啡香气、滋味及口感，三大抽象感官，把咖啡的品质以文字说明并量化分数，完成咖啡品鉴工作。评定指标包括：干香/湿香(fragrance/aroma)、风味(flavor)、回味(aftertaste)、酸度(acidity)、醇度(body)、平衡度(balance)、一致度(uniformity)、纯净度(clean cup)、甜味(sweetness)、整体评价(overall)及不良的风味等方面。

9.2.1.3 生化指标的检测

检测项目包括水分、水浸出物、总糖、粗脂肪、灰分、咖啡因、蛋白质、粗纤维及农药和有毒重金属指标的测定。

9.2.2 影响小粒种咖啡质量的因素

在国际上咖啡豆质量的评价体系主要有两种类型，第一类评价体系主要针对商业豆，采用“巴西式缺陷”评价和“杯品”评价相结合，也就是采用生豆质量评价和杯品评价综合评定每个样品的质量等级；第二类评价体系主要针对优质咖啡豆(精品咖啡)，以美国精品咖啡协会(SCAA)和超凡杯(COE)制定的精品豆评价标准为主。其他国家的精品标准也是参照这两个标准稍加变动，其核心是生豆均为零缺陷，杯品评价的重点是“找生豆的特异性或优点”。

9.2.2.1 精品咖啡的定义

1974年，ErnaKnustsen女士定义：只有在最有利的微气候与水土，才能栽培出风味独特的精品咖啡。

1982年，美国精品咖啡协会定义：慎选最适合的品种，栽植于最有助于咖啡风味发展的海拔、气候与水土环境。谨慎水洗与日晒加工，精选无瑕疵的最高级生豆，运输过程零缺点送到客户手中。经过烘焙师高超手艺，引出最丰富的地域之味，再以公认的萃取方式，泡出美味的咖啡。

2013年，云南省精品咖啡学会定义：在特殊的生长环境条件下，选用适合的品种，采用差异化栽培管理技术，通过特定加工或制作得到的具有独特风味的咖啡。

9.2.2.2 影响咖啡质量的原因

影响咖啡豆品质的因素分内在因素和外在因素两种。内在因素是由咖啡豆的种类和栽培品种决定的。外在因素与咖啡的种植环境条件、初加工技术、干燥技术、贮运等环节密切相关。只有每个环节"用心"操作，才能产出合格的商业豆。精品咖啡是选用特定的品种种植于特定的环境条件下，采用适宜的初加工、特定的烘焙、冲泡等技术，才能品饮到精品咖啡的口感。精品咖啡一般种植面积小，总产量有限。品种是决定性因素，种植环境是最核心的因素。

(1)品种

不同小粒种咖啡品种间因遗传性状不一样，不同的小粒种咖啡品种产出的咖啡豆在外在指标(豆形、色泽、大小、密度)及内在指标(杯品品质、内含物质)方面存在较大的差异性。

近300多年，各国咖啡育种家一直致力于通过种间杂交提高新品种的抗性和产量，自2000年以后，人们对咖啡品质提出了更高的要求，选育新品种的另一个方向性的重点在于"让人记住美味""香气让人印象深刻"及"独特性"。在咖啡栽培历史中，大面积发展种植的主要品种有：18世纪的铁皮卡品种，19世纪的'波邦'品种，1950年的'卡杜拉'品种，1970年的'卡蒂姆'品种，2005年的'卡杜埃'、'帕卡玛拉'和'瑰夏'品种。

在美国精品咖啡协会和超凡杯杯品赛中表现卓越的主要品种有：'铁皮卡'、'波邦'、'瑰夏'、'黄果波邦'、'新世纪'、'卡杜拉'、'帕卡玛拉'、'帕卡斯'、'卡杜埃'、'伊卡图'、'维拉萨奇'。

(2)环境因素

咖啡豆的品质和"地域性"是分不开的，即使同一品种在不同的环境条件也是很难生产出同样品质的咖啡豆。影响咖啡豆品质的环境因素主要有：纬度、海拔、气候条件、土壤、水质等方面。品质卓越的咖啡和种植地往往是联系在一起的，如牙买加'蓝山'咖啡(生长于1500 m以上的蓝山山脉)、夏威夷'科纳'咖啡(四周临海、土质肥沃)、肯尼亚咖啡(生长于1500 m以上的高海拔地方)等。

2000—2005年，巴西、萨尔瓦多、危地马拉、尼加拉瓜和洪都拉斯COE官方获奖品种统计：'波邦'占29.5%，'卡杜拉'或'卡杜埃'占17.9%，'蒙多诺沃'占6.4%，'帕卡斯'占3.8%，'铁皮卡'占1.3%，'卡杜拉'与'铁皮卡'混豆17.9%，'阿凯亚'或'埃卡突'5.1%。2006—2009年，巴西、哥伦比亚、危地马拉、尼加拉瓜、哥斯达黎加、洪都拉斯、萨尔瓦多、玻利维亚的COE官方获奖品种统计：'卡杜拉'28.5%，'波邦'23.8%，

‘帕卡马拉’20.6%，‘卡杜拉’与‘波邦’混豆、‘铁皮卡’与‘卡杜拉’混豆和‘卡杜拉’与‘卡杜埃’混豆。SCAA获奖品种：‘铁皮卡’、‘波邦’、‘卡杜拉’、‘卡杜埃’、‘艺伎’（‘瑰夏’）、‘帕卡马拉’、‘Sl28’、‘Sl34’。咖啡生产国参加COE和SCAA杯品大赛获奖品种的百分比，说明品质出色的咖啡品种在不同的地方种植所产出的咖啡豆品质是不一样的。

(3)栽培管理措施

栽培管理措施包括：除草、施肥、修剪、台面覆盖、园地荫蔽、病虫害防治等。栽培管理不当，会造成果实发育不良、果实质量差，严重影响咖啡豆外观及感官品质。云南咖啡产区因管理不当造成咖啡豆质量下降的主要原因有：

施肥不合理，氮肥过量，咖啡豆产量较高，但咖啡豆杯品质量较差，咖啡因含量高；缺镁，引起咖啡褐色豆比例增加；缺铁，咖啡植株光合能力下降，生长受阻，咖啡豆质量变差，琥珀豆多；缺锌，咖啡豆的颜色为浅黄或黄褐色。

干旱使咖啡树营养供应受阻，植株变黄，致使咖啡浆果提前成熟，果实内的可溶性物含量低，咖啡豆表现为船形豆、银皮豆、未成熟豆，对咖啡杯品品质有较大影响。

云南部分地方有霜冻现象，霜冻后易产生褐色及其他颜色豆，对咖啡品质有很大的影响。

因病虫危害，致使咖啡树营养供应不良，会导致咖啡浆果变干、提前成熟。有的虫害直接危害咖啡浆果，如蟢蠓危害过的咖啡浆果，对咖啡豆的外形和杯品品质有严重营养。

(4)咖啡初加工及仓储

咖啡初加工及仓储的所有环节处理不当都会破坏咖啡豆的品质，影响咖啡豆品质的环节主要有：鲜果采收不合格、鲜果加工不及时、发酵时间过长、干燥时间过长及方法不合理、仓储条件不达标等。

9.2.3 咖啡质量控制

9.2.3.1 选育选用良种

结合咖啡树的种植环境，培育出具有地方特色的优良品种，进行咖啡品质育种是提高咖啡品质最根本的措施。品种的选用应进行区域性推广试验，不要盲目地追求世界知名品种，以免造成种植失败和引起病虫害的传播，很多咖啡的品质特性和区域性也是结合在一起的，咖啡品质出色的品种在不同的地方种植所产出的咖啡豆品质是不一样的。

9.2.3.2 选用有利于咖啡品质形成的环境

云南省咖啡植区地处高原，与原产地的地理环境和气候条件相似，生物资源丰富，具备独特的地理环境，选择适宜的的环境是可以生产出优质咖啡的。但云南热区地形复杂，地貌类型众多，垂直带气候差异明显，宜植地零星分布，大多数分散栽培。发展咖啡种植业时应注意小区域小环境，注意环境与品种的搭配。

9.2.3.3 加强栽培技术措施

严格按种植技术要求，完成各项栽培管理措施，强调合理、精心管理才能保证生产出优质咖啡豆。

9.2.3.4 改进加工技术

加工质量不好，是降低咖啡品质的主要因素，在咖啡加工过程中，从采收到商品咖啡豆，每一环节出问题都将影响咖啡的质量。改进加工技术，如采用机械脱胶、人工辅助干燥等能有效提高咖啡的品质。有条件的应注重水土不同所显现的独特“地域之味”(不同山、不同海拔、不同的品种等分区采收加工)。

9.2.3.5　完善咖啡质量管理体系

咖啡质量管理体系包括咖啡生产综合标准、咖啡豆的销售、咖啡园认证体系等多方面，建立完善的咖啡质量管理体系是持续生产优质咖啡豆的保证。

咖啡认证体系是可以提高咖啡质量的一套行之有效的工具，它可以快速地监控咖啡生产的各环节，包括咖啡生产、销售、环境和社会等各方面，做到咖啡产品的可追溯性。目前国际上的与咖啡相关的认证主要有：公平贸易咖啡认证(Fair Trade)、直接贸易咖啡认证(Direct Trade)、鸟类友好咖啡认证(Bird Friendly)、雨林咖啡认证(Rainforest Alliance)、有机咖啡认证(Organic coffee)、碳中和咖啡认证(Carbon-neutral)、林下咖啡认证(Shade coffee)、4C 咖啡认证等。

(张传利)

思考题

1. 简述咖啡产量的形成过程和提高产量的措施。
2. 简述咖啡产品质量的标准和提高质量的措施。

推荐阅读书目

1. 小粒咖啡水肥光耦合理论与调控模式 . 刘小刚，王心乐，郝琨，等 . 科学出版社，2018.
2. 咖啡研究六十年 1952—2016 年 . 黄家雄，罗心平 . 科学出版社，2018.
3. 精品咖啡学 . 韩怀宗 . 中国戏剧出版社，2018.
4. 作物进化、适应性与产量 . (澳)L. T. Evans. 王志敏，等译 . 中国农业大学出版社，2005.
5. 作物产量 生理学及形成过程 . D. L. Smith，C. Hamel. 王璞，等译 . 中国农业大学出版社，2001.

第 10 章　咖啡采收与初加工技术

【本章提要】

咖啡初加工是形成商品豆的重要环节，加工规章制度是咖啡商品豆优质的保证。咖啡初加工过程本身不能创造咖啡豆品质，但咖啡豆品质可能会因加工而遭破坏，恰当的咖啡初加工方式可以最好固化咖啡豆的品质，展现出咖啡独特的地域风味。

10.1　咖啡加工方法

咖啡果实的加工分干法加工、半干法、湿法加工三种，湿法加工又分为普通湿法加工和机械湿法加工两种(咖啡鲜果加工流程如图 10-1 所示)。

咖啡初加工技术的改进主要围绕鲜果的果胶做“文章”，果胶是不溶于水的异质多糖类物质，主要成分为半乳糖醛和甲醇。果胶分解的最初产物为乳糖、乙醇、酮类和乙醛(有水果芳香)→很快降解为醋酸、丙酸、酪酸等腐败物→洋葱味(发酵过度)。乳酸菌是体积小生长快的细菌，在高温、有氧、pH 值为 7 的环境生长最快；酵母菌是体积大生长慢的真菌，在缺氧、低温与酸性环境生长最快。艾隆加所著的《咖啡的酶促发酵》指出：发酵池水温 20~25 ℃，水的 pH 值为 7；最佳发酵时间约 6~8 h；如果超过 12 h，pH 值降到 4. 5 以下，杯品有酸臭味。pH 值为 6 的酸度是 pH 值为 7 的 10 倍，pH 值为 5 的酸度是 pH 值为 7 的 100 倍，pH 值为 4 的酸度是 pH 值为 7 的 1000 倍。发酵池 pH 值低于 4. 5 易有洋葱味；发酵时间超过 7 h，底部缺氧，发酵不足。咖啡的初加工方法历经 300 余年的历史变迁，在不断改革创新中形成，每种方法各有利弊，应根据种植区的初加工环境选择适宜的方法。

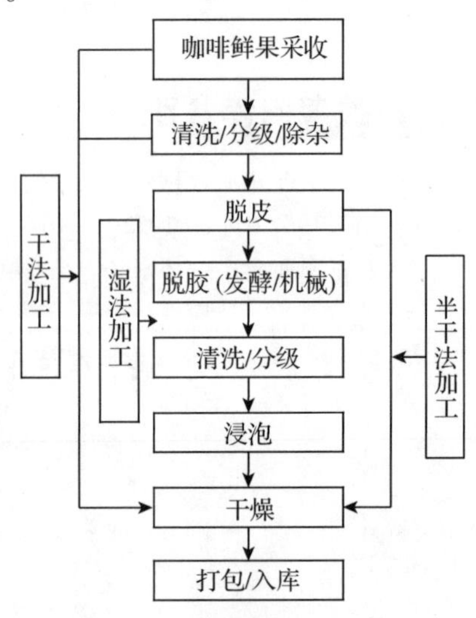

图 10-1　咖啡鲜果加工流程

10.1.1　干法加工

1740 年前，小粒种咖啡鲜果加工均采用干法加工或自然加工，也就是咖啡鲜果直接干燥，当果实在摇动时有响声为干，就可入库保存脱果皮，筛弃杂质，分级即成商业豆。

干法加工豆子的脂肪、酸物质(氨基丁酸可缓解身心压力和血压，不刺激嘴)与糖类(葡萄糖和果糖)含量明显高于水洗豆，杯品黏稠度高、甜感强，味谱变化幅度较大，能生产特有香气的豆，如茉莉花香、肉桂、豆蔻、丁香、松杉、薄荷、柠檬、柑橘、草莓、杏桃、乌梅、巧克力、麦茶、奶油糖香等，也易感受到土腥、木质、皮革、榴莲、药水、豆腐乳、漂白水、药水、洋葱和鸡屎等杂味，颗粒大小不均，咖啡豆偏软、欠缺丰富的酸味，干燥时间长。

10.1.2　湿法加工

1740 年，荷兰人发明了湿法加工，就是将鲜果水洗、浮选、脱皮、脱胶、干燥后得到带壳干豆，带壳干豆经脱壳、风选、分级即成商业豆。湿法加工消耗大量水的同时也产生大量的污水，生产 1 kg 生豆需要 50~100 kg 水。湿法加工豆子杯品酸度高(水洗豆的酸是柠檬酸、苹果酸或刺激性醋酸)，黏稠度、甜感、野味较低。

湿法加工又分为普通湿法加工和机械湿法加工两种。

10.1.3　半干法加工

1990 年后，巴西发明半干法加工，就是湿法加工中的带胶豆晒干后经脱壳、风选、分级即成商业豆，介于干法和湿法之间，湿度大的产区不适宜此法。

10.1.4　其他加工方法

2000 年后，巴西改良半湿法加工或称“蜜处理(Honey Process、Miel Process)”，此方法最早在巴西席拉多产区将弃果胶豆直接干燥而成。果胶附着在带壳豆上干燥能增加甜味和蜂蜜般的风味，蜜处理带壳豆颜色暗沉、没有新豆的绿色，但口感具备缓和的酸味、充沛温和圆润的口感、蜂蜜般甜味、豆子较软、烘焙容易、能打造丰富的香气和浓厚度，处理得当，有香甜浓郁的水果味，即优点是易有蜂蜜味的甜味，延长余味的停留时间，纯厚度与鲜味等口感丰富，缺点是无法强调酸味(酸味没有湿法加工显著)，易回潮，黏手费工。蜜处理还可细分为以下几种方式：

(1)巴西蜜处理

鲜果水浮选→脱果皮→水洗 1 h→平铺高架网床暴晒。

(2)红蜜处理

果胶清除 20%以下→平铺高架网床干燥→带壳豆红褐色。

(3)黄蜜处理

果胶清除 50%以上→平铺高架网床干燥→带壳豆黄褐色。

(4)中美洲蜜处理

鲜果脱果皮→平铺高架网床暴晒(几小时翻动豆子，咖啡豆干燥均匀)。

(5)抛湿法加工

抛湿法加工，就是鲜果脱皮→带壳豆浮选→重豆干发酵(时间长酸味高、时间短黏稠度高)→几小时后→带壳豆暴晒 1~2 d(含水量 30%~50%)→豆体半硬半软→脱壳→阴干豆 2~4 d(含水量 12%~13%)，生豆为蓝绿色。

印度尼西亚亚齐的稀布里多蒂姆和苏门答腊曼特宁豆就是用此方法加工的，其豆深绿色，有特殊的风味。优点是活化糖分、蛋白质和脂肪的新陈代谢，为咖啡增加芳香物，杯品浓厚、低酸、甜美；缺点是带壳豆脱壳时，豆子受压易出现羊蹄豆，杯品酸味高，会出现霉土味。

10.2 咖啡采收

10.2.1 不同成熟度的咖啡鲜果外观颜色变化

青(绿)色果→黄色果→橘红色果→鲜红色果(成熟)→紫红色果→紫黑色→干果。

(1)青果、黄色果

为不成熟果，脱皮难度大，籽粒不饱满，营养储藏不充分，晒干后豆皮皱缩品质差，带青草味，脱皮时易受机损而形成黄豆，因此青果、黄果严禁采收，但最后一批下树果除外。

(2)橘红色果、鲜红色果、紫红色果

为成熟果实，籽粒饱满，营养物质储存充足，果肉软滑，用手指轻轻挤捏就可将咖啡豆脱出果皮。脱皮时机损少，脱皮较彻底，干净，加工质量好，因此是采收的主要对象。

(3)紫黑色果、干果、病果

紫黑色果、干果为过熟果，由于采收不及时或采收遗漏，长期挂在树上导致果皮失水皱缩，发酵以致全干的成熟果实。病果指果皮已变红色，但由于在生长过程中受病菌感染，在果皮上形成病斑的果实，以上三种果实机械难脱皮，且易机损，应单独存放，采用干法加工。

咖啡种植台面1.5~2 m，适宜人工采摘鲜果。如果采摘不分级，将好果和病虫果、干果等混合采收，易造成初期的优质鲜果等级降低。

10.2.2 适时采收

咖啡果实应适时进行采收，才能保证产量和质量，当果实呈金黄至鲜红色时为最适采收期。如达紫红或已干黑为过熟，过熟会影响咖啡商品豆的色泽和品位，如果皮尚绿或微黄属未成熟果。小粒咖啡的收采期较集中，应随熟随收。采收时逐个采摘，不得一把将果穗摘下来，以免影响果节翌年花芽的形成及开花结果。运送鲜果的车厢要清洗干净，不得有肥料、农药、动物粪便、有机肥等有异味的污染物，同时不得和有异味的物品混运。

10.2.3 采收标准

咖啡果实呈红色为成熟的标志，果实成熟后即可开始分期分批适时采收。果实过熟会落果，过早采收未成熟果，加工后豆上带的银皮多，影响品质。

10.2.4 收果时期

小粒种咖啡鲜果的成熟期因各地气候、海拔等不同而有差异，云南省一般在9月至翌年1月成熟，高海拔地区成熟较晚。在果熟期中绿果转红就采摘，做到随熟随采，到翌年1月底前需结束采摘工作，最后一次采果，不管红果、绿果全部采下，采果期采收绿果一般不超过5%。

10.2.5 采果方法

采下红色熟果，不采绿色未熟果，采果时备两个采果篮，一个装熟果，另一个装干果、落果、病果、虫果、绿果，采果过程中勿折损枝条，以免影响下一年产量。

科学的采摘分3批进行：第一批是集中采摘所有过熟果、干果、病虫果，干法加工；第二批是采摘成熟的鲜果，湿法加工，采果期约100 d；最后一批是采摘树上的所有果实，干法加工。

生产中应按规章制度操作避免二次污染，当天采收的鲜果应当天加工完毕，最好在8 h之内加工完毕，如果遇机械损坏或数量太大无法在当天加工时，可将果倒在储果池内，并放清水浸泡，以达到保鲜的作用。

10.3 咖啡豆湿法加工技术

在云南省，小粒咖啡以湿法加工为主。主要优点：大大缩短了加工时间、商品咖啡豆的质量好，品质稳定。

10.3.1 普通湿法

10.3.1.1 湿法加工条件

在云南省咖啡种植区，小粒种咖啡以湿法加工为主。主要优点是咖啡豆干燥快，大大缩短了加工时间、商品咖啡豆的质量好，但必须具备下列条件：

①有充足的清洁水源；

②有足够的晒场或干燥设备；

③加工厂与咖啡园的交通相对方便，鲜果能及时送到加工厂。

10.3.1.2 普通湿法加工

(1)加工设备

鲜果分离机、脱皮机、干燥机及其配套设备。

(2)加工设施

虹吸池、发酵池、洗豆池(槽)、浸泡池、废水(皮)处理池、晒场、仓库等。

10.3.1.3 加工工艺说明

(1)鲜果分级

鲜果在加工前应除去枝、叶等杂物并进行分级。分级方法主要有几种：

浮选分级：此法用水将鲜果进行分级，目的是除去干果、病果和较轻的杂质。

粒径分级：按一定孔径大小特制筛子，把大小不同的果实分开，方便调节脱皮机间隙，达到提高脱皮机脱净率的目的。

成熟度分级：在脱皮前把青果、病果、干果、过熟果分出，有利于提高成品豆质量。

(2)脱皮

脱皮是指用机械将果皮除去，以利于脱除果胶。当天采收的果实应当天脱皮，若堆放时间过长，则由于果实的代谢作用导致豆在果皮内发酵，影响豆的质量。脱皮机应调节适当，使进料和脱皮效果理想，以免弄破种皮甚至切破种仁，否则发酵脱胶时会使咖啡豆破损部位变色，降低了产品质量。咖啡鲜果脱皮设备主要有保山市农业机械厂生产的咖啡脱皮机、云南省茶叶机械厂生产的咖啡脱皮机和哥伦比亚生产的脱皮机。

(3)脱胶

脱胶的方法有发酵脱胶和机械脱胶。本书仅介绍发酵脱胶方法。

发酵：内果皮上的黏液，是由糖、酶、原果胶质和果胶脂组成的一种有机物质，通过细菌作用进行自然发酵可溶解，便于洗去。另外，发酵时的"浸泡"也能使咖啡豆的各种成分相互渗透，提高产品质量的均匀度。

湿法加工的咖啡无论用什么方法除黏液，都应当将其完全除去，否则，残留的黏液会给微生物生长提供有利媒介，致使咖啡饮料出现怪味。发酵容器应保持整洁，发酵容器带酸性会引起咖啡质量变酸。应避免出现发酵过度或发酵不完全现象。发酵过度会导致咖啡豆表面变成黄色，饮料质量差，发酵不完全会使咖啡内果皮带有果胶，在贮藏过程中咖啡豆吸湿，以致咖啡产品有霉味。若发酵正确，黏液容易脱去，清洗后内果皮不会再有黏手的感觉。

发酵在发酵池进行，可用砖和水泥建造。池的数量和大小应根据果实产量确定，保证有足够的发酵池。影响发酵的主要因素是气温和果实的成熟度。一般来说，气温高则发酵时间短，气温低则长。过熟咖啡发酵很快，而未成熟咖啡则需要较长的时间。发酵的方法有湿发酵、干发酵两种：

①湿发酵　将经过脱皮后的豆堆放在发酵池中，加水把豆淹没，停置自然发酵。加水不宜过多，以高于豆面 5 cm 左右为佳。发酵快慢受气温影响，气温高则发酵快，一般需 1~4 d。此法需要的时间稍长，但发酵均匀，豆的颜色好。在实施水发酵时，利用浮选法将漂在上层的不饱满豆取出单独发酵和晾晒。

②干发酵　将经过脱皮后的豆堆放在发酵池中，用塑料薄膜盖好，以利保水；干发酵不加水，停置自然发酵。此法气温高，发酵快，时间稍短，但均匀度稍差，也容易发酵过度，导致酸味大，豆的颜色比湿发酵法差。

在气温较低时，也可采用先干发酵一天，后半段采用水发酵，这样可克服单独发酵法的不足，并综合了两者的优点。

发酵程度的控制是十分重要的，发酵是否完全主要是凭经验。检查发酵是否合适，将豆从发酵池取出，手搓豆子有粗糙感时，则达到发酵要求。发酵不足的豆水洗后仍有果胶残留在豆上，咖啡干燥后豆壳呈黄色，咖啡米有生青味，而发酵过度的咖啡则产生臭洋葱味。

发酵过程应注意的事项：①发酵池及用水要清洁；②要经常检查发酵是否达到要求；③发酵池要适当遮盖；④每天翻动 2~3 次；⑤鲜果质量差异较大的豆要分别发酵。

(4)洗豆

目的是洗去残留在豆壳表面的果胶和其他残渣。发酵阶段完成后，必须立刻用清水进行清洗，在洗豆池(槽)充分搅拌搓揉，将豆粒表面的果胶漂洗干净，这样咖啡豆干燥后豆壳洁白、质量好。

(5)浮选

在洗豆的同时要注意把空瘪的漂豆捞出来分别晾晒，并在后续加工过程中要分开处理，确保咖啡豆质量整齐一致。

(6)浸泡

将洗涤后的咖啡豆置于清水池中浸泡 12 h，换水 1~2 次，当浸泡的水变浑浊时即可换水。

(7)干燥

洗干净的带壳豆沥干水后其含水量为 52%~53%，必须将豆的水分含量降低到 10%~12%。咖啡豆干燥最经济有效的办法就是利用太阳光，但对收获期雨季尚未结束的地区，则需借助于机械干燥。小粒种咖啡的干燥过程共分六个阶段(表 10-1)。

表 10-1　小粒种咖啡豆干燥各阶段的外观和水分含量

干燥阶段	咖啡豆外观特征	含水量(%)
表皮干燥阶段	咖啡豆全湿，咖啡豆呈白色	45~55
白色干燥阶段	豆表皮已干，豆与内果皮间无水，咖啡豆呈灰白色	33~44
软黑阶段	豆外观呈黑色，但豆较软	22~32
中黑阶段	豆外观呈黑色，但豆较硬	16~21
硬黑阶段	豆外观呈黑色，但豆全硬	13~15
全干阶段	豆外观呈绿色	10~12
过　干	豆呈黄绿色	10 以下

第一干燥阶段(表皮干燥阶段)，咖啡最容易变酸或出现臭洋葱味，因此在洗净豆或从浸泡豆池取出后，必须将咖啡的水分含量尽快降低到 45%以下，晾晒时豆粒要摊薄，厚度一般以不超过 5 cm 为宜，无论采用晒场还是晒架都必须经常搅翻，否则会出现颜色不一致，甚至还会引起重新发酵，造成臭豆。

第二干燥阶段(白色干燥阶段)，在第一干燥阶段完毕后，种壳与咖啡米之间不再有水存在，必须缓慢进行，防止太阳暴晒，以免造成种壳炸裂。因此，在中午气温最高时要采用适当荫蔽，或增加摊晒层厚度并增加搅动次数。这个阶段约需 2~3 d 时间。

第三干燥阶段(软黑阶段)，咖啡豆已经半干。这个时期阳光射线能够穿透种壳进入豆内部从而引起必要的化学变化。

第四干燥阶段(中黑阶段)，咖啡米已经变得较为坚硬，颜色变深。这个时期咖啡豆可晒厚点，并可以短时贮存。

第五干燥阶段(硬黑阶段)，干燥可快速进行，必要时可使用烘干机。这个阶段咖啡豆内部水分分布均匀，装袋贮存可达一个月而不会降低质量。

最后干燥阶段，将咖啡水分含量降到 10%~12%，最佳的水分含量是 11%~12%。

咖啡的干燥是一个不可逆生产过程，工作一旦开始就不能让咖啡再回潮，否则造成大量的坏豆，如海绵豆、白豆、黑豆等。

第一种：阳光干燥

阳光干燥是经济而生态的干燥方法。在干净的晒场把不同级别的带壳豆和干果分开晾晒，干燥程度不同的带壳豆也分开晾晒，有利于分批、分级入库。

应注意每天勤翻豆。干燥时间的长短受日照长短、气温高低、空气流动程度、空气湿度等因素的影响。带壳豆的日晒时间 7~20 d，干果的日晒时间 20~60 d。当咖啡豆和果的含水量达 13%时，用卫生无异味的袋子包装入库。豆和果在晒的过程中要避免因露水或雨淋，引起豆的质量下降。优质带壳豆的特征：清脆、白亮、饱满、干果皮少(越少越好)。

第二种：机械干燥

在气候条件不好的情况下，往往采用烘干机人工干燥咖啡豆。小粒种咖啡干燥需要缓慢进行，温度不能超过 50 ℃，否则会烤焦咖啡，或使种壳收缩，内部水分不易扩散而影响质量。一般优质小粒种咖啡都需要太阳晒，若采用烘干机，亦应让太阳晒一段时间，以提高质量。采用烘干机进行烘干时，温度通常控制在 45 ℃，以便水分逐步散发。

10. 3. 2 机械湿法加工

机械湿法加工与普通湿法加工最大的区别在于脱胶环节，机械湿法加工采用的是机械脱胶，而普通湿法加工采用的是发酵脱胶。机械湿法加工，能用机械一次性完成对咖啡鲜果的脱皮脱胶而进入干燥工序，从而省去了发酵时间、发酵后清洗的人力、节省脱胶洗涤用水等。还可避免因发酵程度控制不当而导致的产品质量下降及加工时的机损豆变色，从而大大降低次品率，提高了经济价值；进而降低咖啡豆的拣杂难度，提高了产品的附加值。

10. 3. 2. 1 加工设备

清洗分离机、脱皮脱胶组合机、旋转干燥机、称量机及其配套设备。

10. 3. 2. 2 加工设施

虹吸池、蓄水池、排水管道、浸泡池、废水(皮)处理池、晒场及仓库等。

10. 3. 2. 3 加工工艺要求

机械湿法初加工一般分为湿处理、干燥两个主要阶段。

(1)湿处理

该阶段包括工艺流程图中鲜果的清洗分拣、脱皮脱胶、浸泡三个工序。

步骤一：清洗分拣

用清洗机对咖啡鲜果清洗并分离出砂、土、石、枝、叶及其他杂物，没有清洗机的即使用人工也要进行分拣；在脱皮前要用青果分离机对未成熟果、干果进行分离，以提高成品的杯品质量。

步骤二：脱皮脱胶

用脱皮机脱皮，脱胶机脱胶，或用脱皮脱胶组合机同步脱皮脱胶，从而获得带壳湿法咖啡豆。

脱皮脱胶时要注意调节好设备各个闸阀的注水量大小，并要做到进料均匀，使各个环节能够很好地协调工作，保证生产顺利进行。

脱胶干净与否的判断方法与发酵脱胶的相同。

步骤三：浸泡

经机械脱胶后的咖啡湿豆，用清水浸泡 12~24 h，可使成品的杯品质量更加均匀，同时会减弱生青味。

浸泡时加水不宜过多，以高于豆面 5 cm 左右为佳。浸泡时间的长短取决于气温的高低，气温高时浸泡时间短，气温低时浸泡时间长。浸泡结束撤除浸泡水后，接着用清水冲洗一下可使带壳豆的颜色更好。

(2)干燥

可用阳光干燥也可用机械干燥，方法及注意事项同普通湿法一样。

10.4　脱壳与分拣

10.4.1　带壳咖啡豆加工流程

一般带壳咖啡豆或者干果含水量在 10%～12%时即可经加工得到商品咖啡米。其加工工艺见带壳咖啡豆加工流程(图 10-2)。

10.4.2　带壳咖啡豆加工注意事项

10.4.2.1　去石除杂

在脱壳前须对咖啡豆进行前处理，去除石子、金属及杂物，否则容易损坏咖啡豆脱壳机。可采用去石机。

10.4.2.2　脱壳

脱壳机有大型专用脱壳机，也有小型碾米机(铁刀片改换硬木刀片)。国外专业咖啡脱壳是由脱壳机和抛光机完成。咖啡进入脱壳机被脱去壳及部分银皮，脱壳后的咖啡进入抛光机，清除咖啡米表面的银皮及杂物。干燥好的带壳咖啡豆和干果通过脱壳机，脱去咖啡的种壳和干果皮。分级脱壳分级包装。包装物要求卫生和无异味。

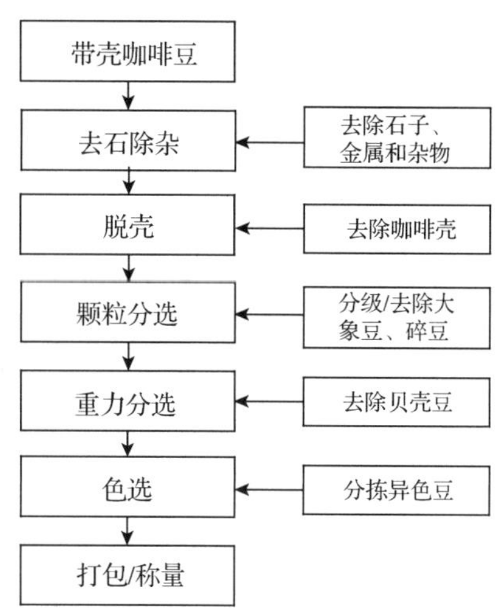

图 10-2　带壳咖啡豆加工流程

带壳咖啡豆和干果含水量小于 10%时，脱壳时碎豆率高。含水量大于 13%，商品豆易变成白豆成为缺陷豆。

商品咖啡豆(green bean)，在云南俗称咖啡米。优质商品咖啡豆的特征：含水量 10.5%～11.5%，绿/蓝色，缺陷豆越少越好。种沟(testa)(咖啡豆扁平面的白色裂缝)保持完好，扁平面有裂缝，颜色明亮。

10.4.2.3　颗粒分选

按咖啡豆的大小，采用圆孔分级筛进行分级。国际通行的小粒种咖啡大小有 10～20 级，所用的数字是代表筛网孔径为以该数字为分子，以 64 为分母的分数，单位是英寸。例如：14 是指可以通过 14/64 英寸孔径以上筛网的咖啡生豆，19 是指可以通过 19/64 英寸孔径以上筛网的咖啡生豆(1 英寸=2.54 cm)(国际分级标准与筛孔直径对照见表 10-2)。

10.4.2.4　重力分选

由于咖啡的生长环境、海拔高度不同，咖啡豆的密度质量不同，因而可采用重力分级

表 10-2　国际分级标准与筛孔直径对照表

国际分级标准	10	11	12	13	14	15	16	17	18	19	20
筛孔直径(mm)	4.00	4.36	4.76	5.16	5.56	5.95	6.35	6.75	7.14	7.54	7.94

机和风选分级进行分级，同时可去除贝壳豆。

10.4.2.5 分拣色豆

通过咖啡专用色选机和人工分拣去除咖啡缺陷豆，咖啡缺陷豆会对咖啡杯品质量有严重影响。

咖啡豆缺陷的产生主要是因为以下环节引起的：大田生产的缺陷、鲜果初级加工产生的缺陷、带壳咖啡豆加工产生的缺陷、仓储产生的缺陷等方面(部分缺陷豆对杯品的影响力见表 10-3)。

表 10-3 部分缺陷豆对杯品的影响力

缺陷豆名称	原　因	对杯品质量的影响	产生环节
蟥象危害豆	蟥象吸吮绿果果汁	非常高	种植
琥珀豆	土壤缺铁；土壤 pH 值高	中	种植
薄片豆	豆子发育的自然缺陷	中	种植
霜冻豆	霜冻	非常高	种植
未成熟豆	无荫蔽，干旱，缺肥，病虫害	中~最高	种植
皱缩豆	干旱，果实发育不良	低~中	种植
黑豆	病虫害，干旱，熟果落地过度发酵，干燥差	中~高	种植/初加工
棕色豆	干燥时间长；过熟果，霜害，黑果	非常高	种植/初加工
腊质豆	过熟果，发酵时受细菌危害，干燥时间长	高	种植/初加工
银皮豆	干旱，未成熟豆，发酵时间不足，干燥时间长	中	种植/初加工
踩裂豆	晒豆时被踩裂的豆子，未干脱壳	中~高	初加工
果皮豆	不成熟，过熟，鲜果部分变干不能脱净果皮	高	初加工
臭豆	二次发酵，污水，鲜果脱皮不及时，干燥	非常高	初加工
带壳豆	脱壳机调校有问题	高	初加工
干果	鲜果不分级	非常高	初加工
机损豆	脱皮机调校不好，鲜果未分级脱皮	中	初加工
异色过干豆	过度干燥	中	初加工
酸豆	鲜果脱皮不及时，过度发酵，污水，仓库潮湿	很高	初加工/储运
花斑豆	回潮，干燥不均匀	中	初加工/储运
陈豆	仓储时间长，仓储条件差	中~高	储运
白豆	仓储或运输中受细菌危害	中~高	储运
霉豆	仓储或运输中受霉菌危害	非常高	储运
仓储虫害豆	咖啡象甲等	中~高	储运
海绵豆(白豆)	仓储或运输中变质	低~中	储运

10.4.2.6 包装、运输

经分级后的咖啡豆，可进行包装。须用牢固、干燥清洁、无异味的麻袋或编织袋包装。

运输时要防止受潮及暴晒，运输车辆要符合食品卫生要求，不得与有异味的物品混运，也不得用货仓有异味的车辆运输。

咖啡豆存放仓库必须干燥，通风良好。须经常检查，认真做好防霉、防虫等工作。

10.5　咖啡豆贮藏技术

10.5.1　温湿度与仓储

①当气温超过 25 ℃，空气湿度超过 67%时，咖啡的含水量将慢慢达到 12%~13%，此时，咖啡将可能生霉或形成黑豆。

②当仓库空气相对湿度超过 74%时，平衡相对湿度所对应咖啡含水量约为 13%；当空气相对湿度超过 85%，咖啡将会产生细菌和发酵，其受害程度与仓储时间长短、空气相对湿度高低有关。

③当咖啡豆含水量低于 11%时，霉菌生长和酶活性最小，但咖啡豆的含水量低于 10%时，碎豆率会增加。

④仓储必须到达以下条件：带壳咖啡豆的含水量低于 11%(空气相对湿度 50%~70%，气温低于 20 ℃)或者干果的含水量低于 11.5%(空气相对湿度 50%~63%，气温低于 26 ℃)才能保证咖啡贮藏 6 个月质量不变。

10.5.2　仓库的要求

①咖啡豆存放的仓库必须清洁、干燥，且通风良好，无漏雨现象。

②地板要作防潮处理，地面最好铺一层木板，咖啡豆不能直接与地板和墙壁接触，防止咖啡豆吸湿回潮。

③不得与化肥、农药等有强烈气味的物品共同存放在同一仓库内。

④需专人管理，避免鼠害和虫害，并定期做好抽检。

⑤在咖啡的含水量为 12%时，相对平衡的气温和湿度是仓储最佳的条件。最理想的空气相对湿度是 50%~63%，最理想的气温是在 20 ℃以下。咖啡豆最好带壳贮藏，贮藏时间一般不宜超过 6 个月。

⑥贮藏室每一袋咖啡应是同一等级、同一季节的商品豆或带壳豆。储存时分级堆放，不应把变质的咖啡豆与好咖啡豆堆放在一起或者同一间仓库中。

(李学俊、陈治华、施忠海)

思考题

1. 简述咖啡湿法加工的技术要点。
2. 对比分析咖啡湿法加工和干法加工的优缺点。
3. 分析咖啡湿法加工过程中咖啡豆发酵对咖啡豆品质的影响机制。
4. 在什么样的条件下能够较长时间的保存咖啡豆而不变质？

推荐阅读书目

1. 咖啡品鉴．鲍晓华．云南大学出版社，2019.
2. 热带作物产品加工原理与技术．王庆煌．科学出版社，2012.
3. 热带食用作物加工．黄龙芳．中国农业出版社，1997.
4. 咖啡鉴赏与制作．张树坤．中国轻工业出版社，2015.
5. 咖啡深加工．郭芬．云南大学出版社，2014.
6. 咖啡 咖啡．齐鸣．江苏科学技术出版社，2012.
7. 冷萃咖啡学．王维新．花山文艺出版社，2020.

第 11 章　咖啡树栽培与可持续发展

【本章提要】

咖啡种植业可持续发展，必须实现咖啡豆有效产出、生态环境保护、咖啡农户收入增长三方面目标，既满足当代人的需求，又不损坏子孙后代的利益。在栽培方面，应抓住咖啡良种繁育、生态咖啡园建设、咖啡病虫害监控体系建设、咖啡初加工技术集成、咖啡质量控制体系建设等关键环节，集成生态种植技术。并建立咖啡质量控制体系，快速地监控咖啡生产的各环节，包括咖啡生产、销售、环境和社会等各方面，做到咖啡产品的可追溯性，提高咖啡豆的质量、增强环境保护、促进农民增收，保证咖啡生产的可持续发展。

11.1　咖啡栽培可持续发展的基本概念

11.1.1　意义及基本要求

可持续发展是指既满足当代人需要又不对后代人满足需要的能力构成威胁的发展。它是一个密不可分的系统，既要达到发展经济的目的，又要保护好人类赖以生存的大气、淡水、海洋、土地和森林等自然资源和环境，使子孙后代能够永续发展和安居乐业。可持续发展与环境保护既有联系，又不等同。环境保护是可持续发展的重要方面。可持续发展的核心是发展，但要求在严格控制人口、提高人口素质和保护环境、资源永续利用的前提下进行经济和社会的发展。发展是可持续发展的前提；人是可持续发展的中心体；可持续长久的发展才是真正的发展。其意义为：

①实施可持续发展战略，有利于促进生态效益、经济效益和社会效益的统一。

②有利于促进经济增长方式由粗放型向集体型转变，使经济发展与人口、资源、环境相协调。

③有利于国民经济持续、稳定、健康发展，提高人民的生活水平和质量。

④从注重眼前利益、局部利益的发展转向长期利益、整体利益的发展，从物质资源推动型的发展转向非物质资源或信息资源(科技与知识)推动型的发展。

⑤我国人口多、自然资源短缺、经济基础和科技水平落后，只有控制人口、节约资源、保护环境，才能实现社会和经济的良性循环，使各方面的发展能够持续有后劲。

11.1.2 咖啡生产的可持续发展

咖啡生产的可持续发展措施可以通过咖啡园的认证体系而实现，咖啡认证体系是可以提高咖啡质量的一套行之有效的工具，它可以快速地监控咖啡生产的各环节，包括咖啡生产、销售、环境和社会等各方面，做到咖啡产品的可追溯性，保证咖啡生产的可持续发展。

咖啡生产的可持续发展措施，能提高咖啡豆的质量、促进环境保护、解决一些社会问题，引导人们以良好农业的规范进行咖啡生产。

11.1.3 咖啡园生态建设与综合开发利用

生态咖啡园是一种人与自然协调发展的新型农业模式，是运用生态学、生态经济学的原理和系统科学的方法，按照“整体、协调、循环、再生”的原则，将现代科学技术成就与传统农业技术的精华有机结合，使农业生产与农村经济发展、生态环境治理与保护、资源培育与高效利用融为一体的经济、生态和社会三大效益协同提高的综合咖啡农业体系。

简言之生态咖啡园是一种人与自然协调发展的新型农业模式，以咖啡为主，立体种植，多物种组合共生的自然有机咖啡园。

11.2 高海拔地区咖啡种植技术研究及应用

我国地处热带北缘，海拔较高，适合小粒种咖啡栽培。李亚男(2018 年)等研究表明，小粒种咖啡随着海拔的升高直接开花及成熟期相对较迟，但咖啡果实成熟充分，果实及咖啡豆颗粒较大。较高海拔种植的咖啡树病虫害轻，咖啡果发育期变长，咖啡品质提高，但高海拔地区霜冻时有发生，咖啡树易受寒害。2013—2014 年，云南持续低温、霜冻致普洱近 3×10^4 hm^2 咖啡绝收，经济损失达 6.3 亿元。虽然高海种植小粒种咖啡的品质好看，咖啡树病虫害较轻，但也存在着巨大的霜冻风险。高海拔地区咖啡的生态适应性研究有助于扩大我国咖啡种植面积及提升咖啡栽培整体效益。

11.2.1 小粒种咖啡高海拔生长和产量表现

通过对云南省热区办组织开展的不同植区相同品种(‘卡蒂姆 CIFC7963’)、相同树龄、管理水平相近的咖啡农艺性状表现研究，在云南的普洱市、保山、德宏、西双版纳 4 个地区高海拔咖啡的生产发育均正常，植株生长量大小、副性状则与当地环境有关，但同一区域低海拔咖啡比高海拔咖啡生长快，投产早，产量高。研究表明，海拔 900 m 以下植区咖啡植株的生长量均大于海拔 1100 m 以上植区的生长量。低海拔咖啡株高、冠幅、节间距离大于高海拔咖啡，而茎粗、一分枝对数、二分枝对数稍小于高海拔咖啡，因此高海拔咖啡比低海拔咖啡更具有株型矮、一分枝密的特性。树冠小有利于阳光充分照射，可提高咖啡果品质量，分枝对数多有利于提高产量，因此高海拔咖啡也具有丰产性，在保山市潞江坝百花岭古兴寨(海拔 1373 m)调查了解到，种植管理好的卡蒂姆咖啡，产量高达 10 500~12 495 kg/hm^2；调查发现攀枝花海拔 1400 m 的‘卡蒂姆’咖啡产量可达 3000 kg/hm^2 以上。

云南山地受逆温效应的影响。在逆温层范围内，随着海拔高度升高，日平均气温和最低气温递增，最高气温和相对湿度递减。高海拔咖啡，由于气温偏凉，全光照下的咖啡生长表现好，叶芽和徒长枝不明显，不易出现过度结果而枯枝早衰。无论是纬度最北的宾川朱苦拉 1904 年种植的小粒咖啡(海拔 1400 m)，还是云南省早期生产性种植品种的种源地——瑞丽弄贤寨小粒种咖啡母树(海拔 1400 m)，能够长期保存足以说明小粒种咖啡在云南高海拔能正常生长。

咖啡的产量高低与立地环境和管理水平直接相关，因立地环境和管理水平存在差异，同一个品种在不同植区相同海拔点的咖啡产量水平也不尽相同。但一般来讲，海拔 900 m 以下的咖啡第三年干豆产量均比 1100 m 以上区域的高，这也是低海拔咖啡易过度结果出现枯枝的原因。因此，在海拔低的咖啡植区易采取适度荫蔽栽培，避免过度结果造成植株早衰，影响咖啡品质。调查发现，高干的'波邦'、'铁皮卡'咖啡在高海拔产量表现较低，若锈病控制不好，枯枝早衰严重，经营效益低；同样也看到，在高海拔感锈病的'卡蒂姆'咖啡也易出现落叶枯枝，丧失了品种优势。

11.2.2 小粒种咖啡高海拔质量表现

11.2.2.1 咖啡豆的物理外观质量

随海拔的升高，咖啡干豆千粒重增重，果实大象豆减少，干鲜比无较大的差异；果实成熟期推迟，产期较为集中，而果实空秕率，圆豆率，干豆纵、横茎等不尽相同，这与开花结果期的天气、管理水平、土壤条件等因素的影响有关。果实空秕率对咖啡豆的产量水平影响最大，海拔越低，果实空秕率越高、生产的商品豆越小，这表明海拔太低不适宜生产种植小粒咖啡。而海拔高，咖啡常年产量稳定，咖啡果实也较大，带壳豆也较大，杯品质量也较好。

11.2.2.2 咖啡豆的感官品质

通过对同一个'卡蒂姆 CIFC7963'品种的质量评定看出，海拔 900 m 以下的咖啡杯测等级较低，海拔 1100 m 以上的杯评等级较高，说明随海拔升高，咖啡内在品质提高。此结果也表明，咖啡饮品果酸度与海拔高度成正相关的趋势。

11.2.2.3 高海拔咖啡栽培的风险

调查研究发现，咖啡种植海拔高度也有极限，海拔太高存在风险，德宏后谷咖啡公司为发展高海拔精品咖啡作过大胆尝试，在德宏州盈江县新城孔明庙海拔 2004 m 处种植咖啡，后因低温寒害生长差而放弃。近年又在芒市中山乡赛岗黑湖老坡海拔 2884 m 处试种咖啡，仍然存在咖啡冬季冻害严重的问题。在咖啡适宜种植范围，对高海拔咖啡影响较大的也是周期性出现的寒害和旱害，由于云南省地形及气候具有多样性，不同地区形成不同气候环境的特点，不同种植区，能种植咖啡的海拔上限也不尽相同。如在哀牢山以东，高于 700 m 就不安全，在哀牢山以西，高于 1500 m 也不安全。在 1999—2000 年出现的特大寒害年份，在海拔 1000~1400 m 的咖啡寒害不重，反而是海拔低的咖啡园寒害较重。而在 2013—2014 年的较大寒害年，普洱植区海拔 1000~1400 m 的咖啡寒害较重；临沧 1300 m 以上高海拔幼龄咖啡也出现了不同程度的霜冻危害；从云南种植咖啡的历史来看，几次低温灾害年份对德宏和保山咖啡种植区的影响要轻。庆幸的是咖啡寒害较轻的植株对当年产量影响不大，即使是受害重的咖啡，树冠死了但根茎大都不死，在开春 2~3 月中旬气温回升后通过切干复壮，加强管理，很快能恢复投产。干旱是高海拔种植咖啡近年发生较重的问题，由于持续干旱，对高海拔咖啡影响较重，特别是幼龄树旱死较多；在四川攀枝花植区，由于属干热气候，调查发现海拔 1400 m 的‘卡蒂姆’咖啡旱害严重。因此解决好干旱季节补水的问题，是保证高海拔种植成功的关键。

11.2.2.4 咖啡树病虫害方面

(1)咖啡锈病

国内咖啡病害主要是咖啡锈病，2004 年以前在各咖啡植区调查都未发现卡蒂姆 CIFC7963 有锈病危害叶片。但目前随着该抗锈品种在云南推广种植近 20 年后出现了抗锈性丧失。调查发现高海拔咖啡树因地处温凉多雾的环境，导致了寄主——咖啡锈病原菌——环境的相互作用，给咖啡锈病生理新小种的演变创造了条件，最早出现新的致病性生理小种的主要是那些海拔在 1050~1260 m，有感病植株混种的‘卡蒂姆’咖啡园。在海拔 1400 m 以上的咖啡园，由于高海拔咖啡开花结果调节合理，咖啡植株生势好，自身抗病力强，表现出高海拔咖啡锈病蔓延缓慢，病害相对较轻。有的‘卡蒂姆’咖啡园，因品种纯至今仍未发现咖啡锈病发生。在云南省宾川朱苦拉调查咖啡母树时，看到了咖啡树叶片上有锈病，但咖啡母树保存至今，特别是朱苦拉还保存 1000 余株咖啡，仍能开花结果，这与当地雨量少，气候温凉，咖啡植株结果少，不易出现锈病重而落叶枯枝有关。

(2)咖啡炭疽病

危害咖啡浆果的主要病害，在中国咖啡炭疽病是胶饱炭疽(*C. gloeosporioides*)，仅侵染成熟的红果。而咖啡浆果病(CBD)目前仅限在非洲的高海拔地区(1600 m 以上)发生危害，调查云南高海拔咖啡果实上的病害，还未发现此病危害果实。另外，调查发现咖啡细菌性病害(又称埃尔根回枯病)在高海拔危害较重，这与海拔高的咖啡园易受极端天气影响，如突然大雨或阴冷天气常出现有关，但对咖啡树未形成较重的危害。

(3)咖啡天牛

咖啡旋皮天牛和灭字脊虎天牛是咖啡主要害虫，在低海拔高温高湿的咖啡园这两种天牛危害特别重，且后者化学防治较困难，在低海拔全光照下的‘卡蒂姆’咖啡品种结果多、产量高，投产 2~3 年易出现枯枝早衰，不能发挥‘卡蒂姆’类咖啡品种树型紧凑、自身荫蔽好、天牛危害轻的优势，从多年调查结果来看，随着海拔的升高，天牛类害虫发生率降低，这与高海拔气温偏凉，且咖啡植株生势强，自身荫蔽好，不利于该虫繁衍，其种群数量得到有效地抑止，有效地将其危害造成的损失控制在经济阈值以下。

11.2.3 小粒种咖啡高海拔种植的策略

11.2.3.1 选良种

多年大量的杯品鉴定结果表明，在德宏、潞江坝海拔 1000 m 以下种植的‘波邦’、‘铁皮卡’、‘卡杜拉’咖啡品种，杯测结果都不理想，只有种植到高海拔才能表现出较好的杯品质量。2013 年云南精品咖啡学会举办的咖啡国际杯品赛获奖结果进一步说明，种植在海拔 1000 m 不同咖啡植区，许多‘波邦’、‘铁皮卡’、‘卡杜拉’杯品质量也是一般。德宏咖啡主要分布在海拔 800~1100 m，光照和热量相对充足，因此这一地区更适合开展咖啡荫蔽栽培。虽然荫蔽栽培可能产量比单作略低，但咖啡树投产周期长，且荫蔽提高了咖啡豆的品质，经营效益显著。咖啡的品质在其适宜的海拔范围内随海拔升高而提高，特别是生态条件好、土壤自然肥力高和少施化肥的新耕地咖啡品质特别好。因此，对咖啡园管理、耕作制度、施肥种类、化肥元素的配比、微量元素的补充、有机肥的选择等环节应严格按生产技术规程进行，才能获得优质、高效的精品咖啡。

目前高海拔种植的咖啡主要是‘卡蒂姆’类咖啡，由于其具有中粒种的多个抗锈病基因，树势强、适宜性广，在气温偏凉的高海拔生长表现超过了因感锈病而降低了抗寒和抗旱力的‘波邦’、‘铁毕卡’等品种。从多年调查结果来看，尽管海拔 900 m 以下的咖啡产量比高海拔种植的咖啡产量高，但是高海拔咖啡稳产性更突出，而且许多高海拔咖啡产量较高，如在澜沧县勐朗镇麻卡地云南瑞峰茶叶咖啡公司海拔 1480 m 的咖啡基地和保山潞江坝赧亢村海拔 1400～1600 m 的咖啡园，树势旺盛，咖啡豆平均产量不低于 1500 kg/hm^2。在高海拔环境种植一些不抗锈的产量高、杯品质量好的品种，如‘卡杜埃’、‘SL28’、‘SL34’等，无疑能获得更好的杯品质量，备受咖啡美食家的欢迎，但应加强其在高海拔的丰产栽培及锈病的防控研究，降低生产成本，确保高海拔咖啡质量安全可信，避免其成为抗锈品种丧失抗锈性的因子，通过具有可追溯机制的认证，使其产品找到稳定的市场渠道，实现可持续发展。

11.2.3.2　采取抗寒栽培措施

种植在海拔 1400 m 以上的小粒种咖啡幼树抗寒、抗旱力弱，因此要选择避风和阳光整天能照射到的地块，以减轻冬季低温寒害，同时在幼龄期要做好防寒防旱工作。另外高海拔种植咖啡因山高路远，给生产管理带来很多不便，因此要修好道路，不影响高海拔咖啡生产经营。

（程金换、肖兵）

思考题

1. 简述咖啡锈病在高海拔地区的危害特点。
2. 结合所学知识，论述实现咖啡栽培可持续性的主要措施。

推荐阅读书目

1. 咖啡学 . 韓懷宗 . 写乐文化出版社，2014.
2. 咖啡地图 . 詹姆斯・霍夫曼，等 . 中信出版社，2014.
3. 咖啡学概论 . 陈荣，庄军平 . 华南理工大学出版社，2020.
4. 中国咖啡产业经济问题研究 . 李荣福 . 经济科学出版社，2019.
5. 云南咖啡产业可持续供应链研究 . 邹雅卉 . 云南科学技术出版社，2020.

参考文献

白学慧，李锦红，萧自位，等，2019. 国内外咖啡灭字脊天牛防控技术研究新进展[C]. 中国热带作物学会、西北农林科技大学 . 2019 年全国热带作物学术年会论文集 . 中国热带作物学会、西北农林科技大学：中国热带作物学会：130-136.

白学慧，王锡云，吴贵宏，等，2014. 咖啡果小蠹在中国的入侵风险性分析[C]. 云南省热带作物学会 . 云南省热带作物学会第八次会员代表大会暨 2014 年学术年会论文集 . 云南省热带作物学会：云南省科学技术协会：191-194.

白学慧，夏红云，李锦红，等，2014. 咖啡种质资源抗锈性初步鉴定[J]. 热带农业科学，34(07)：60-64.

宾振钧，陆祖双，余炳宁，等，2018. 小粒咖啡良种育苗技术[J]. 农业研究与应用，31(05)：39-41.

蔡传涛，蔡志全，解继武，等，2004. 田间不同水肥管理下小粒咖啡的生长和光合特性[J]. 应用生态学报，15(7)：1207-1212.

柴正群，吴俊，陈国华，等，2019. 普洱咖啡灭字脊虎天牛发生的影响因素分析[J]. 西南农业学报，32(5)：1062-1066.

陈德新，2017. 中国咖啡史[M]. 北京：科学出版社 .

陈尧，周宏灏，2010. 咖啡因体内代谢及其应用的研究进展[J]. 生理科学进展(4)：256-260.

陈宗瑜，2001. 云南气候总论[M]. 北京：气象出版社 .

戴艺，卢金清，李肖爽，等，2014. 不同产地咖啡豆中挥发性成分的 HS-SPME-GC/MS 法分析[J]. 湖北农业科学，53(18)：4422-4426.

邓良，袁华，喻宗沅，2005. 绿原酸的研究进展[J]. 化学与生物工程(7)：4-6.

董建华，孙明增，1990. 中粒种咖啡光合特性的研究[J]. 热带作物学报，11(2)：61-68.

董云萍，闫林，黄丽芳，等，2020. 20 个小粒种咖啡种质氮吸收效率差异分析[J]. 热带作物学报，41(3)：417-424.

付兴飞，李贵平，黄家雄，等，2020. 云南省 3 个咖啡产区小粒咖啡病虫害危害调查分析[J]. 热带农业科学，40(3)：67-75.

高敏，张迎春，陈莹，2015. 低温霜冻天气对咖啡杯品的影响[J]. 热带农业科技，38(2)：29-32.

高应敏，苏艳，2019. 普洱市生态咖啡园管理农艺措施[J]. 云南农业科技(3)：39-41.

宫崎正胜，2019. 身边的世界简史 腰带、咖啡和绵羊[M]. 杭州：浙江大学出版社 .

郭铁英，张洪波，萧自位，等，2019. 小粒种咖啡扦插繁育实用技术[J]. 中国热带农业(2)：75-76，71.

韩怀宗，2013. 咖啡学[M]. 北京：化学工业出版社 .

侯跃，张晓群，2010. 咖啡—橡胶及澳洲坚果立体套种模式探讨[J]. 中国热带农业(6)：50-52.

胡发广，毕晓菲，黄家雄，等，2018. 咖啡园恶性杂草白茅的危害及防除[J]. 热带农业科技，41(4)：36-37，42.

胡发广，毕晓菲，黄家雄，等，2019. 小粒咖啡苗圃杂草防控药剂筛选初报[J]. 热带农业科技，42(4)：45-47.

胡发广，毕晓菲，李亚男，等，2019. 老挝丰沙里省小粒咖啡园杂草发生情况及其群落结构[J]. 杂草学报，37(1)：29-33.
胡发广，李荣福，毕晓菲，等，2012. 云南小粒咖啡园杂草发生危害及防除[J]. 杂草科学，30(4)：44-46.
黄慧德，2017. 越南咖啡现状及前景[J]. 世界热带农业信息(8)：34-38.
黄家雄，2009. 咖啡育苗技术[J]. 云南农业科技(1)：38-39.
黄家雄，李亚男，杨世贵，等，2010. 不同产地小粒种咖啡质量比较研究[J]. 热带农业工程，34(4)：7-10.
黄家雄，吕平兰，程金焕，等，2012. 不同海拔对小粒种咖啡品质影响的研究[J]. 热带农业科学，32(8)：4-7.
黄家雄，黄琳，吕玉兰，等，2018. 中国咖啡产业发展前景分析[J]. 云南农业科技(6)：4-7.
黄家雄，刘标，李学俊，等，2015. 普洱市咖啡产业发展现状与对策探讨[J]. 热带农业科技，38(4)：13-19，38.
黄家雄，吕玉兰，武瑞瑞，2020. 全球咖啡产量、价格变化趋势及相关性分析[J]. 云南农业科技(1)：27-29.
黄丽芳，董云萍，王晓阳，等，2016. 咖啡种质资源 DNA 指纹图谱的构建[J]. 热带农业科学，36(12)：37-42.
李贵平，杨世贵，黄健，等，2007. 云南咖啡种质资源调查和收集[J]. 热带农业科技(4)：17-19.
李加昌，伍建榕，2014. 咖啡壳育苗基质纤维素降解菌的筛选及活性分析[J]. 北京农业(27)：5-6.
李学俊，2014. 小粒种咖啡栽培与初加工[M]. 昆明：云南大学出版社.
李学俊，黎丹妮，2016. 普洱咖啡产区主要咖啡种质资源的抗锈性评价研究[J]. 中国热带农业(2)：53-57.
李学俊，黎丹妮，崔文锐，2016. 小粒种咖啡品质的影响因素及咖啡质量控制技术[J]. 中国热带农业(3)：16-18.
李亚男，黄家雄，吕玉兰，等，2017. 云南咖啡间套作栽培模式研究概况[J]. 热带农业科学，37(10)：27-30，35.
李正涛，樊帆，李世钰，等，2020. 咖啡园土壤酸缓冲能力及其影响因素[J]. 云南大学学报(自然科学版)，42(1)：194-200.
林爱莲(LydiaHayasidarta)，2016. 印度尼西亚咖啡出口的影响因素分析[D]. 成都：西南财经大学.
林鹏，郑元球，丘喜昭，等，1981. 影响小粒咖啡光合作用的生态生理因子的研究[J]. 厦门大学学报(自然科学版)，20(4)：468-475.
林兴军，马福生，陈鹏，等，2019. 咖啡开花过程中叶片碳水化合物含量的变化动态[J]. 热带农业科学，39(1)：5-9.
龙亚芹，刘杰，邓家有，等，2017. 不同小粒咖啡品种叶锈病在叶片上的空间分布型研究[J]. 中国农学通报，33(34)：147-152.
马关润，刘汗青，田素梅，等，2019. 云南咖啡种植区土壤养分状况及影响咖啡生豆品质的主要因素[J]. 植物营养与肥料学报，25(7)：1222-1229.
[美]考特莱特，2014. 上瘾五百年 烟、酒、糖、咖啡和鸦片的历史[M]. 北京：中信出版社.
邱明华，张枝润，李忠荣，等，2014. 咖啡化学成分与健康[J]. 植物科学学报，32(5)：540-550.
雀巢(中国)有限公司，2011. 咖啡种植手册[M]. 北京：中国农业出版社.
冉莉，郎和东，周曦，等，2016. 含咖啡因某维生素功能饮料对机体运动行为能力影响分析[J]. 现代医药卫生(4)：506-508，511.
施健，1993. 热带作物气象学[M]. 北京：中国农业出版社.
孙世伟，刘爱勤，王政，等，2017. 咖啡黑(枝)小蠹成虫触角感受器的扫描电镜观察[J]. 热带作物学报，38(4)：695-699.
孙燕，董云萍，杨建峰，2009. 咖啡立体栽培及优化模式探讨[J]. 热带农业科学，29(8)：43-46.
孙燕，林兴军，龙宇宙，等 . 咖啡双根嫁接苗生长及光合特性比较研究[J/OL]. 热带作物学报：1-7 [2020-06-21]. http：//kns. cnki. net/kcms/detail/46. 1019. S. 20200302. 1004. 006. html.
孙燕，杨建峰，董云萍，等，2017. 咖啡根系分泌物对嫁接后植株生长及叶片保护酶活性的影响[J]. 生态学杂志，36(5)：1310-1314.
王睿芳，马剑，黄艳丽，等，2017. 不同光环境下小粒咖啡的生理生态特征[J]. 南方农业学报，48(9)：1629-1634.
王万东，龙亚芹，李荣福，等，2012. 云南小粒咖啡病虫害调查研究[J]. 热带农业科学，32(10)：55-59.
王政，孙世伟，孟倩倩，等，2018. 咖啡灭字虎天牛触角和足感器的形态与分布观察[J]. 植物保护，44(3)：92-97.
吴伟怀，Gbokie Jr Thomas，梁艳琼，等，2020. 咖啡褐斑病菌的分离鉴定及其培养特性测定[J]. 分子植物育种，18(12)：4014-4020.
[英]詹姆斯 · 霍夫曼(James Hoffmann)，2016. 世界咖啡地图[M]. 北京：中信出版社 .
闫林，陈婷，黄丽芳，等，2019. 小粒种咖啡种质资源重要农艺性状遗传多样性分析[J]. 福建农业学报，34(12)：1379-1387.
闫林，董云萍，黄丽芳，等，2011. 中粒种咖啡嫁接育苗技术[J]. 中国热带农业(3)：52-53.
闫林，黄丽芳，王晓阳，等，2019. 咖啡种质资源遗传多样性的 ISSR 分析[J]. 南方农业学报，50(03)：491-499.
严炜，刘光华，黄家雄，等，2017. 咖啡 3 种主要育苗方法及技术要点[J]. 热带农业科学，37(12)：34-38，43.
杨和鼎，颜书连，颜速亮，等，1997. 海南岛低海拔小粒种咖啡分枝结果特性及与产量构成关系的研究[J]. 热带作物学报(2)：28-32.
杨旸，左艳秀，毕晓菲，2015. 云南小粒咖啡荫蔽栽培模式优势及措施[J]. 中国热带农业(2)：37-38，23.
余爽，杨建平，何平，等，2018. 哥伦比亚咖啡品种育苗技术[J]. 中国热带农业(4)：73-74.
曾凡逵，欧仕益，2014. 咖啡风味化学[M]. 广州：暨南大学出版社 .
张洪波，白燕冰，李传辉，等，2017. 缅甸小粒种咖啡生产考察报告[J]. 热带农业科技，40(4)：11-16，19.
张洪波，李维锐，白学慧，等，2013. 云南咖啡产业科技创新成果及推广应用情况[J]. 中国热带农业(3)：27-32.
张洪波，李文伟，赵云翔，等，2002. 云南小粒咖啡灭字脊虎天牛危害严重的原因及防治研究[J]. 云南热作科技(4)：17-21，25.
张洪波，周华，李锦红，等，2010. 云南小粒种咖啡荫蔽栽培研究[J]. 热带农业科技，33(3)：40-48，54.
张洪波，周华，李锦红，等，2014. 中国小粒种咖啡高海拔种植研究[J]. 热带农业科学，34(7)：21-26，32.
章传政，黎星辉，朱世桂，2005. 国内咖啡光合作用研究[J]. 热带农业科技，28(3)：38-41.
章传政，黎星辉，朱世桂，2005. 咖啡荫蔽技术研究[J]. 广西热带农业(4)：25-27.
章宇阳，刘小刚，余宁，等，2020. 不同遮阴条件下施肥量对西南干热区小粒咖啡产量和肥料利用的影响[J]. 应用生态学报，31(2)：515-523.
赵明珠，郭铁英，白学慧，等，2018. 世界咖啡种质资源收集与保存概况[J]. 热带农业科学，38(1)：

62-70，85.
赵明珠，郭铁英，马关润，等，2019. 小粒咖啡土壤肥力现状分析[J]. 热带农业科学，39(3)：1-7.
赵明珠，郭铁英，马关润，等，2020. 土壤因子与小粒咖啡品质产量形成关系研究[J/OL]. 热带作物学报：1-13[2020-06-26]. http：//kns. cnki. net/kcms/detail/46. 1019. S. 20191129. 1139. 027. html.
周华，张洪波，李锦红，等，2012. 咖啡种质资源收集、保存、评价及创新利用研究[J]. 热带作物学报，33(9)：1554-1561.
周华，张洪波，夏红云，等，2015. 咖啡种质资源多样性研究[J]. 中国热带农业(5)：23-27.
邹继勇，李晓花，谢淑芳，等，2014. 普洱市咖啡主要病虫害的症状识别与防治措施[J]. 耕作与栽培(1)：40-41，43.
佚名，2018. 云南省咖啡产业发展报告[R]. 云南农业(12)：27-31.
Silveira，G M Da，郭晋勇，1988. 耕作措施对咖啡园土壤结构的影响[J]. 云南热作科技(1)：46.
Anthony F，Clfford M N，Noiro M，1993. Biochemical diversity in the genus *Coffea* L.：Chlorogenic acies，caffeine and mozambioside contents[J]. Genetic Resources and Crop Evolution，40：61-70.
Gregory A Moy，Ewan C McNay，2013. Caffeine prevents weight gain and cognitive impairment caused by a high-fat diet while elevating hippocampal BDNF[J]. Physiology & Behavior，109：69-74.
Kimberly F Allred，Katarina M Yackley，Jairam Vanamala，*et al.*，2009. Trigonelline is a novel phytoestrogen in coffee beans[J]. The Journal of Nutrition，139(10)：1833-1838.
Yi-Fang Chu，Wen-Han Chang，Richard M Black，*et al.*，2012. Crude caffeine reduces memory impairment and amyloid β1-42 levels in an Alzheimer's mouse model[J]. Food Chemistry，135：2095-2102.
Yukiko Koshiro，Mel C Jackson，Riko Katahira，*et al.*，2007. Biosynthesis of chlorogenic acids in growing and ripening fruits of *Coffea arabica* and *Coffea canephora* plants[J]. Z. Naturforsch，62c：731-742.